全国中等职业学校电工类专业一体化教材
全国技工院校电工类专业一体化教材（中级技能层级）

电气控制线路安装与检修

（第二版）

——基本控制线路分册

人力资源社会保障部教材办公室　组织编写

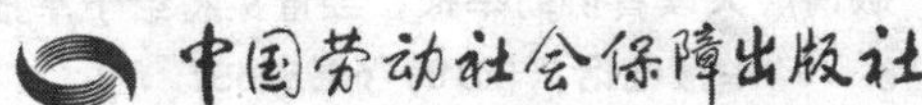
中国劳动社会保障出版社

简　介

本书是全国中等职业学校电工类专业一体化教材/全国技工院校电工类专业一体化教材（中级技能层级），主要内容包括三相异步电动机正转控制电路的安装与检修、三相异步电动机正反转控制电路的安装与检修、三相异步电动机位置控制和自动往返控制电路的安装与检修、三相异步电动机顺序控制和多地控制电路的安装与检修、三相笼型异步电动机降压启动控制电路的安装与检修、三相笼型异步电动机制动控制电路的安装与检修、多速异步电动机调速控制电路的安装与检修、三相绕线转子异步电动机控制电路的安装与检修等。

本书由冯志坚任主编，薛营、李爽任副主编，曹双奇、吴新淮参与编写，肖俊审稿。

图书在版编目(CIP)数据

电气控制线路安装与检修．基本控制线路分册/人力资源社会保障部教材办公室组织编写．--2版．--北京：中国劳动社会保障出版社，2023

全国中等职业学校电工类专业一体化教材　全国技工院校电工类专业一体化教材：中级技能层级

ISBN 978-7-5167-5349-1

Ⅰ.①电…　Ⅱ.①人…　Ⅲ.①电气控制-控制电路-安装-中等专业学校-教材②电气控制-控制电路-维修-中等专业学校-教材　Ⅳ.①TM571.2

中国国家版本馆 CIP 数据核字(2023)第 041532 号

中国劳动社会保障出版社出版发行

（北京市惠新东街1号　邮政编码：100029）

*

北京谊兴印刷有限公司印刷装订　新华书店经销

787毫米×1092毫米　16开本　18印张　413千字

2023年7月第2版　2025年2月第2次印刷

定价：36.00元

营销中心电话：400-606-6496

出版社网址：http://www.class.com.cn

http://jg.class.com.cn

前　言

为了更好地适应全国技工院校电工类专业的教学要求，全面提升教学质量，适应技工院校教学改革的发展现状，人力资源社会保障部教材办公室组织有关学校的一线教师和行业、企业专家，在充分调研企业生产和学校教学情况、广泛听取教师使用反馈意见的基础上，吸收和借鉴各地技工院校教学改革的成功经验，对 2010 年出版的中级技能层级一体化模式教材进行了修订（新编）。

本次教材修订（新编）工作的重点主要体现在以下几个方面。

完善教材体系

从电工类专业教学实际需求出发，按照一体化的教学理念构建教材体系。本次除对现有教材进行修订，出版《电工基础（第二版）》《电子技术基础（第二版）》《电工电子基本技能（第二版）》《电机变压器设备安装与维护（第二版）》《电气控制线路安装与检修（第二版）——基本控制线路分册》《电气控制线路安装与检修（第二版）——机床控制线路分册》《PLC 基础与实训（第二版）》七种教材外，还针对产业应用和行业技术发展，开发了《PLC 基础与实训（西门子 S7-1200）》《光电照明系统安装与测试》等教材。

创新教材形式

教材配套开发了学生用书。教材讲授各门课程的主要知识和技能，内容准确、针对性强，并通过课题的设置和栏目的设计，突出教学的互动性，启发学生自主学习。学生用书除包含课后习题外，还针对教学过程设计了相应的课堂活动内容，注重学生综合素质培养、知识面拓展和能力强化，成为贯穿学生整个学习过程的学习指导材料。

本次修订（新编）过程中，还充分吸收借鉴一体化课程教学改革的理念和成果，在部分教材中，按照“资讯、计划、决策、实施、检查、评价”六个步骤进行教学设计，在相应的学生用书中通过引导问题和课堂活动设计进行体现，贯彻以学生为中心、以能力为本位的教学理念，引导学生自主学习。

提升教学服务

教材中大量使用图片、实物照片和表格等形式将知识点生动地展示出来，达到提高学生的学习兴趣、提升教学效果的目的。为方便教师教学和学生学习，针对重点、难点内容制作了动画、微视频等多媒体资源，使用移动设备扫描即可在线观看、阅读；依据主教材内容制作电子课件，为教师教学提供帮助；针对学生用书中的习题，通过技工教育网（http：//jg. class. com. cn）提供参考答案，为教师指导学生练习提供方便。

致谢

本次教材的修订（新编）工作得到了江苏、山东、河南、广西等省（自治区）人力资源社会保障厅及有关学校的大力支持，在此我们表示诚挚的谢意。

人力资源社会保障部教材办公室

2022 年 4 月

目录

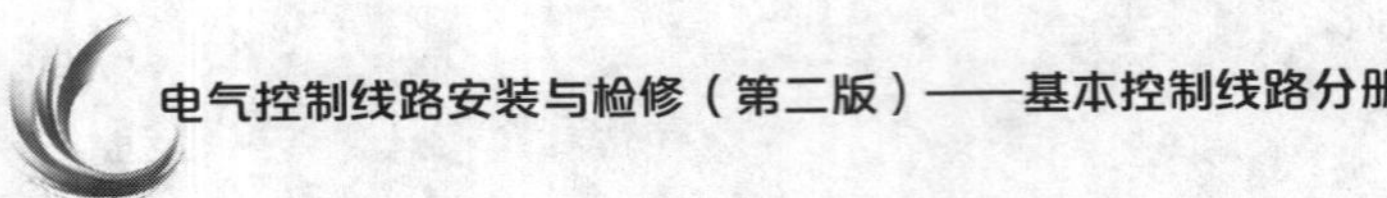

在现代化工业大生产中，大量使用各式各样的生产机械，这些生产机械的工作机构是通过电动机来拖动的，如车床、钻床、磨床、铣床等，人们把这种工作方式称为电力拖动，即电力拖动是指用电动机拖动生产机械的工作机构使之运转的一种方法。

由于现代电网普遍采用三相交流电，而三相异步电动机又具有结构简单、工作可靠、价格低廉、维护方便、效率较高、体积和质量小等一系列优点，比直流电动机有更好的性价比，因此，三相异步电动机比直流电动机应用更为广泛。在各行各业的电力拖动生产设备中，三相异步电动机是所有电动机中应用最广泛的一种。

在生产中，各种生产机械需用的电器类型和数量各不相同，构成的控制电路也不同，一台生产机械的控制电路可能比较简单，也可能相当复杂，但任何复杂的控制电路都是由一些基本控制电路组合起来的。常见电动机的基本控制电路有以下几种：点动控制电路、正转控制电路、正反转控制电路、位置控制电路、顺序控制电路、多地控制电路、降压启动控制电路、调速控制电路和制动控制电路等。本教材要完成的任务是进行三相异步电动机基本控制电路的安装与检修。

课题一 三相异步电动机正转控制电路的安装与检修

任务 1 手动正转控制电路的安装与检修

学习目标

1. 能正确理解三相异步电动机手动正转控制电路的工作原理。
2. 能正确识读三相异步电动机手动正转控制电路的原理图、接线图和布置图。
3. 能按照工艺要求正确安装三相异步电动机手动正转控制电路。
4. 能掌握三相异步电动机手动正转控制电路中低压电器的选用与简单检修的方法。
5. 能根据故障现象检修三相异步电动机手动正转控制电路。

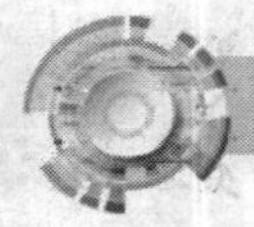

工作任务

在生产中，由于机械设备的工作性质不同，因此，对三相异步电动机正转的控制要求有所不同，从而所需要的低压电器类型和数量就有区别，所构成的控制电路也就不同。工厂中常被用来控制三相电风扇和砂轮机等设备的控制电路，就是一种最简单的三相异步电动机手动正转控制电路。本工作任务就是要完成通过开启式负荷开关、封闭式负荷开关、组合开关和低压断路器控制电动机启动和停止正转控制电路的安装及检修。图 1-1-1 所示为用开启式负荷开关控制三相异步电动机的实例，图 1-1-2 所示为用组合开关控制砂轮电动机的实例。

图 1-1-1　用开启式负荷开关控制三相异步电动机的实例

图 1-1-2　用组合开关控制砂轮电动机的实例

相关理论

一、控制电路的组成

要完成由开启式负荷开关、封闭式负荷开关、组合开关和低压断路器控制三相异步电动机手动正转控制电路的安装，需对控制电路的组成进行了解与分析。三相异步电动机手动正转控制电路如图 1-1-3 所示，其中图 1-1-3a 中的 QB 为开启式负荷开关，FC 为熔断器；图 1-1-3b 中的 QB-FC 为封闭式负荷开关；图 1-1-3c 中的 FC 为熔断器，QB 为组合开关；图 1-1-3d 中的 FC 为熔断器，QA 为低压断路器。它们统称为低压电器，作用如下。

1. 低压开关如负荷开关、组合开关、低压断路器等常用作电源控制开关。
2. 熔断器用作短路保护。
3. 低压断路器集控制、过载、短路、欠压保护于一身。

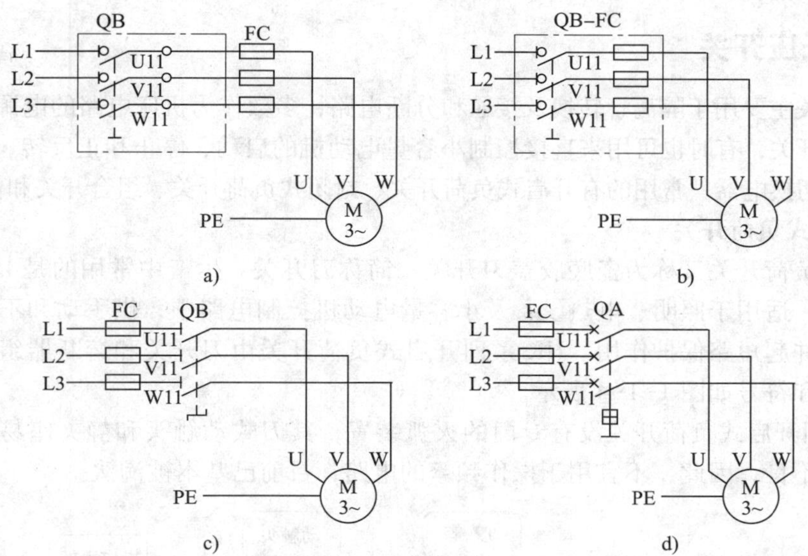

图 1-1-3　三相异步电动机手动正转控制电路
a）用开启式负荷开关控制　b）用封闭式负荷开关控制　c）用组合开关控制　d）用低压断路器控制

电器是一种能根据外界的信号和要求，手动或自动地接通或断开电路，实现对电路或非电对象的切换、控制、保护、检测和调节的元件或设备。

根据工作电压的高低，电器可分为高压电器和低压电器。工作在交流额定电压 1 200 V 及以下、直流额定电压 1 500 V 及以下的电器称为低压电器。低压电器作为基本器件，广泛应用于低压配电系统和电力拖动系统中，在实际生产中起着非常重要的作用。

低压电器的种类繁多，分类方法也很多，常见的分类方法见表 1-1-1。

表 1-1-1　低压电器常见的分类方法

分类方法	类别	说明及用途
按低压电器的用途和所控制的对象分	低压配电电器	包括低压开关、低压熔断器等，主要用于低压配电系统及动力设备中
	低压控制电器	包括接触器、继电器、电磁铁等，主要用于电力拖动与自动控制系统中
按低压电器的动作方式分	自动切换电器	依靠电器本身参数的变化或外来信号的作用自动完成接通或分断等动作的电器，如接触器、继电器等
	非自动切换电器	主要依靠外力（如手动控制）直接操作来进行切换的电器，如按钮、低压开关等
按低压电器的执行机构分	有触头电器	具有可分离的动触头和静触头，利用触头的接触和分离以实现电路的接通和断开控制，如接触器、继电器等
	无触头电器	没有可分离的触头，主要利用半导体元器件的开关效应来实现电路的通断控制，如接近开关、固态继电器等

二、低压开关

低压开关主要用于隔离、转换及接通和分断电路，多数作为机床电路的电源开关和局部照明电路的开关，有时也可用来直接控制小容量电动机的启动、停止和正反转。低压开关一般为非自动切换电器，常用的有开启式负荷开关、封闭式负荷开关、组合开关和低压断路器。

1. 开启式负荷开关

开启式负荷开关又称为瓷底胶盖刀开关，简称刀开关。生产中常用的是 HK 系列开启式负荷开关，适用于照明、电热设备及小容量电动机控制电路中，供手动和不频繁接通及分断电路，并起短路保护作用。HK 系列开启式负荷开关由刀开关和熔断器组合而成，其外形、结构和符号如图 1-1-4 所示。

HK 系列开启式负荷开关没有专门的灭弧装置，其刀式动触头和静夹座易被电弧灼伤而引起接触不良，因此，不宜用于操作频繁的电路，目前已基本被淘汰。

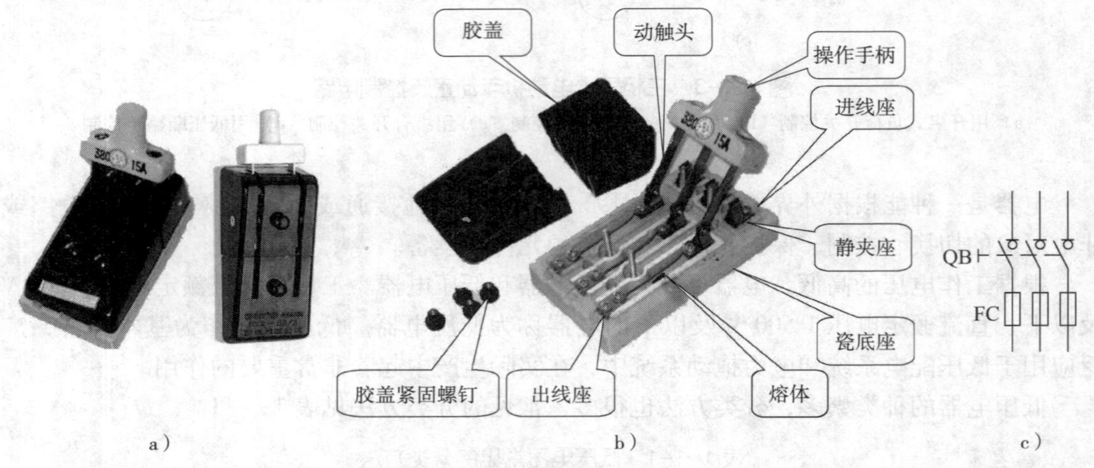

图 1-1-4　HK 系列开启式负荷开关

a）外形　b）结构　c）符号

2. 封闭式负荷开关

封闭式负荷开关是在开启式负荷开关基础上改进设计的一种开关。其灭弧性能、操作性能、通断能力、安全防护性能等都优于开启式负荷开关。其外壳为铸铁或用薄钢板冲压而成，又称为铁壳开关。

铁壳开关主要由触头系统（包括动触刀和静夹座）、操作机构（包括手柄、转轴、速断弹簧）、熔断器、灭弧装置和外壳构成。

目前，由于封闭式负荷开关的体积大，操作费力，已逐步被淘汰，取而代之的是低压断路器。图 1-1-5 所示为 HH3 系列封闭式负荷开关。

3. 组合开关

（1）结构和符号

组合开关又称转换开关，其操作手柄在平行于其安装面的平面内向左或向右转动，具有多触头、多位置、体积小、性能可靠、操作方便、安装灵活等特点，适用于交流频率

a)

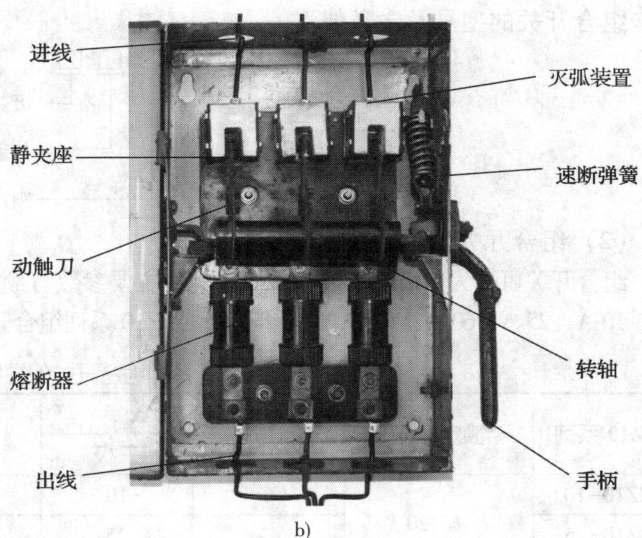

b)

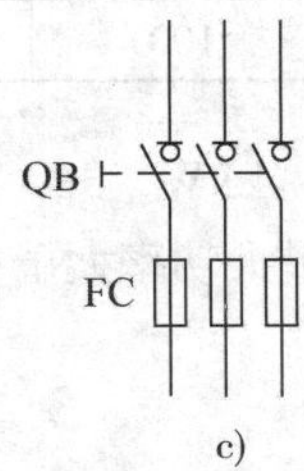

c)

图 1-1-5　HH3 系列封闭式负荷开关

a）外形　b）结构　c）符号

50 Hz、交流电压 380 V 及以下或直流电压 220 V 及以下的电路中，用于手动不频繁地接通和分断电路、换接电源和负载，或控制 5 kW 以下小容量电动机的不频繁启动、停止和正反转。组合开关的种类很多，常用的有 HZ5、HZ10、HZ15 等系列。HZ10-10/3 型组合开关如图 1-1-6 所示，外形如图 1-1-6a 所示，开关的静触头装在固定的绝缘垫板上，并附有接线柱用于与电源及负载相接，动触头装在能随转轴转动的绝缘垫板上，手柄和转轴能沿顺时针或逆时针方向转动 90°，带动三个动触头分别与静触头接触或分离，从而实现接通电路和分断电路的目的。由于采用了扭簧储能结构，这种结构能快速闭合及分断开关，使开关的闭合速度和分断速度与手动操作无关。HZ10-10/3 型组合开关符号如图 1-1-6b 所示。

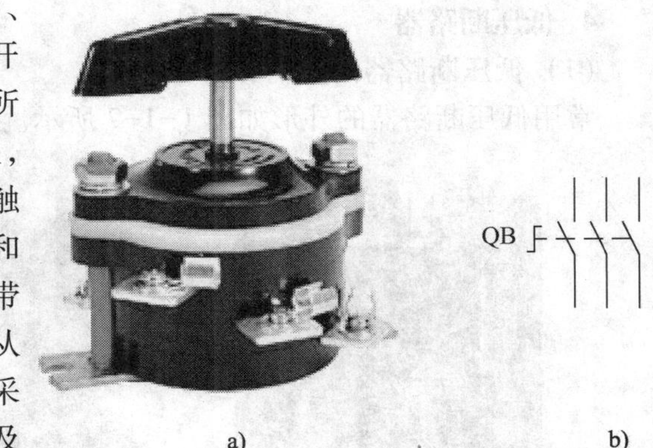

a)　b)

图 1-1-6　HZ10-10/3 型组合开关

a）外形　b）符号

组合开关的型号及含义如下。

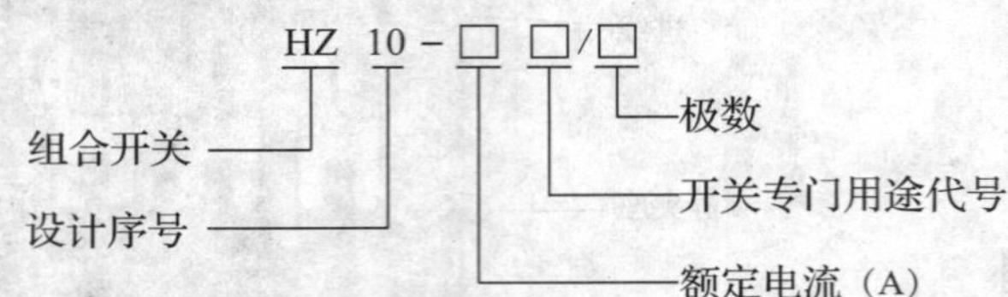

（2）组合开关的主要技术数据及选用

组合开关可分为单极、双极和多极三类，主要参数有额定电压、额定电流和极数等，额定电流有 10 A、25 A、60 A、100 A 等多个等级。HZ10 系列组合开关的主要技术数据见表 1-1-2。

表 1-1-2　HZ10 系列组合开关的主要技术数据

HZ10 系列	额定电压	额定电流/A		额定电压为交流 380 V 时可控制电动机最大功率/kW
		单极	三极	
HZ10-10	直流 220 V 或交流 380 V	6	10	1
HZ10-25		—	25	3.3
HZ10-60		—	60	5.5
HZ10-100		—	100	—

如本任务需控制的电动机（Y112M-4，4 kW，380 V，8.8 A，△形接法），根据表 1-1-2 可知，满足额定电压 380 V，可控制电动机最大功率大于 4 kW，需用 HZ10-60 系列的组合开关。

提示

组合开关应根据电源种类、电压等级、所需触头数、接线方式和负载容量进行选用。用于控制小型异步电动机时，组合开关的额定电流一般取电动机额定电流的 1.5~2.5 倍。

4. 低压断路器

（1）低压断路器的结构和符号

常用低压断路器的外形如图 1-1-7 所示。

a)

b)

c)

图 1-1-7 常用的低压断路器

a）DZ5 系列塑壳式低压断路器 b）DZ15 系列塑壳式低压断路器 c）万能式低压断路器
d）DZ47-63 型低压断路器 e）DW16 系列万能式低压断路器 f）DZL18 系列漏电保护式低压断路器

DZ5 系列低压断路器的结构如图 1-1-8a 所示。它由触头系统、灭弧装置、操作机构、热脱扣器、电磁脱扣器及绝缘外壳等部分组成。低压断路器的符号如图 1-1-8b 所示。

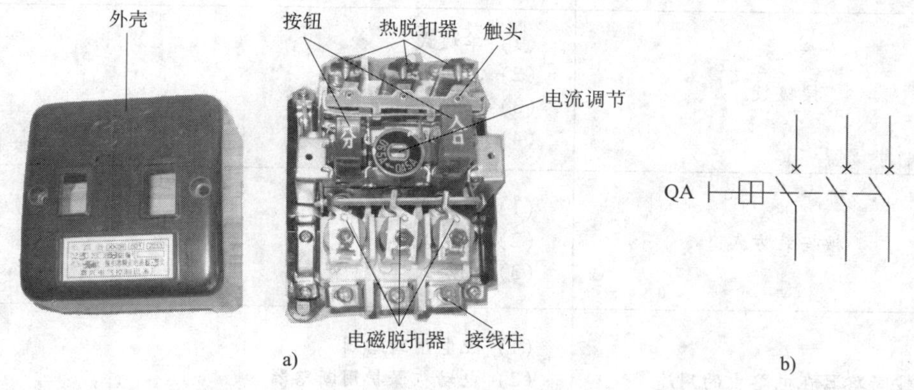

图 1-1-8 DZ5 系列低压断路器的结构和符号

a）结构 b）符号

DZ5 系列低压断路器的型号及含义如下：

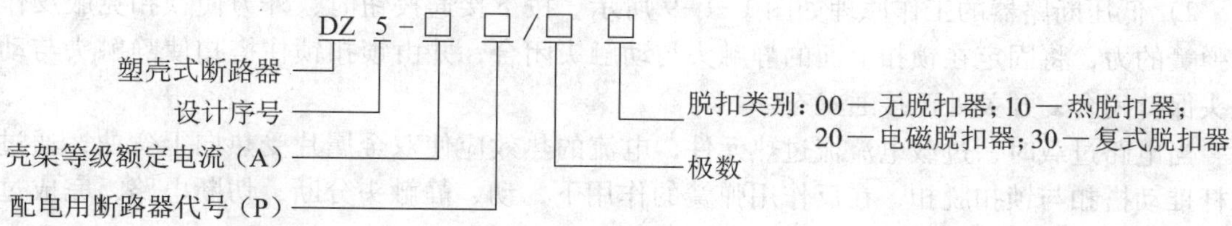

（2）低压断路器的功能、分类及工作原理

1）低压断路器的功能及分类。低压断路器又叫自动空气开关或自动空气断路器，简称断路器。它集控制和多种保护功能于一体，当电路工作正常时，它作为电源开关不频繁地接通和分断电路；当电路中发生短路、过载和失压等故障时，它能自动跳闸切断故障电路，保护电路和电气设备。

低压断路器具有操作安全、安装和使用方便、工作可靠、动作值可调、分断能力较高、兼作多种保护、动作后不需要更换元件等优点，因此得到广泛应用。低压断路器的分类见表 1-1-3。

表 1-1-3　低压断路器的分类

分类方法	常见形式
按结构形式	(1) 塑壳式（又称装置式） (2) 万能式（又称框架式） (3) 限流式 (4) 直流快速式 (5) 灭磁式 (6) 漏电保护式
按操作方式	(1) 人力操作式 (2) 动力操作式 (3) 储能操作式
按极数	(1) 单极式 (2) 二极式 (3) 三极式 (4) 四极式
按安装方式	(1) 固定式 (2) 插入式 (3) 抽屉式
按断路器在电路中的用途	(1) 配电用断路器 (2) 电动机保护用断路器 (3) 其他负载（如照明）用断路器

通常用得比较多的断路器是按结构形式划分的。在电力拖动系统中常用的是 DZ 系列塑壳式低压断路器，下面以 DZ5-20 型低压断路器为例进行介绍。

2）低压断路器的工作原理如图 1-1-9 所示。按下接通按钮时，外力使锁扣克服反作用弹簧的力，将固定在锁扣上面的静触头与动触头闭合，并由锁扣锁住搭扣使静触头与动触头保持闭合，开关处于接通状态。

当电路过载时，过载电流流过热元件，电流的热效应使双金属片受热向上弯曲，通过杠杆推动搭扣与锁扣脱扣，在反作用弹簧的作用下，动、静触头分断，切断电路，完成过载保护。

当电路发生短路故障时，短路电流使电磁脱扣器产生很大的磁力吸引衔铁，衔铁撞击杠杆推动搭扣与锁扣脱扣，切断电路，完成短路保护。一般电磁脱扣器的整定电流在低压断路器出厂时规定为 $10I_N$（I_N 为断路器的额定电流）。

当电路欠压时，欠压脱扣器上产生的电磁力小于拉力弹簧的力，在弹簧力的作用下，衔铁松脱，衔铁撞击杠杆推动搭扣与锁扣脱扣，切断电路，完成欠压保护。

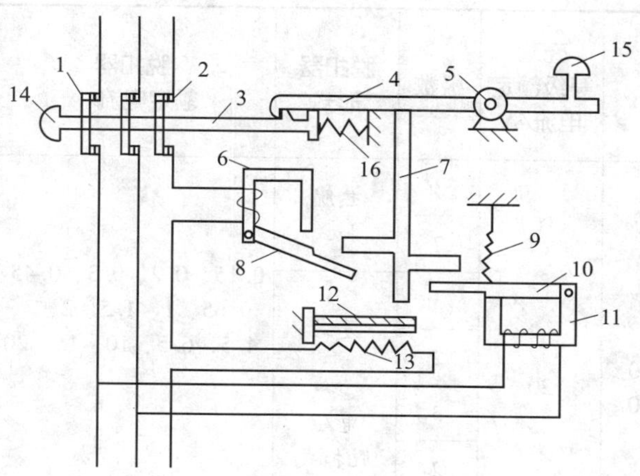

图 1-1-9 低压断路器的工作原理

1—动触头 2—静触头 3—锁扣 4—搭扣 5—转轴座 6—电磁脱扣器 7—杠杆 8—电磁脱扣器衔铁 9—拉力弹簧 10—欠压脱扣器衔铁 11—欠压脱扣器 12—双金属片 13—热元件 14—接通按钮 15—停止按钮 16—反作用弹簧

提示

DZ5 系列低压断路器适用于交流 50 Hz、额定电压 380 V、额定电流 0.15 A 至 50 A 的电路。保护电动机用断路器用于电动机的短路和过载保护；配电用断路器在配电网络中用来分配电能和作为电路及电源设备的短路与过载保护之用，也可分别作为电动机不频繁启动及电路的不频繁切换之用。

（3）低压断路器的选用

1）低压断路器的额定电压和额定电流应不小于电路、设备的正常工作电压与工作电流。

2）热脱扣器的动作电流应等于所控制负载的额定电流。

3）电磁脱扣器的瞬时动作整定电流应大于负载电路正常工作时的峰值电流。用于控制电动机的断路器，其瞬时动作整定电流可按下式选取：

$$I_z \geqslant KI_{st}$$

式中，I_z 为瞬时动作整定值；K 为安全系数，可取 1.5~1.7；I_{st} 为电动机的启动电流。

4）欠压脱扣器的额定电压应等于电路的额定电压。

5）断路器的分断能力应不小于电路的最大短路电流。

DZ5-20 型低压断路器的技术数据见表 1-1-4。

表 1-1-4　DZ5-20 型低压断路器的技术数据

<table>
<tr><th rowspan="2">型号</th><th rowspan="2">额定电压/V</th><th rowspan="2">壳架等级额定电流/A</th><th rowspan="2">极数</th><th rowspan="2">脱扣器形式</th><th rowspan="2">脱扣器额定电流/A</th><th colspan="2">辅助触头</th></tr>
<tr><th>形式</th><th>额定发热电流/A</th></tr>
<tr><td>DZ5-20/310</td><td rowspan="8">AC380
DC220</td><td rowspan="8">20</td><td>3</td><td rowspan="2">热脱扣式</td><td rowspan="6">0.15、0.2、0.3、0.45、0.65、1、1.5、2、3、4.5、6.5、10、15、20</td><td rowspan="8">一常开
一常闭</td><td rowspan="8">5</td></tr>
<tr><td>DZ5-20/210</td><td>2</td></tr>
<tr><td>DZ5-20/330</td><td>3</td><td rowspan="2">复式</td></tr>
<tr><td>DZ5-20/230</td><td>2</td></tr>
<tr><td>DZ5-20/320</td><td>3</td><td rowspan="2">电磁脱扣式</td></tr>
<tr><td>DZ5-20/220</td><td>2</td></tr>
<tr><td>DZ5-20/300</td><td>3</td><td rowspan="2">无脱扣器</td><td rowspan="2">—</td></tr>
<tr><td>DZ5-20/200</td><td>2</td></tr>
</table>

根据本次任务中所需控制的电动机（Y112M-4，4 kW，380 V，8.8 A，△接法），查看表 1-1-4，选择 DZ5-20/330 系列低压断路器，脱扣器额定电流为 10 A。

三、低压熔断器

低压熔断器的作用是在电路中作为短路保护，通常简称为熔断器。常用低压熔断器的外形如图 1-1-10 所示。短路是指由于电气设备或导线的绝缘损坏而导致电路或电路中的一部分被短接，它是一种电气故障。在使用时，熔断器串接在所保护的电路中，当该电路发生短路故障时，通过熔断器的电流达到或超过了某一规定值，以其自身产生的热量使熔体熔断而自动切断电路，起到保护作用。

1. 熔断器的结构和符号

熔断器主要由熔体、安装熔体的熔管和熔座三部分组成，如图 1-1-11a 所示。

熔体是熔断器的核心，常做成丝状、片状或栅状，制作熔体的材料一般有铅锡合金、锌、铜、银等，根据受保护电路的要求而定。熔管是熔体的保护外壳，用耐热绝缘材料制成，在熔体熔断时兼有灭弧作用。熔座是熔断器的底座，用于固定熔管和外接引线。

熔断器符号如图 1-1-11b 所示。

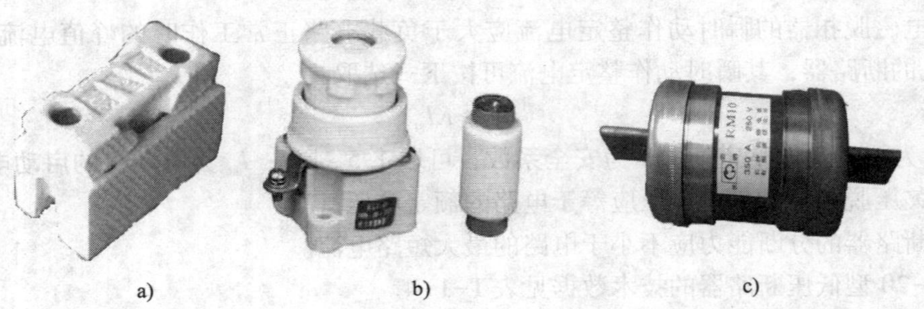

a)　　b)　　c)

图 1-1-10　常用的低压熔断器

a）瓷插式　b）RL1、RLS 系列螺旋式　c）RM10 系列无填料封闭管式　d）RT18 系列有填料封闭管式圆筒形帽式
e）RT15 系列螺栓连接式　f）RT0 系列有填料封闭管式

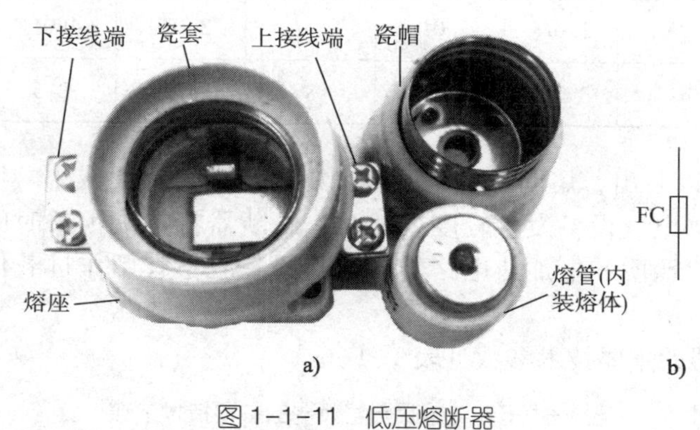

图 1-1-11　低压熔断器

a）结构　b）符号

2. 熔断器的型号

熔断器的型号及含义如下。

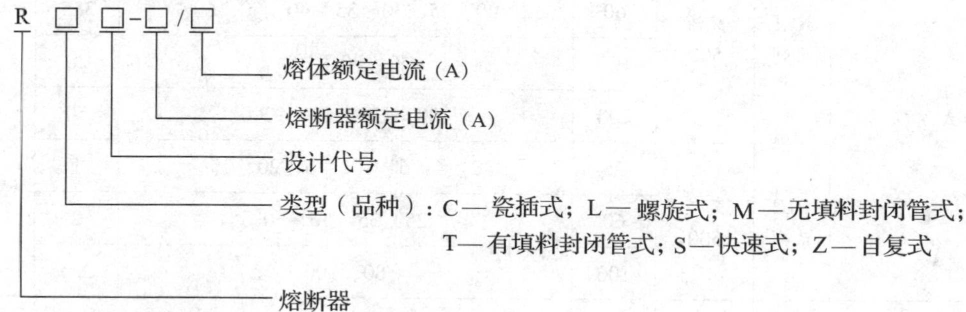

如型号 RL1-15/2 中，R 表示熔断器，L 表示螺旋式，设计代号为 1，熔断器额定电流是 15 A，熔体额定电流是 2 A。

3. 熔断器的主要技术参数

（1）额定电压

额定电压是指熔断器长期工作所能承受的电压。如果熔断器的实际工作电压大于其额定电压，熔体熔断时可能会发生电弧不能熄灭的危险。

（2）额定电流

额定电流是指保证熔断器能长期正常工作的电流，它的大小由熔断器各部分长期工作时允许的温升决定。

（3）分断能力

分断能力是指在规定的使用和性能条件及规定的电压下熔断器能分断的预期分断电流值，常用极限分断电流值来表示。

（4）时间-电流特性

时间-电流特性也称为安-秒特性或保护特性，是指在规定的条件下，表征流过熔体的电流与熔体熔断时间的关系曲线。熔断器的熔断电流与熔断时间的关系见表 1-1-5。

表 1-1-5　熔断器的熔断电流与熔断时间的关系

熔断电流 I_S/A	$1.25I_N$	$1.6I_N$	$2.0I_N$	$2.5I_N$	$3.0I_N$	$4.0I_N$	$8.0I_N$	$10.0I_N$
熔断时间/s	∞	3 600	40	8	4.5	2.5	1	0.4

从表 1-1-5 可以看出，熔断器的熔断时间随电流的增大而减小。熔断器对过载的反应是很不灵敏的，当电气设备发生轻度过载时，熔断器将持续很长时间才熔断，有时甚至不熔断。因此，除照明和电加热电路外，熔断器一般不宜用作过载保护，主要用作短路保护。

常见低压熔断器的主要技术参数见表 1-1-6。

表 1-1-6　常见低压熔断器的主要技术参数

类别	系列	额定电压/V	额定电流/A	熔体额定电流等级/A	分断能力/kA	功率因数
螺旋式熔断器	RL1 系列	交流 500	15	2、4、6、10、15	2	≥0.3
			60	20、25、30、35、40、50、60	3.5	
			100	60、80、100	20	
			200	100、125、150、200	50	
	RL2 系列	交流 500	25	2、4、6、10、15、20、25	1	
			60	25、35、50、60	2	
			100	80、100	3.5	
无填料封闭管式熔断器	RM10 系列	交流 380	15	6、10、15	1.2	0.8
			60	15、20、25、35、45、60	3.5	0.7
			100	60、80、100	10	0.35
			200	100、125、160、200		
			350	200、225、260、300、350		
			600	350、430、500、600	12	

续表

类别	系列	额定电压/V	额定电流/A	熔体额定电流等级/A	分断能力/kA	功率因数
有填料封闭管式熔断器	RT0系列	交流 380 直流 440	50	10、15、20、30、40、50	交流 50 直流 25	>0.3
			100	30、40、50、60、80、100		
			200	100、120、150、200		
			400	200、250、300、350、400		
			600	350、400、450、500、550、600		
有填料封闭管式圆筒形帽式熔断器	RT18系列	交流 380	32	2、4、6、8、10、12、16、20、25、32	100	0.1~0.2
			63	2、4、6、8、10、16、20、25、32、40、50、63		

4. 熔断器的选用

（1）熔断器类型的选用

根据使用环境、负载性质和短路电流的大小选用适当类型的熔断器。例如，对于容量较小的照明电路，可选用 RT 系列圆筒形帽式熔断器或 RM10 系列熔断器；对于短路电流相当大的电路或有易燃气体的环境，应选用 RT0 系列有填料封闭管式熔断器；在机床控制电路中，多选用 RL 系列螺旋式熔断器；用于半导体功率元件及晶闸管的保护时，应选用 RS 或 RLS 系列快速熔断器。

（2）熔断器额定电压和额定电流的选用

熔断器的额定电压必须大于或等于电路的额定电压；熔断器的额定电流必须大于或等于所装熔体的额定电流；熔断器的分断能力应大于电路中可能出现的最大短路电流。

（3）熔体额定电流的选用

1）对照明和电热等电流较平稳、无冲击电流的负载的短路保护，熔体的额定电流应等于或稍大于负载的额定电流。

2）对一台不经常启动且启动时间不长的电动机的短路保护，熔体的额定电流 I_{RN} 应大于或等于 1.5~2.5 倍电动机的额定电流 I_N，即：

$$I_{RN} \geqslant (1.5 \sim 2.5) I_N$$

3）对一台启动频繁且连续运行的电动机的短路保护，熔体的额定电流 I_{RN} 应大于或等于 3~3.5 倍电动机的额定电流 I_N，即：

$$I_{RN} \geqslant (3 \sim 3.5) I_N$$

4）对多台电动机的短路保护，熔体的额定电流 I_{RN} 应大于或等于其中最大容量电动机的额定电流 I_{Nmax} 的 1.5~2.5 倍，加上其余电动机额定电流的总和 $\sum I_N$，即：

$$I_{RN} \geqslant (1.5 \sim 2.5) I_{Nmax} + \sum I_N$$

（4）本次任务熔断器的选择

1）类型的选用。在一般电动机的控制电路中多选用 RL 系列螺旋式熔断器。本任务即选用此型号。

2）选择熔体额定电流。电动机（Y112M-4，4 kW，380 V，8.8 A，△形接法）的额定电压为380 V，额定电流为8.8 A，单台电动机手动不频繁启动控制，根据公式 $I_{RN} \geqslant (1.5 \sim 2.5) I_N = (1.5 \sim 2.5) \times 8.8 \approx 13.2 \sim 22$（A）。查表1-1-6得熔体额定电流为 $I_{RN} = 20$ A或15 A，但选取时通常留有一定余量，故一般取 $I_{RN} = 20$ A。

3）选择熔断器的额定电流和电压。查表1-1-6，可选取RL1-60/20型熔断器，其额定电流为60 A，额定电压为500 V。

5. 常用熔断器简介

常用熔断器见表1-1-7。

表1-1-7　常用熔断器

名称	图示	特点	应用场合
RL1系列螺旋式熔断器	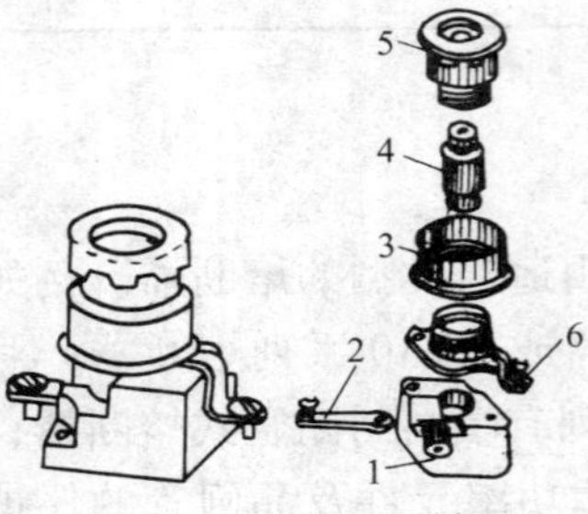 外形　结构 1—瓷底座　2—下接线座 3—瓷套　4—熔管 5—瓷帽　6—上接线座	主要由瓷帽、熔管、瓷套、上接线座、下接线座及瓷底座等部分组成。熔管内装有石英砂、熔体和带小红点的熔断指示器，石英砂用于增强灭弧性能。该系列熔断器的分断能力较强，结构紧凑，体积小，安装面积小，更换熔体方便，工作安全可靠，熔体熔断后有明显指示。当从瓷帽玻璃窗口观测到带小红点的熔断指示器自动脱落时，表示熔体已经熔断	广泛应用于控制箱、配电屏、机床设备及振动较大的场合，在交流额定电压500 V、额定电流200 A及以下的电路中，作为短路保护器件
RM10系列无填料封闭管式熔断器	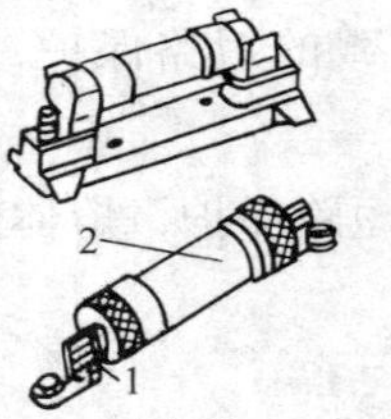 外形 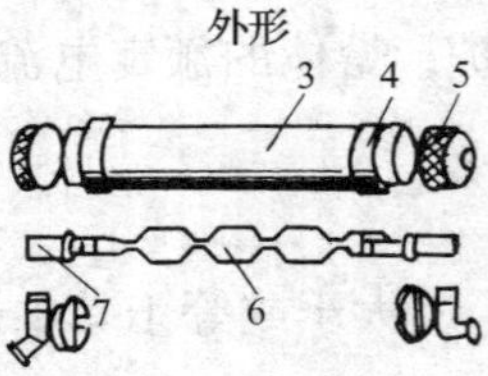 结构 1—夹座　2—熔管 3—钢纸管　4—黄铜套管 5—黄铜帽　6—熔体 7—刀形夹头	由熔管、熔体、刀形夹头及夹座等部分组成。熔管用钢纸管制成，两端为黄铜制成的可拆式管帽，管内熔体为变截面的熔片，更换熔体较方便	主要用于交流额定电压380 V及以下、直流440 V及以下、电流在600 A以下的电力电路中，作为导线、电缆及电气设备的短路保护及电缆、导线过负荷保护之用

续表

名称	图示	特点	应用场合
RT0 系列有填料封闭管式熔断器	外形 1 2 3 4 5 8 7 6 结构 9 锡桥 1—熔断指示器　2—石英砂填料 3—指示器熔丝　4—夹头 5—夹座　6—底座 7—熔体　8—熔管　9—锡桥	主要由熔管、底座、夹头、夹座等部分组成。其熔管用高频电工陶瓷制成，熔体是两片网状紫铜片，中间用锡桥连接。熔体周围填满石英砂，起灭弧作用，该熔断器的分断能力比同容量的 RM10 系列大 2.5～4 倍。该系列熔断器配有熔断指示装置，熔体熔断后，显示出醒目的红色熔断信号，并可用配备的专用绝缘手柄在带电的情况下更换熔管，装取方便，安全可靠	广泛用于交流 380 V 及以下、短路电流较大的电力输配电系统中，作为电路和电气设备的短路保护及过载保护器件
RT18 系列有填料封闭管式圆筒形帽式熔断器	CNYJ RT18-32 DELIXI RT18-32 10 X 38 gG 32 A	由熔体及熔断器支持件组成。由纯铜片（或铜丝）制成的变截面熔体封装于高强度熔管内，熔管内充满高纯度石英砂作为灭弧介质，熔体两端采用点焊与端帽牢固连接 熔断器支持件由底板、载熔体、插座等组成，由塑料压制的底板装上载熔体插座后，铆合或用螺栓固定而成，为半封闭式结构，且带有熔断指示灯。熔体熔断时指示灯即亮	用于交流 50 Hz、额定电压 380 V、额定电流 63 A 及以下工业电气装置的配电电路中，作为电路的短路保护及过载保护器件
RS0、RS3 系列快速式熔断器（又称半导体器件保护用熔断器）		电力半导体器件的过载能力很差，采用熔断器保护时，要求过载或短路时必须快速熔断，一般在 6 倍额定电流时，熔断时间不大于 20 ms。故快速式熔断器的主要特点是熔断时间短，动作迅速（小于 5 ms）。RS0、RS3 系列外形与 RT0 系列相似，熔管内有石英填料，熔体也采用变截面形状、导热性能强、热容量小的银片，熔化速度快	主要用于半导体硅整流元件的过电流保护。常用的有 RS0、RS3 等系列。RS0 和 RS3 系列主要用于大容量晶闸管元件的短路和过载保护，它们的结构相同，但 RS3 系列的动作更快，分断能力更强

续表

名称	图示	特点	应用场合
自复式熔断器	PTC 聚合物自复式熔断器	采用气体、超导体或液态金属钠等作熔体，在故障短路电流产生的高温下，熔体瞬间呈现高阻状态，从而限制短路电流。当故障消失后，温度下降，熔体又自动恢复至原来的低阻导电状态。自复式熔断器具有限流作用显著、动作时间短、动作后不必更换熔体、能重复使用、能实现自动重合闸等优点，所以在生产中的应用范围广泛	目前自复式熔断器的工业产品有 RZ1 系列，它适用于交流 380 V 的电路中与断路器配合使用。熔断器的电流有 100 A、200 A、400 A、600 A 这 4 个等级，在功率因数小于 0.3 时的分断能力为 100 kA

四、手动正转控制电路的工作原理

本次任务是安装组合开关等控制三相异步电动机正转电路，并对可能的故障进行检修。

如图 1-1-3 所示，三相异步电动机手动正转控制电路是由三相电源（L1、L2、L3）、组合开关（或开启式负荷开关、封闭式负荷开关、低压断路器）、熔断器和三相异步电动机构成的。当组合开关 QB（或开启式负荷开关、封闭式负荷开关、低压断路器，下同）闭合时，三相电源经组合开关、熔断器流入电动机，电动机运转；当组合开关 QB 断开时，三相电源断开，电动机停转。

任务实施

一、实施步骤

图 1-1-12 所示为三相异步电动机手动正转控制电路的安装与调试步骤。

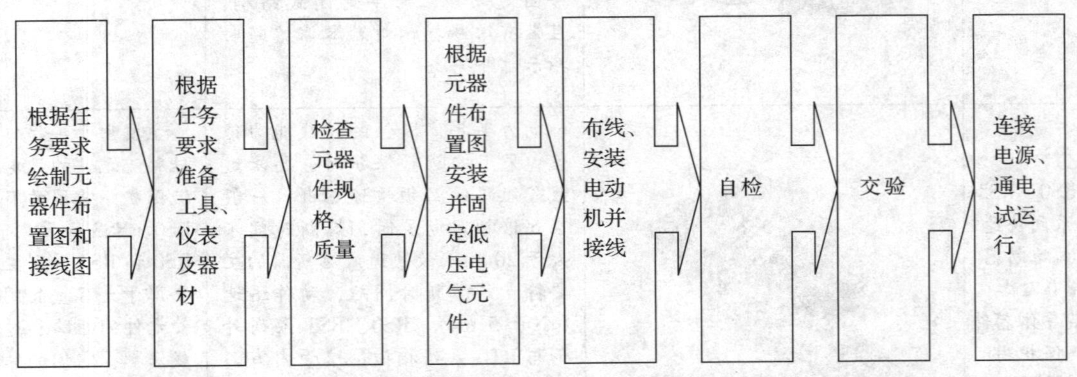

图 1-1-12　三相异步电动机手动正转控制电路的安装与调试步骤

二、绘制元器件布置图和接线图

1. 绘制元器件布置图

元器件布置图是根据电气元件在控制板上的实际安装位置，采用简化的外形符号（如正方形、矩形、圆形等）绘制的一种简图。它不表达各电气元件的具体结构、作用、接线情况以及工作原理，主要用于电气元件的布置和安装。布置图中各电气元件的文字符号必须与电路图和接线图的标注相一致。

图 1-1-13 至图 1-1-16 所示为绘制的元器件布置图。

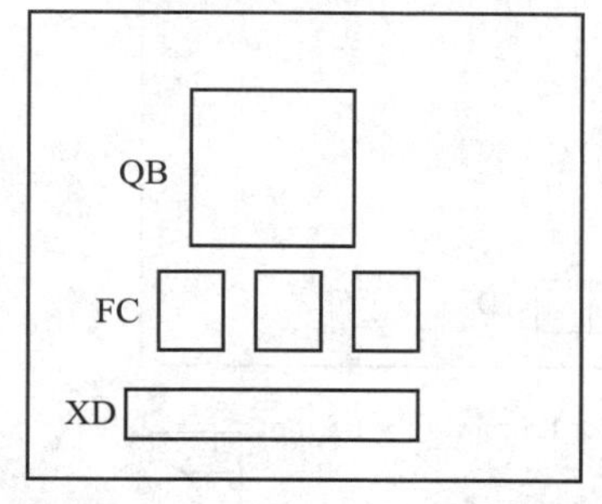

图 1-1-13　用开启式负荷开关控制的元器件布置图

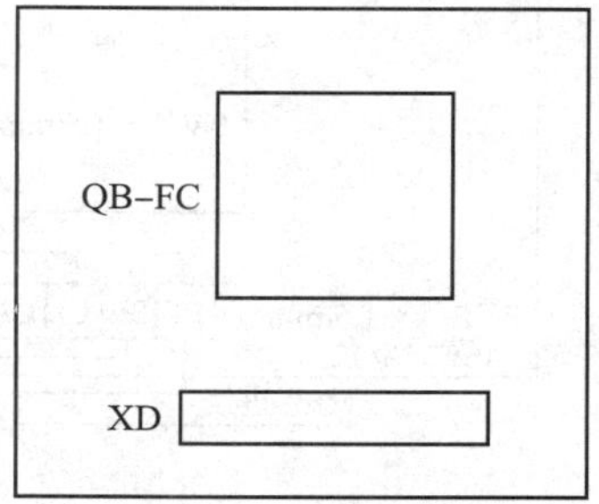

图 1-1-14　用封闭式负荷开关控制的元器件布置图

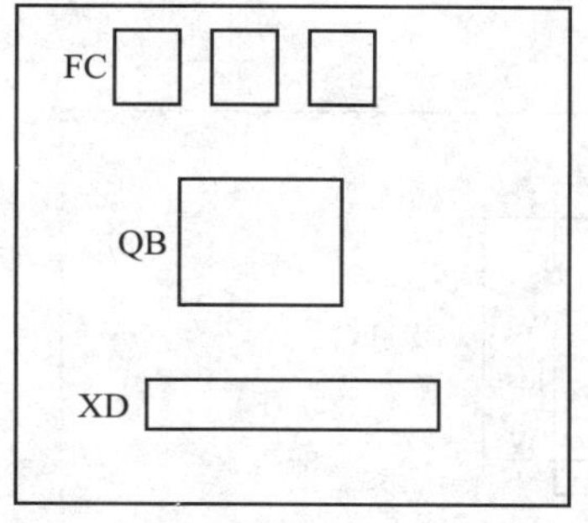

图 1-1-15　用组合开关控制的元器件布置图

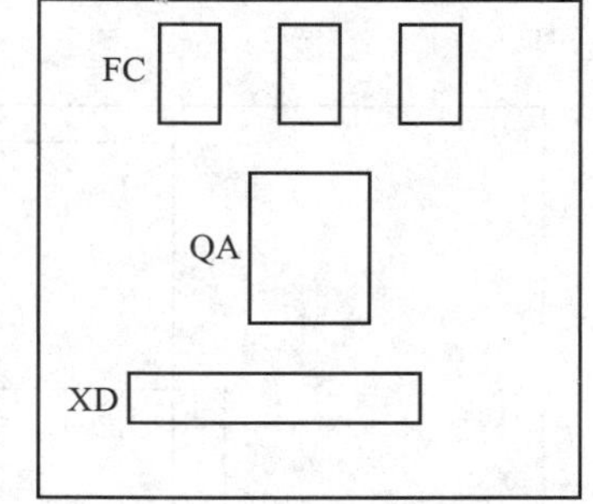

图 1-1-16　用低压断路器控制的元器件布置图

2. 绘制接线图

接线图是根据电气设备和电气元件的实际位置及安装情况绘制的，它只用来表示电气设备和电气元件的位置、配线方式和接线方式，而不明显表示电气动作原理和电气元件之间的控制关系，主要用于安装接线、电路的检查和故障排除。

在实际工作中，电路图、接线图和元器件布置图三者要结合起来使用。

绘制、识读接线图应遵循以下原则。

（1）接线图中一般应标出：电气设备和电气元件的相对位置、文字符号、端子号、导线号、导线类型、导线截面积、屏蔽和导线绞合等。

（2）所有的电气设备和电气元件都按其所在的实际位置绘制在图样上，且同一电器的各元件应根据其实际结构，使用与电路图相同的图形符号画在一起，并用点画线框上，其文字符号以及接线端子的编号应与电路图中的标注相一致，以便对照检查接线。

（3）接线图中的导线有单根导线、导线组（或线扎）、电缆等之分，可用连续线和中断线来表示。凡导线走向相同的可以合并，用线束来表示，到达接线端子板或电气元件的连接点时再分别画出。另外，导线及管子的型号、根数和规格应标注清楚。

图 1-1-17 至图 1-1-20 所示为绘制的接线图。

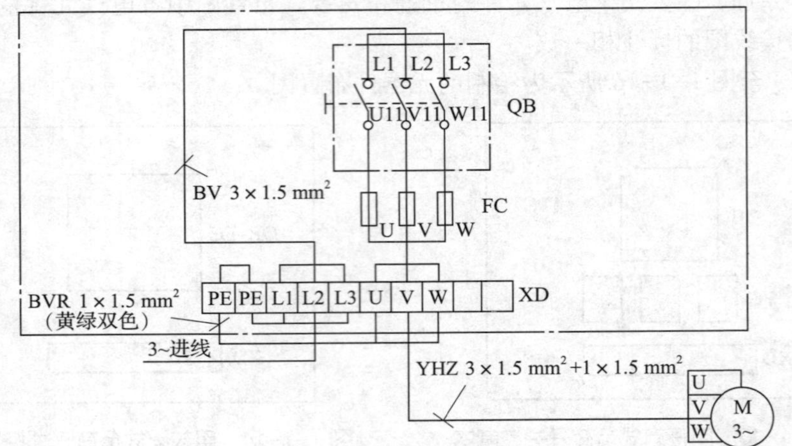

图 1-1-17　用开启式负荷开关控制电路接线图

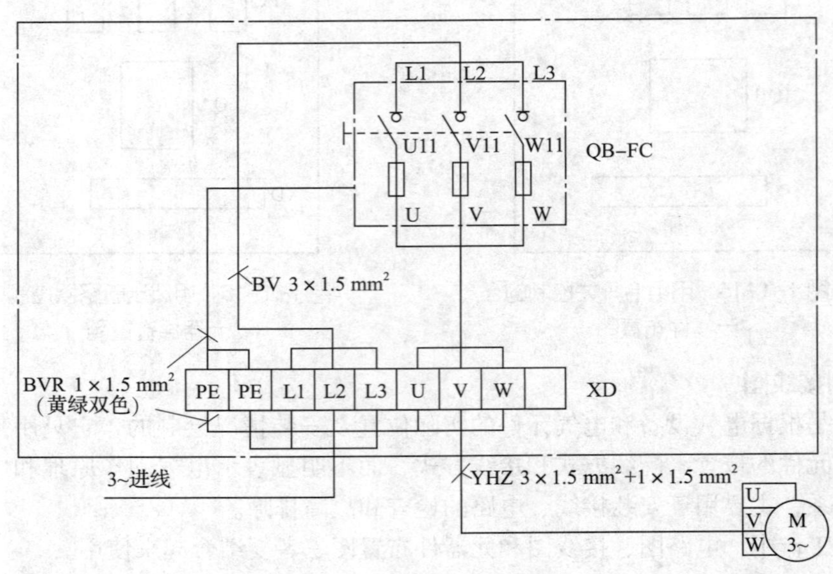

图 1-1-18　用封闭式负荷开关控制电路接线图

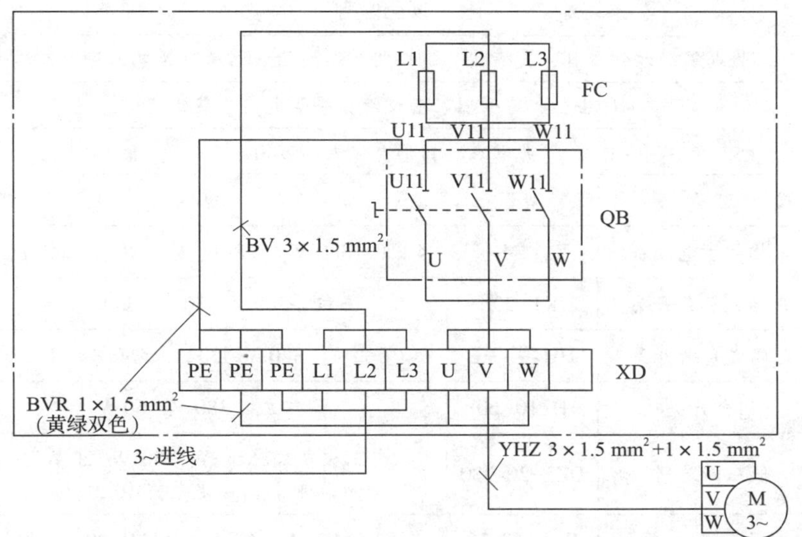

图 1-1-19　用组合开关控制电路接线图

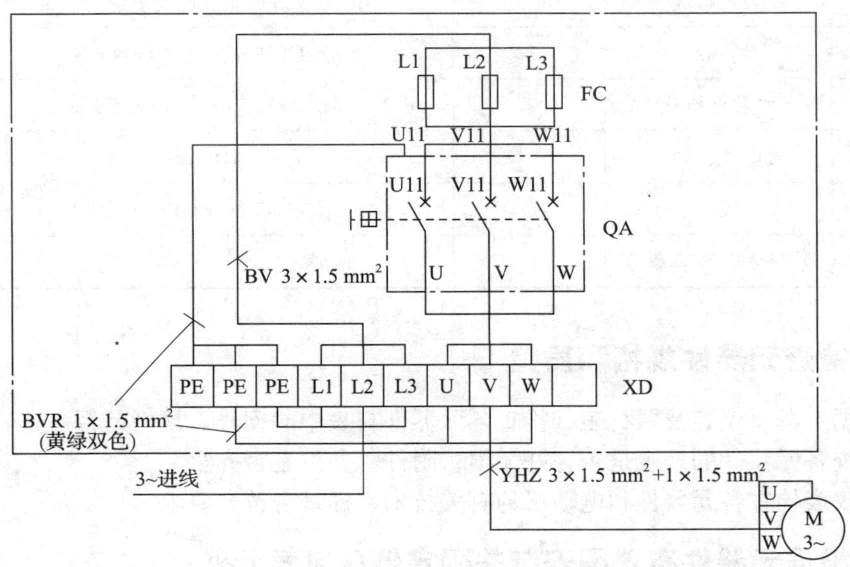

图 1-1-20　用低压断路器控制电路接线图

三、准备工具、仪表及器材

根据三相异步电动机手动正转控制电路，选用工具、仪表及器材，见表 1-1-8。

表 1-1-8　工具、仪表及器材

<table>
<tr><th>类别</th><th colspan="5">项目内容</th></tr>
<tr><td rowspan="2">工具</td><td colspan="5">验电笔、螺钉旋具、尖嘴钳、斜口钳、剥线钳、电工刀等电工常用工具</td></tr>
<tr><td colspan="5">冲击钻、弯管器、套螺纹扳手等电路安装工具</td></tr>
<tr><td>仪表</td><td colspan="5">兆欧表、钳形电流表、万用表</td></tr>
<tr><td rowspan="16">器材</td><td>代号</td><td>名称</td><td>型号</td><td>规格</td><td>数量</td></tr>
<tr><td>M</td><td>三相异步电动机</td><td>Y112M-4</td><td>4 kW、380 V、8.8 A、△接法、1 440 r/min</td><td>1</td></tr>
<tr><td>QB</td><td>开启式负荷开关</td><td>HK1-30/3</td><td>三极、380 V、30 A、熔体直连</td><td>1</td></tr>
<tr><td>QB</td><td>封闭式负荷开关</td><td>HH4-30/3</td><td>三极、380 V、30 A、配熔体 20 A</td><td>1</td></tr>
<tr><td>QB</td><td>组合开关</td><td>HZ10-60</td><td>三极、380 V、60 A</td><td>1</td></tr>
<tr><td>QA</td><td>低压断路器</td><td>DZ5-20/330</td><td>三极复式脱扣器、380 V、20 A、
脱扣器额定电流 10 A</td><td>1</td></tr>
<tr><td>FC</td><td>螺旋式熔断器</td><td>RL1-60/20</td><td>500 V、60 A、配熔体 20 A</td><td>3</td></tr>
<tr><td></td><td>控制板</td><td></td><td>500 mm×400 mm×20 mm</td><td>1</td></tr>
<tr><td>XD</td><td>接线端子排</td><td>JX2-1015</td><td>500 V、10 A、15 节或配套自定</td><td>1</td></tr>
<tr><td></td><td>主电路线</td><td></td><td>BV 1.5 mm^2（红色或颜色自定）</td><td>若干</td></tr>
<tr><td></td><td>接地线</td><td></td><td>BVR 1.5 mm^2（黄绿双色）</td><td>若干</td></tr>
<tr><td></td><td>四芯电缆线</td><td></td><td>YHZ 3×1.5 mm^2+1×1.5 mm^2</td><td>若干</td></tr>
<tr><td></td><td>电线管、管夹</td><td></td><td>ϕ16 mm</td><td>若干</td></tr>
<tr><td></td><td>螺钉</td><td></td><td>ϕ5 mm×60 mm</td><td>若干</td></tr>
<tr><td></td><td>紧固体和编码套管</td><td></td><td></td><td>若干</td></tr>
</table>

四、检查元器件规格和质量

1. 根据工具、仪表及器材表，检查各元器件与表中的型号、规格是否一致。
2. 检查各元器件的外观是否完好无损，附件、备件是否齐全。
3. 用仪表检查各元器件和电动机的有关技术数据是否符合要求。

五、根据元器件布置图安装并固定低压电气元件

1. 低压电气元件的安装与使用要求

（1）开启式负荷开关的安装与使用要求

1）开启式负荷开关必须垂直安装在控制屏或开关板上，如图 1-1-1 所示，且合闸状态时手柄应朝上，不允许倒装或平装，以防发生误合闸事故。

2）用开启式负荷开关控制照明和电热负载时，要装接熔断器作为短路保护。接线时应把电源进线接在静触头一边的进线座上，把负载接在动触头一边的出线座上。

3）把开启式负荷开关用作电动机的控制开关时，应将开关的熔体部分用铜导线直接连接，并在出线端另外加装熔断器作为短路保护，如图 1-1-21 所示。

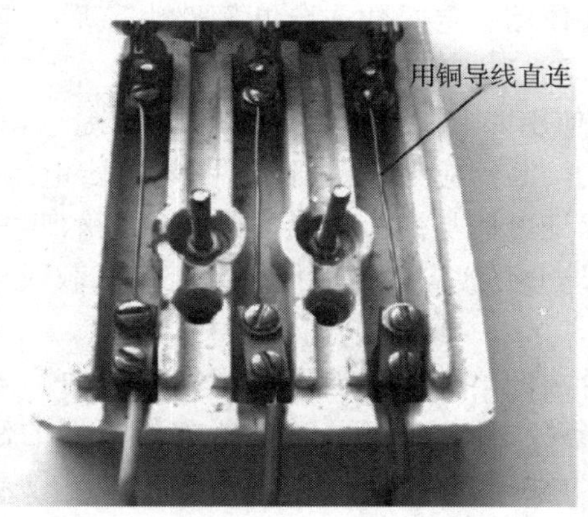

图 1-1-21 铜导线直连

4）在分闸和合闸操作时，动作应迅速，使电弧尽快熄灭。更换熔体时，必须在开启式负荷开关断开的情况下按原规格更换。

（2）封闭式负荷开关的安装与使用要求

1）封闭式负荷开关必须垂直安装于无强烈振动和冲击的场合，安装高度一般离地不低于 1.3 m，金属外壳必须可靠接地，并以操作方便和安全为原则。

2）接线时，应将电源进线接在静夹座一边的接线端子上，负载引线接在熔断器一边的接线端子上，且进出线都必须穿过开关的进出线孔。

3）在进行分合闸操作时，要站在开关的手柄侧，不能面对开关，以免发生意外导致故障电流过大，使开关爆炸，铁壳飞出伤人。

（3）组合开关的安装与使用要求

1）HZ10 系列组合开关应安装在控制箱（或壳体）内，其操作手柄最好伸出在控制箱的前面或侧面。开关为断开状态时应使手柄在水平位置。倒顺开关金属外壳应可靠接地。

2）若需在控制箱内操作，开关应装在控制箱内右上方，并且不在其上方安装其他电器，否则应采取隔离或绝缘措施。

3）组合开关的通断能力较低，不能用来分断故障电流。

4）当操作频率过高或负载功率因数较小时，应降低开关的容量使用，以延长其使用寿命。

（4）低压断路器的安装与使用要求

1）低压断路器应垂直安装，电源线应接在上端，负载线应接在下端。

2）低压断路器用作电源总开关或电动机的控制开关时，在电源进线侧必须加装刀开关或熔断器等，以形成明显的断开点。

3）使用低压断路器前，应将脱扣器工作面上的防锈油脂擦净，以免影响其正常工作。同时应定期检修低压断路器，清除其上面的积尘，为操作机构添加润滑剂。

4）各脱扣器的动作值调整好后，不允许随意变动，并应定期检查各脱扣器的动作值是否满足要求。

5）低压断路器的触头使用一定次数或分断短路电流后，应及时检查触头系统，如果触头表面有毛刺、颗粒等，应及时维修或更换。

（5）熔断器的安装与使用要求

1）用于安装与使用的熔断器应完整无损，并标有额定电压、额定电流值。

2）安装熔断器时应保证熔体与夹头、夹头与夹座接触良好。瓷插式熔断器应垂直安装。螺旋式熔断器接线时，电源线应接在下接线座上，负载线应接在上接线座上，以保证能安全地更换熔管。

3）熔断器内要安装合格的熔体，不能用多根小规格的熔体并联代替一根大规格的熔体。在多级保护的场合，各级熔体应相互配合，上级熔断器的额定电流等级以大于下级熔断器的额定电流等级两级为宜。

4）更换熔体或熔管时，必须切断电源，尤其不允许带负荷操作，以免发生电弧灼伤事故。封闭管式熔断器的熔体应用专用的绝缘插拔器进行更换。

5）对于 RM10 系列熔断器，在切断三次相当于分断能力的电流后，必须更换熔管，以保证其能可靠地切断所规定分断能力的电流。

6）熔体熔断后，应分析原因、排除故障后，再更换新的熔体。在更换新的熔体时，不能轻易改变熔体的规格，更不能用其他导体替代。

7）熔断器兼作隔离器件使用时，应安装在控制开关的电源进线端；若仅作短路保护，应装在控制开关的出线端。

2. 安装和固定工艺

（1）各元器件的安装位置应整齐、匀称，间距合理，以便于元器件的更换。

（2）紧固各元器件时，用力要均匀，紧固程度要适当。在紧固熔断器、断路器等易碎元器件时，应用手按住元器件一边轻轻摇动，一边用旋具轮换旋紧对角线上的螺钉，直到手摇不动后，再适当加固旋紧些即可。

（3）断路器、熔断器的受电端子应安装在控制板的外侧，并确保熔断器的受电端为底座的中心端。

3. 安装和固定

以用组合开关控制手动正转控制电路的安装和固定为例进行介绍，如图 1-1-22 所示。

（1）根据元器件布置图和元器件外形尺寸在控制板上画线，确定安装位置。

（2）固定并安装元器件，贴上醒目的文字符号。

六、布线

1. 工艺要求

（1）布线通道要尽可能少，同路并行导线按主、控电路分类集中，单层密排，紧贴安装面布线。

（2）同一平面的导线应高低一致或前后一致，不能

FC

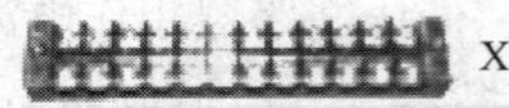

图 1-1-22　组合开关及熔断器的安装和固定

交叉。非交叉不可时，该根导线应在接线端子引出时就水平架空跨越，且必须走线合理。

（3）布线应横平竖直，分布均匀。变换走向时应垂直转向。

（4）布线时严禁损伤线芯和导线绝缘层。

（5）布线顺序一般以接触器为中心，按照由里向外、由低至高、先控制电路后主电路的顺序进行，以不妨碍后续布线为原则。

（6）在每根剥去绝缘层导线的两端套上编码套管。所有从一个接线端子（或接线桩）到另一个接线端子（或接线桩）的导线必须连续，中间无接头。

（7）导线与接线端子或接线桩连接时，不得压绝缘层、不反圈及不露铜过长。

（8）同一元器件、同一回路的不同连接点的导线间距离应保持一致。

（9）一个电气元件接线端子上的连接导线不得多于两根，每节接线端子板上的连接导线一般只允许连接一根。

2. 布线操作

根据由里向外、由低至高原则，以用组合开关控制手动正转控制电路布线为例进行介绍。

（1）组合开关的熔体部分用铜导线直连，如图 1-1-21 所示。

（2）用组合开关控制手动正转控制电路的接线过程，如图 1-1-23 至图 1-1-25 所示。

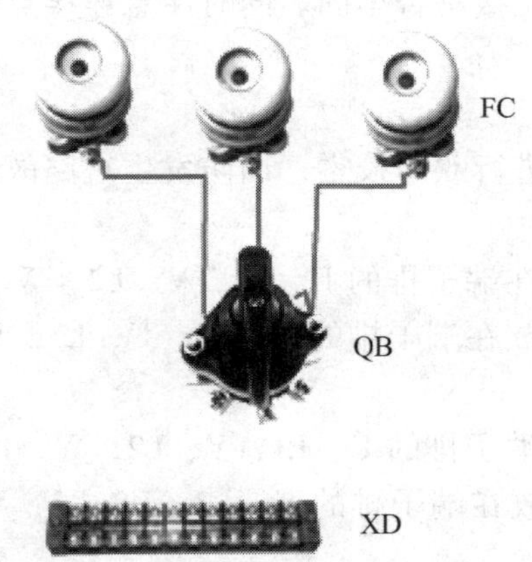

图 1-1-23　用组合开关控制手动正转控制电路的接线过程一

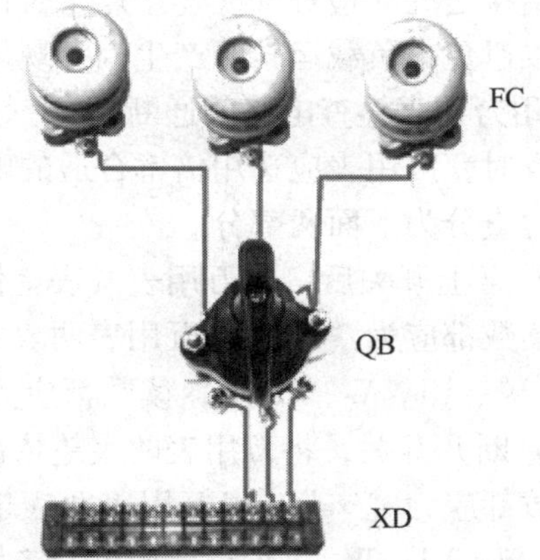

图 1-1-24　用组合开关控制手动正转控制电路的接线过程二

接线时应注意，螺钉旋紧后稍稍加力即可，要防止螺钉滑丝。不要忘记在导线的两端套上编码套管。

七、安装电动机并接线

电动机及按钮的金属外壳必须可靠接地。接至电动机的导线，必须穿在导线套管内加以保护，或采用坚韧的四芯橡胶线或塑料护套线进行临时通电校验，如图 1-1-26 所示。

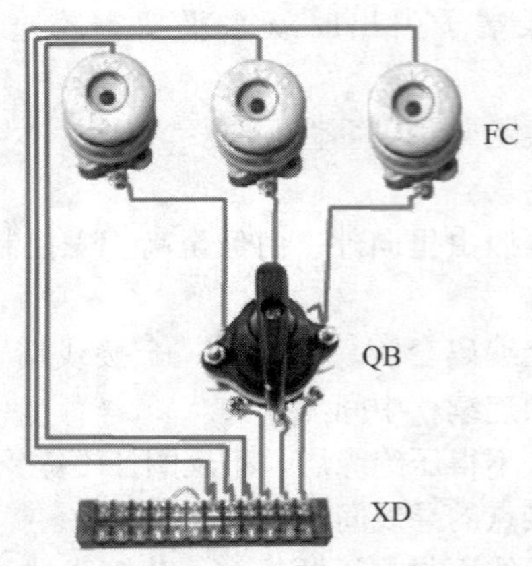

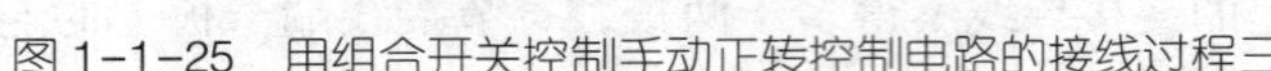
图 1-1-25　用组合开关控制手动正转控制电路的接线过程三

图 1-1-26　电动机的接线

八、自检

下面以用组合开关控制手动正转控制电路自检为例进行介绍。

1. 按电路图或接线图逐段检查

按电路图或接线图从电源端开始，逐段核对接线及接线端子处的线号是否正确，有无漏接、错接之处。检查导线连接点是否符合要求，压接是否牢固。同时注意连接点接触应良好，以避免带负载运转时产生闪弧现象。

2. 用万用表检查电路的通断情况

检查时，万用表应选用倍率合适的电阻挡，并进行欧姆校零，以防发生短路故障。对电路的检查分为下面两部分。

（1）合上开关后，将万用表两表笔依次分别放在端子排的 U、L1，V、L2，W、L3 端子上，读数都应为“0”；将万用表两表笔依次分别放在端子排的 U、L2，U、L3，V、L1，V、L3，W、L1，W、L2 上，读数都应为“∞”。

（2）断开开关，将万用表两表笔依次分别放在端子排的 U、L1，V、L2，W、L3 端子上，读数都应为“∞”；将万用表两表笔依次分别放在端子排的 U、L2，U、L3，V、L1，V、L3，W、L1，W、L2 上，读数都应为“∞”。

3. 检查电路安装质量，并进行绝缘电阻测量

用兆欧表检查电路的绝缘电阻，绝缘电阻阻值应不得小于 1 MΩ，如图 1-1-27 所示。

九、交验

学生提出申请，经教师检查同意后方可通电试运行。

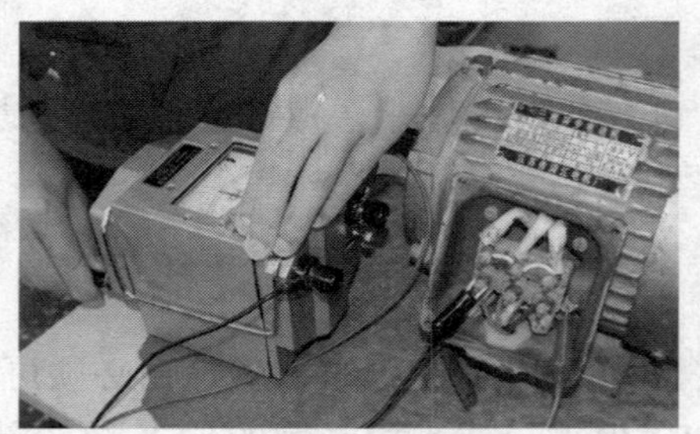
图 1-1-27　用兆欧表测量绝缘电阻

十、连接电源、通电试运行

通电试运行的工艺要求如下。

1. 为保证人身安全，在通电试运行时要认真执行安全操作规程的有关规定，一人监护、一人操作。试运行前，应检查与通电试运行有关的电气设备是否有不安全的因素存在，若查出应立即整改，然后方能试运行。

2. 通电试运行前，必须征得教师的同意，并由指导教师接通三相电源 L1、L2、L3，同时在现场监护。合上电源开关后，用验电笔检查组合开关的上端头，若万用表氖管亮说明电源接通，如图 1-1-28 所示。合上组合开关 QB 后，观察电动机运行情况是否正常，但不得对电路接线是否正确进行带电检查。在观察过程中，若发现有异常现象，应立即断电停机。当电动机运转平稳后，用钳形电流表测量三相电流是否平衡，如图 1-1-29 所示。

图 1-1-28　用验电笔检查

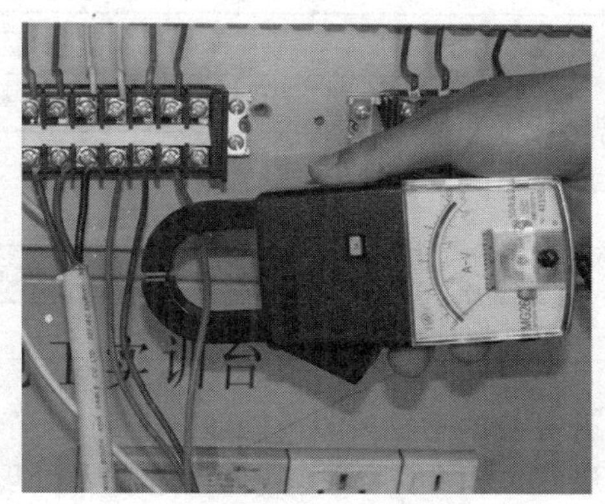

图 1-1-29　用钳形电流表测量三相电流是否平衡

3. 以通电后第一次操作时计算，统计试运行成功次数。

4. 出现故障后，学生应独立进行检修。若需带电检查时，必须有教师在现场监护。检修完毕后，如需要再次试运行，也应有教师在现场监护，并做好时间记录。

5. 通电试运行完毕，断开组合开关 QB，待电动机停转，然后切断电源。先拆除三相电源线，再拆除电动机线。

故障检修

对在检测中发现的各种故障进行分析，找出故障原因，若为低压电器故障，则通过更换低压电器或修理低压电器的方法排除故障；若为电路接线问题，则通过对照原理图和接线图，找出接线错误。

在完成试运行的基础上，教师或同组学生按照表 1-1-9 至表 1-1-13 中故障原因分析的元器件或路径，人为地设定一两个故障点进行排故练习。

提示

设定故障一定要在断开电源的情况下进行。如果需要通电观察故障现象，必须在有教师在场的情况下进行。

一、低压电器的常见故障及处理方法

1. 开启式负荷开关的常见故障及处理方法

开启式负荷开关最常见的故障是触头接触不良，造成电路开路或触头发热，可根据情况整修或更换开关。

2. 封闭式负荷开关的常见故障及处理方法

封闭式负荷开关的常见故障现象、可能原因及处理方法见表 1-1-9。

表 1-1-9　封闭式负荷开关的常见故障现象、可能原因及处理方法

常见故障现象	可能原因	处理方法
封闭式负荷开关操作手柄带电	外壳未接地或接地线松脱	检查后，加固接地导线
	电源进出线绝缘损坏碰壳	更换导线或恢复绝缘
封闭式负荷开关夹座（静触头）过热或烧坏	夹座表面烧损	用细锉刀修整夹座
	闸刀与夹座压力不足	调整夹座压力
	负载过大	减轻负载或更换大容量开关

3. 组合开关的常见故障及处理方法

组合开关的常见故障现象、可能原因及处理方法见表 1-1-10。

表 1-1-10　组合开关的常见故障现象、可能原因及处理方法

常见故障现象	可能原因	处理方法
组合开关手柄转动后，内部触头未动	手柄上的轴孔磨损变形	更换手柄
	绝缘杆变形（由方形磨成圆形）	更换绝缘杆
	手柄与方轴或轴与绝缘杆配合松动	紧固松动部件
	操作机构损坏	修理或更换操作机构
组合开关手柄转动后，动、静触头不能按要求动作	组合开关型号选用不正确	更换组合开关
	触头角度装配不正确	重新装配触头
	触头失去弹性或接触不良	更换触头或清除氧化层及尘污
组合开关接线柱间短路	因铁屑或油污附着在接线柱间，形成导电层，将胶木烧焦，导致绝缘损坏而形成短路	更换组合开关

4. 低压断路器的常见故障及处理方法

低压断路器的常见故障现象、可能原因及处理方法见表 1-1-11。

表 1-1-11　低压断路器的常见故障现象、可能原因及处理方法

常见故障现象	可能原因	处理方法
低压断路器不能合闸	欠压脱扣器无电压或线圈损坏	检查施加电压或更换线圈
	储能弹簧变形	更换储能弹簧
	反作用弹簧力过大	重新调整反作用弹簧力
	操作机构不能复位再扣	调整再扣接触面至规定值

续表

常见故障现象	可能原因	处理方法
低压断路器电流达到整定值，低压断路器不动作	热脱扣器双金属片损坏	更换双金属片
	电磁脱扣器的衔铁与铁芯距离太大或电磁线圈损坏	调整衔铁与铁芯的距离或更换低压断路器
	主触头熔焊	检查原因并更换主触头
启动电动机时低压断路器立即分断	电磁脱扣器瞬时脱扣整定电流过小	调高脱扣整定电流至规定值
	电磁脱扣器的某些零件损坏	更换电磁脱扣器
低压断路器闭合后一定时间自行分断	热脱扣器脱扣整定电流过小	调高脱扣整定电流至规定值
低压断路器温升过高	触头压力过小	调整触头压力或更换弹簧
	触头表面过分磨损或接触不良	更换触头或修整接触面
	两个导电零件连接螺钉松动	重新拧紧

5. 熔断器的常见故障及处理方法

熔断器的常见故障现象、可能原因及处理方法见表 1-1-12。

表 1-1-12　熔断器的常见故障现象、可能原因及处理方法

常见故障现象	可能原因	处理方法
熔断器在电路接通瞬间熔体熔断	熔体额定电流等级选择过小	更换熔体
	负载侧短路或接地	排除负载故障
	熔体安装时受机械损伤	更换熔体
熔断器熔体未熔断，但电路不通	熔体或接线座接触不良	重新连接

二、手动正转控制电路的常见故障及维修方法

手动正转控制电路的常见故障现象、原因分析及维修方法见表 1-1-13。

表 1-1-13　手动正转控制电路的常见故障现象、原因分析及维修方法

常见故障现象	原因分析	维修方法
送电后，电动机不能启动，也没有发出“嗡嗡”声	电动机缺两相或三相电的可能原因： （1）电源问题 （2）连接导线问题 （3）元器件问题 （4）电动机损坏	方法 1：验电笔法 用验电笔从三相电源端逐相逐点检查，观察验电笔是否有电，故障点在有电与没有电之间 方法 2：电阻测量法 断开电源后，用万用表的电阻挡测量每个电路的通断情况。在不断路的电路上逐点检查，找出故障点

续表

常见故障现象	原因分析	维修方法
送电后，电动机不能启动，但发出“嗡嗡”声	电动机缺一相电的可能原因： （1）熔断器熔体熔断 （2）组合开关或低压断路器操作失控 （3）封闭式负荷开关或组合开关动、静触头接触不良	方法： （1）用万用表的500 V交流电压挡测三相电路的每两相间电压，找出故障电路 （2）断开电源，用万用表的电阻挡逐点检查电路，找出故障点

提示

任务完成后，若需要拆卸电路，注意不要损坏元器件；将工具、仪表和配线板放回工具箱，清理工作台，做好场地卫生。

任务2　点动正转控制电路的安装与检修

学习目标

1. 能正确理解三相异步电动机点动正转控制电路的工作原理。
2. 能正确识读三相异步电动机点动正转控制电路的原理图、接线图和布置图。
3. 能按照工艺要求正确安装三相异步电动机点动正转控制电路。
4. 能掌握按钮、接触器的选用与简单检修的方法。
5. 能根据故障现象，检修三相异步电动机点动正转控制电路。

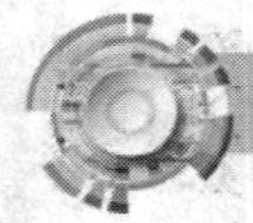

工作任务

任务1中完成的手动正转控制电路的特点是电路简单、所用电气元件少，但操作劳动强度大、安全性差且不便于实现远距离控制和自动控制。而生产机械中常常需要这种频繁通断、远距离控制和自动控制的功能，如电动葫芦中的起重电动机控制、车床拖板箱快速移动电动机控制等。图1-2-1所示为CA6140型车床刀架快速移动电动机控制电路。

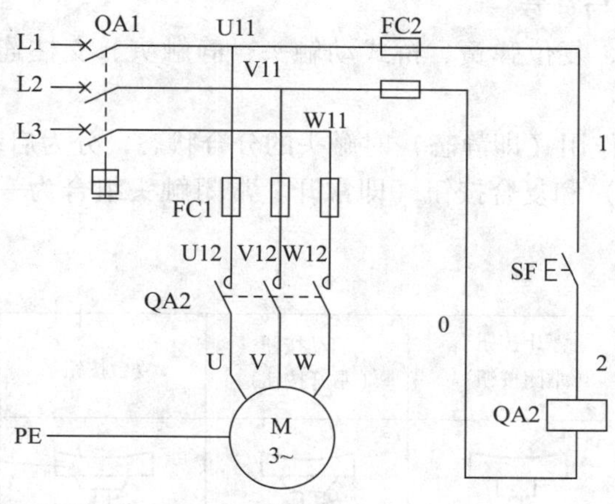

图 1-2-1　CA6140 型车床刀架快速移动电动机控制电路

本次任务要求完成通过按钮控制一台电动机正转电路的安装与检修。

相关理论

一、按钮

按钮是一种手动（一般用手指或手掌）操作并具有弹簧储能复位功能的控制开关，是一种最常用的主令电器。按钮的触头允许通过的电流较小，一般不超过 5 A。因此，一般情况下，它不直接控制主电路（大电流电路）的通断，而是在辅助电路（小电流电路）中发出指令或信号，控制接触器、继电器等电器，再由它们去控制主电路的通断、功能转换或电气联锁。图 1-2-2 所示为常用的按钮。

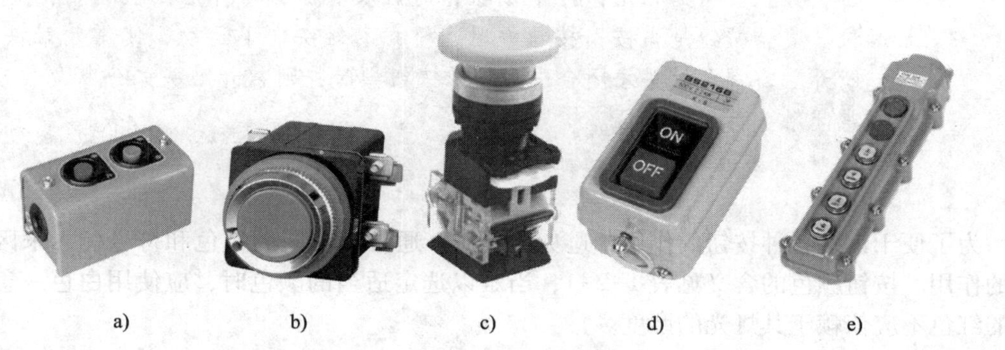

a)　b)　c)　d)　e)

图 1-2-2　常用的按钮

a）LA10 系列　b）LA19 系列　c）LAY5 系列　d）BS 系列　e）COB 系列

1. 按钮的结构原理与符号

按钮一般由按钮帽、复位弹簧、桥式动触头、静触头、支柱连杆及外壳等部分组成，如图 1-2-3 所示。

按钮按照不受外力作用（即静态）时触头的分合状态，分为启动按钮（即常开按钮）、停止按钮（即常闭按钮）和复合按钮（即常开、常闭触头组合为一体的按钮），其结构与符号如图 1-2-3 所示。

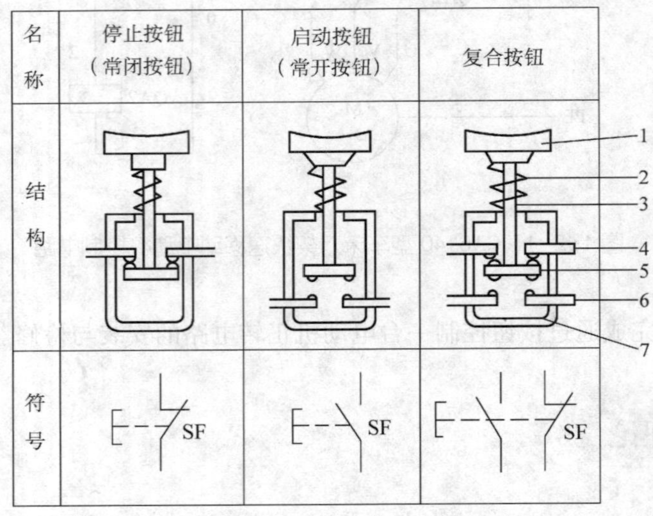

图 1-2-3　按钮的结构与符号

1—按钮帽　2—复位弹簧　3—支柱连杆　4—常闭静触头
5—桥式动触头　6—常开静触头　7—外壳

提示

对启动按钮而言，按下按钮帽时触头闭合，松开后触头自动断开复位；停止按钮则相反，按下按钮帽时触头分断，松开后触头自动闭合复位。复合按钮是当按下按钮帽时，桥式动触头向下运动，使常闭触头先断开后，常开触头才闭合；当松开按钮帽时，则常开触头先分断复位后，常闭触头再闭合复位。

为了便于识别各种按钮的作用，避免误操作，通常用不同的颜色和符号标志来区分按钮的作用。按钮颜色的含义见表 1-2-1，当难以选定适当的颜色时，应使用白色。急停按钮的红色不应依赖于其灯光的照度。

表 1-2-1　按钮颜色的含义

颜色	含义	说明	应用举例
红	紧急	危险或紧急情况时操作	急停
黄	异常	异常情况时操作	干预、制止异常情况 干预、重新启动中断的自动循环
绿	安全	安全情况或为正常情况准备时操作	启动/接通
蓝	强制性的	要求强制动作情况下的操作	复位功能
白	未赋予特定含义	除急停以外的一般功能的启动（注）	启动/接通（优先） 停止/断开
灰	未赋予特定含义	除急停以外的一般功能的启动（注）	启动/接通 停止/断开
黑	未赋予特定含义	除急停以外的一般功能的启动（注）	启动/接通 停止/断开（优先）

注：如果用代码的辅助手段（如标记、形状、位置）来识别按钮操作件，则白、灰或黑同一颜色可用于标注各种不同功能（如白色用于标注启动/接通和停止/断开）。

另外，根据不同的需要，可将单个按钮元件组成双联按钮、三联按钮或多联按钮，如将两个独立的按钮元件安装在同一个外壳内组成双联按钮，这里的“联”指的是同一个面板上有多个按钮。双联按钮、三联按钮可用于电动机的启动、停止及正转、反转、制动的控制。也可将若干按钮集中安装在一块控制板上，以实现集中控制，称为按钮站。

2. 按钮的型号及含义

按钮的型号及含义如下。

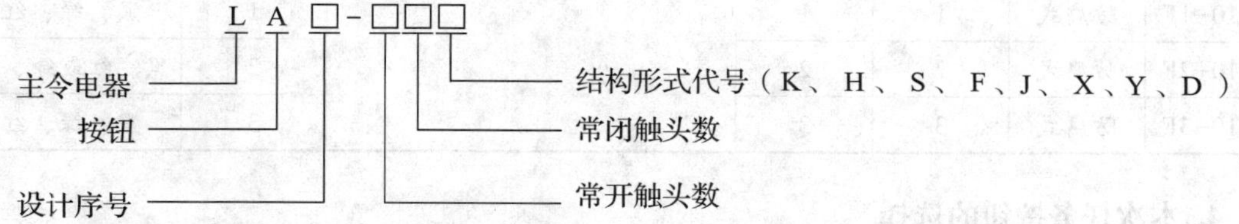

当常闭触头数和常开触头数一样时，可以省略常闭触头数标注。

其中结构形式代号的含义如下。

K——开启式，适用于嵌装在操作面板上。

H——保护式，带保护外壳，可防止内部零件受机械损伤或人偶然触及带电部分。

S——防水式，具有密封外壳，可防止雨水侵入。

F——防腐式，能防止腐蚀性气体进入。

J——紧急式，带有红色大蘑菇钮头（凸出在外），作紧急切断电源用。

X——旋钮式，用旋钮旋转进行操作，有通和断两个位置。

Y——钥匙操作式，用钥匙插入进行操作，可防止误操作或供专人操作。

D——光标式，按钮内装有信号灯，兼作信号指示。

3. 按钮的选用

（1）根据使用场合和具体用途选择按钮的种类

例如，嵌装在操作面板上的按钮可选用开启式；需显示工作状态的选用光标式；需防止无关人员误操作的重要场合宜用钥匙操作式；在有腐蚀性气体处要用防腐式。

（2）根据工作状态指示和工作情况要求，选择按钮或指示灯的颜色

例如，启动按钮可选用白、灰或黑色，优先选用白色，也可选用绿色。急停按钮应选用红色。停止按钮可选用黑、灰或白色，优先选用黑色，也可选用红色。

（3）根据控制回路的需要选择按钮的数量

例如，单联按钮、双联按钮和三联按钮等。

LA10 系列按钮的主要技术数据见表 1-2-2。

表 1-2-2　LA10 系列按钮的主要技术数据

型号	结构形式	触头数量		额定电压、电流和控制容量	按钮	
		常开	常闭		钮数	颜色
LA10-1K	开启式	1	1	电压：AC380 V，DC220 V 电流：5 A 功率：AC300 V·A，DC60 W	1	黑、绿、红
LA10-2K	开启式	2	2		2	黑、红或绿、红
LA10-3K	开启式	3	3		3	黑、绿、红
LA10-1H	保护式	1	1		1	黑、绿、红
LA10-2H	保护式	2	2		2	黑、红或绿、红
LA10-3H	保护式	3	3		3	黑、绿、红
LA10-1S	防水式	1	1		1	黑、绿、红
LA10-2S	防水式	2	2		2	黑、红或绿、红
LA10-3S	防水式	3	3		3	黑、绿、红
LA10-1F	防腐式	1	1		1	黑、绿、红
LA10-2F	防腐式	2	2		2	黑、红或绿、红
LA10-3F	防腐式	3	3		3	黑、绿、红

4. 本次任务按钮的选择

需要控制的按钮数为一个，安装位置在控制板上，需要保护，用作点动控制，因此，LA10-1H、绿色或黑色的按钮符合需要。

二、接触器

在电力拖动中，广泛应用一种自动切换电器——接触器来实现电路的自动控制，图 1-2-4 所示为常用的交流接触器。

接触器实际上是一种自动的电磁式开关。触头的通断不是手动控制，而是电动操作。如图 1-2-5 所示，电动机通过接触器主触头接入电源，接触器线圈与启动按钮串接后接入电源。按下启动按钮，线圈得电使静铁芯被磁化产生电磁吸力，吸引动铁芯带动主触头闭

合接通电路；松开启动按钮，线圈失电，电磁吸力消失，动铁芯在反作用弹簧（图中未画出）的作用下释放，带动主触头复位切断电路。

接触器的优点是能实现远距离自动操作，具有欠压和失压自动释放保护功能，控制容量大，工作可靠，操作频率高，使用寿命长，适用于远距离频繁地接通和断开交、直流主电路及大容量的辅助电路，其主要控制对象是电动机，也可以用于控制电热设备、电焊机以及电容器组等其他负载，在电力拖动和自动控制系统中得到了广泛应用。

接触器按主触头通过电流的种类不同，分为交流接触器和直流接触器两类。

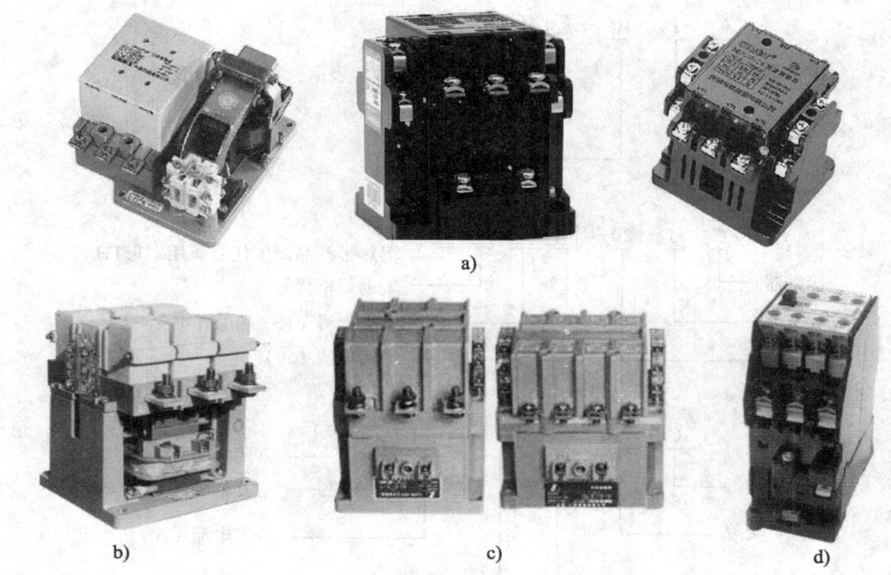

图 1-2-4　常用的交流接触器

a）CJ10（CJT1）系列　b）CJ20 系列　c）CJ40 系列　d）CJX1（3TB 和 3TF）系列

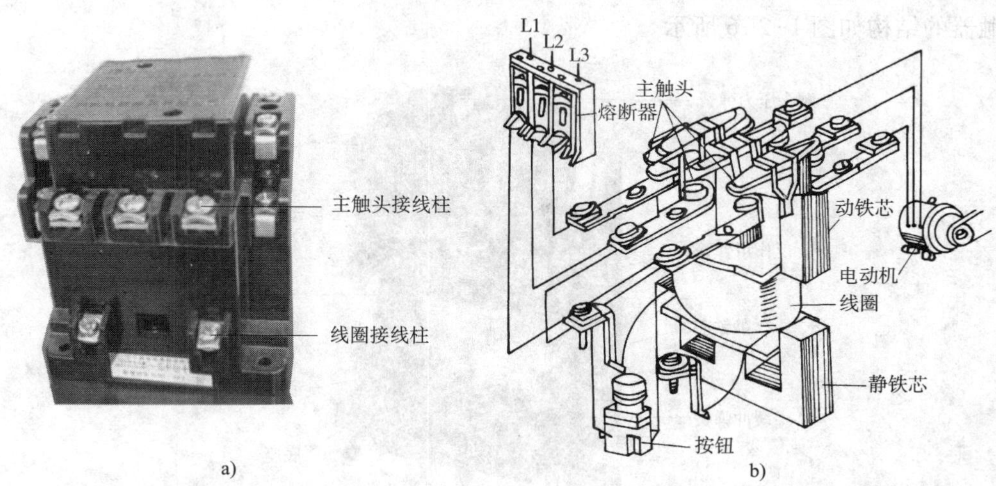

图 1-2-5　用接触器控制电动机运转

a）外形　b）结构

1. 交流接触器

交流接触器的种类很多，空气电磁式交流接触器应用最为广泛，其产品系列、品种最多，结构和工作原理基本相同。常用的有国产 CJ10（CJT1）、CJ20 和 CJ40 等系列，引进国外先进技术生产的 CJX1（3TB 和 3TF）系列、CJX8（B）系列、CJX2 系列等。下面以 CJ10 系列为例来介绍交流接触器。

（1）交流接触器的型号及含义

交流接触器的型号及含义如下：

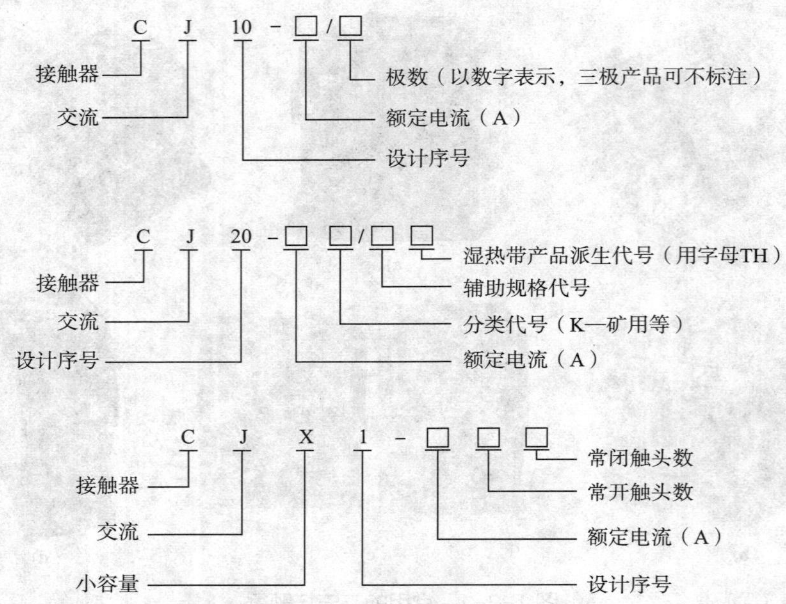

（2）交流接触器的结构和符号

交流接触器主要由电磁系统、触头系统、灭弧装置和辅助部件等组成。CJ10-20 型交流接触器的结构如图 1-2-6 所示。

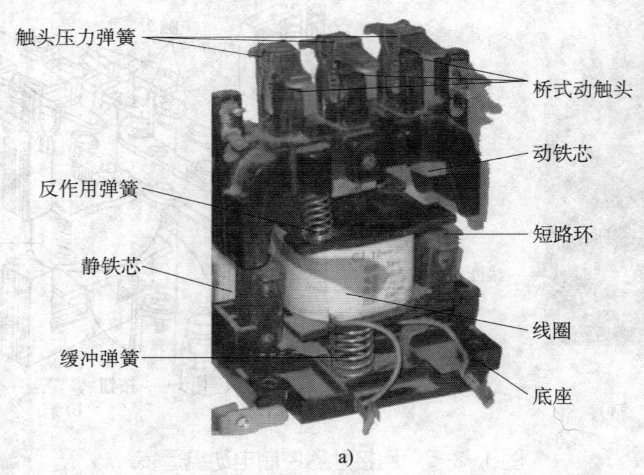

a)

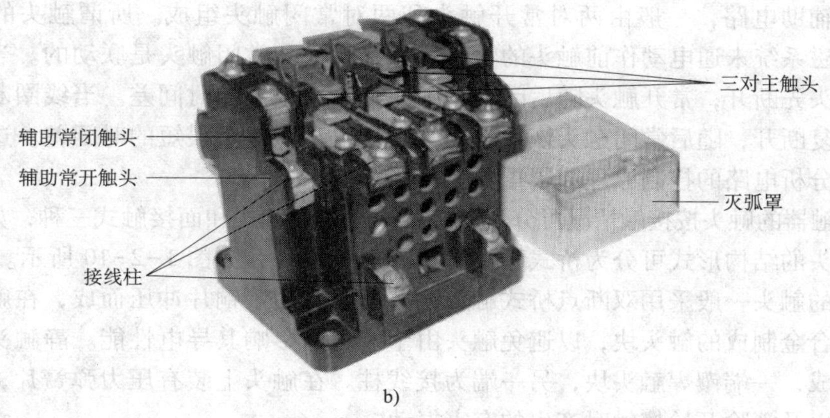

图 1-2-6　CJ10-20 型交流接触器的结构

a）电磁系统及辅助部件　b）触头系统和灭弧罩

1）电磁系统。电磁系统主要由线圈、静铁芯和动铁芯（衔铁）三部分组成。静铁芯在下、动铁芯在上，线圈装在静铁芯上。铁芯是交流接触器发热的主要部件，静、动铁芯一般用 E 形硅钢片叠压而成，以减少铁芯的磁滞和涡流损耗，避免铁芯过热。另外在 E 形铁芯的中柱端面留有 0.1～0.2 mm 的气隙，以减少剩磁影响，避免线圈断电后衔铁粘住，不能释放。铁芯的两个端面上嵌有短路环，如图 1-2-7 所示，用以消除电磁系统的振动和噪声。线圈做成粗而短的圆筒形，且在线圈和铁芯之间留有空隙，以增强铁芯的散热效果。

交流接触器利用电磁系统中线圈的通电或断电，使静铁芯吸合或释放动铁芯（衔铁），从而带动动触头与静触头闭合或分断，实现电路的接通或断开。

CJ10 系列交流接触器的衔铁运动方式有两种，对于额定电流为 40 A 及以下的接触器，采用衔铁直线运动的螺管式，如图 1-2-8a 所示；对于额定电流为 60 A 及以上的接触器，采用衔铁绕轴转动的拍合式，如图 1-2-8b 所示。

图 1-2-7　交流接触器铁芯的短路环

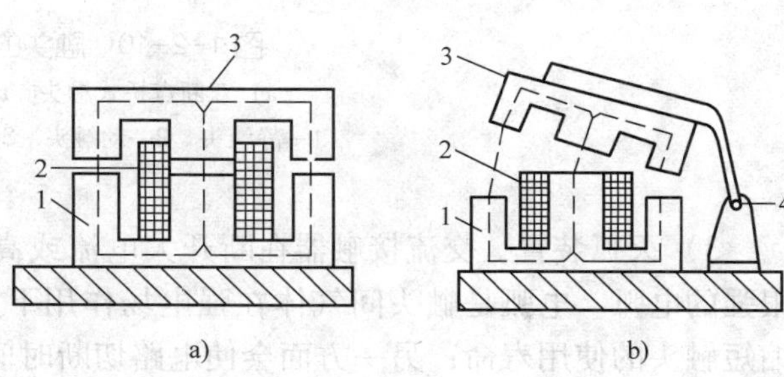

图 1-2-8　交流接触器电磁系统结构

a）衔铁直线运动的螺管式　b）衔铁绕轴转动的拍合式

1—静铁芯　2—线圈　3—动铁芯（衔铁）　4—轴

2）触头系统。交流接触器的触头按通断能力可分为主触头和辅助触头，如图 1-2-6b 所示。主触头用以通断电流较大的主电路，一般由三对常开触头组成。辅助触头用以通断电流较小的辅助电路，一般由两对常开触头和两对常闭触头组成。所谓触头的常开和常闭，是指电磁系统未通电动作前触头的状态。常开触头和常闭触头是联动的。当线圈通电时，常闭触头先断开，常开触头随后闭合，中间有一个很短的时间差。当线圈断电后，常开触头先恢复断开，随后常闭触头恢复闭合，中间也存在一个很短的时间差。这个时间差虽短，但对分析电路的控制原理却很重要。

交流接触器的触头按接触情况可分为点接触式、线接触式和面接触式三种，如图 1-2-9 所示；按触头的结构形式可分为桥式触头和指形触头两种，如图 1-2-10 所示。CJ10 系列交流接触器的触头一般采用双断点桥式触头，其动触头用紫铜片冲压而成，在触头桥的两端镶有银基合金制成的触头块，以避免触头由于氧化而影响其导电性能。静触头一般用黄铜板冲压而成，一端镶焊触头块，另一端为接线柱。在触头上装有压力弹簧片，用以减小接触电阻，以及消除开始接触时产生的有害振动。

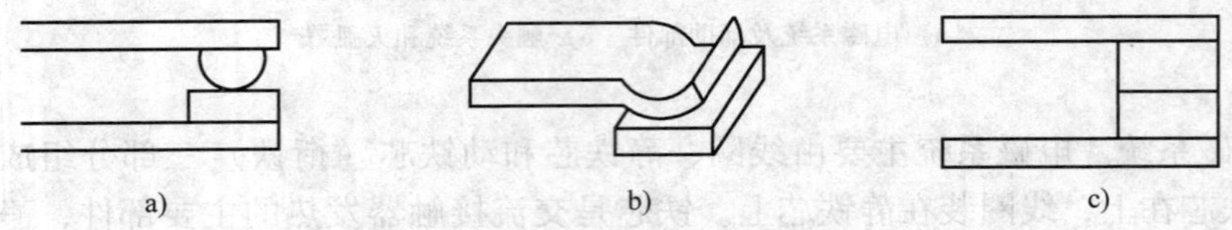

图 1-2-9　触头的三种接触形式

a）点接触式　b）线接触式　c）面接触式

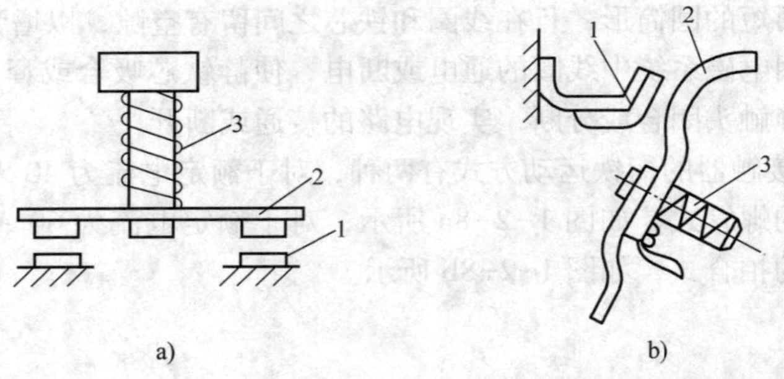

图 1-2-10　触头的结构形式

a）双断点桥式触头　b）指形触头

1—静触头　2—动触头　3—触头压力弹簧

3）灭弧装置。交流接触器在断开大电流或高电压电路时，会在动、静触头之间产生很强的电弧。电弧是触头间气体在强电场作用下产生的放电现象，它一方面会灼伤触头，缩短触头的使用寿命；另一方面会使电路切断时间延长，甚至造成弧光短路或引起火灾事故。因此，触头间的电弧应尽快熄灭。

灭弧装置的作用是熄灭触头分断时产生的电弧，以减轻对触头的灼伤，保证交流接触器可靠地分断电路。交流接触器常采用的灭弧装置有双断口结构电动灭弧装置、纵缝灭弧装置和栅片灭弧装置，如图 1-2-11 所示。对于容量较小的交流接触器，如 CJ10-10 型，一般采用双断口结构电动灭弧装置灭弧；CJ10 系列交流接触器额定电流在 20 A 及以上的，常采用纵缝灭弧装置灭弧；对于容量较大的交流接触器，多采用栅片灭弧装置来灭弧。

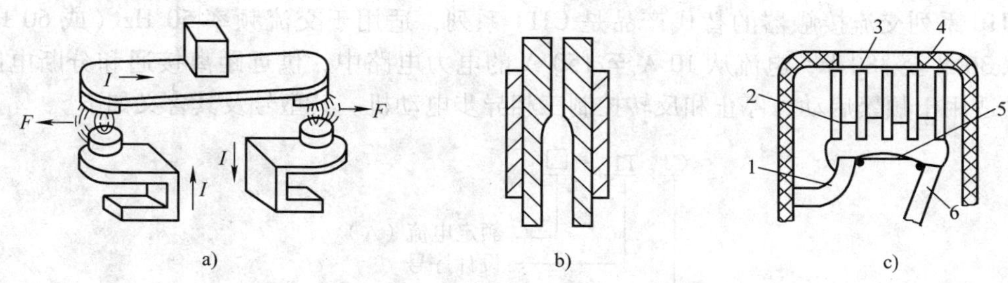

图 1-2-11　常用的灭弧装置

a）双断口结构电动灭弧装置　b）纵缝灭弧装置　c）栅片灭弧装置

1—静触头　2—短电弧　3—灭弧栅片　4—灭弧罩　5—电弧　6—动触头

4）辅助部件。交流接触器的辅助部件有反作用弹簧、缓冲弹簧、触头压力弹簧、传动机构及底座、接线柱等，如图 1-2-6 所示。反作用弹簧安装在衔铁和线圈之间，其作用是线圈断电后，推动衔铁释放，带动触头复位；缓冲弹簧安装在静铁芯和线圈之间，其作用是缓冲衔铁在吸合时对静铁芯和外壳的冲击力，保护外壳；触头压力弹簧安装在动触头上面，其作用是增加动、静触头间的压力，从而增大接触面积，以减小接触电阻，防止触头过热损伤；传动机构的作用是在衔铁或反作用弹簧的作用下，带动动触头实现与静触头的接通或分断。

交流接触器在电路图中的符号如图 1-2-12 所示。

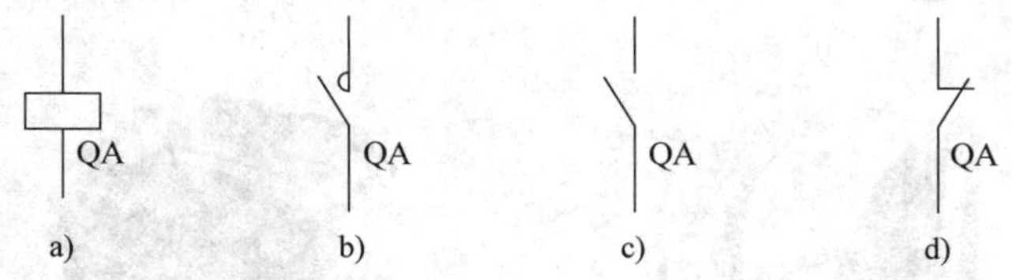

图 1-2-12　交流接触器在电路图中的符号

a）线圈　b）主触头　c）辅助常开触头　d）辅助常闭触头

（3）交流接触器的工作原理

当交流接触器的线圈通电后，线圈中的电流产生磁场，使静铁芯磁化产生足够大的电磁吸力，克服反作用弹簧的反作用力将衔铁吸合，衔铁通过传动机构带动辅助常闭触头先断开，三对常开主触头和辅助常开触头后闭合；当交流接触器线圈断电或电压显著下降时，由于铁芯的电磁吸力消失或过小，衔铁在反作用弹簧的反作用力控制下复位，并带动各触头恢复到原始状态。

提示

常用的 CJ10 等系列交流接触器电压在 85%~105% 额定电压下，能保证可靠吸合。电压过高，磁路趋于饱和，线圈电流会显著增大；电压过低，电磁吸力不足，衔铁吸合不上，线圈电流会达到额定电流的十几倍。因此，电压过高或过低都会造成线圈过热而烧毁。

CJ10 系列交流接触器的替代产品是 CJT1 系列，适用于交流频率 50 Hz（或 60 Hz）、电压从 36 V 至 380 V、电流从 10 A 至 150 A 的电力电路中，供远距离接通和分断电路之用，并适用于频繁启动、停止和反转控制三相异步电动机。其型号及其含义如下。

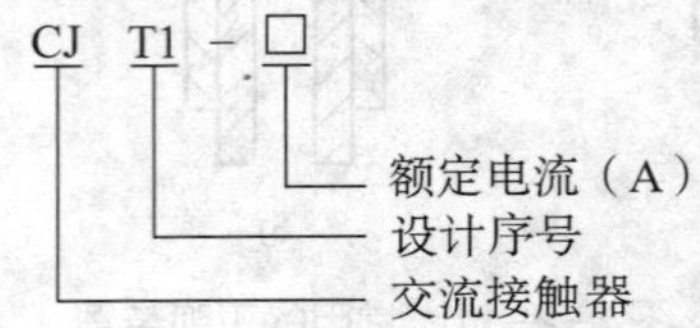

2. 直流接触器

直流接触器主要供远距离接通和分断额定电压 440 V、额定电流 1 600 A 以下的直流电力电路之用，并适用于直流电动机的频繁启动、停止、换向及反接制动。目前常用的直流接触器有 CZ0、CZ17、CZ18、CZ21 等系列。图 1-2-13 所示是 CZ0 系列直流接触器。

a)　b)　c)　d)

图 1-2-13　CZ0 系列直流接触器

a）CZ0-40C-20　b）CZ0-250/01　c）CZ0-400E/20　d）CZ0-100G/01

（1）直流接触器的型号及含义

直流接触器的型号及含义如下：

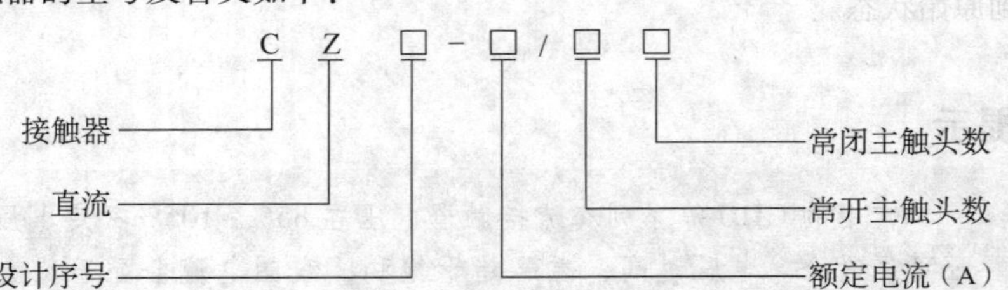

（2）直流接触器的结构

直流接触器主要由电磁系统、触头系统和灭弧装置三大部分组成，其结构如图 1-2-14

所示。

1）电磁系统。直流接触器的电磁系统由线圈、铁芯和衔铁组成。由于线圈中通过的是直流电，铁芯中不会产生涡流和磁滞损耗而发热，因此铁芯可用整块铸钢或铸铁制成，铁芯端面也不需要嵌装短路环。但在磁路中常垫有非磁性垫片，以减少剩磁的影响，保证线圈断电后衔铁能可靠释放。另外，直流接触器线圈的匝数比交流接触器多，电阻值大，铜损大，所以接触器发热以线圈本身发热为主。为了使线圈散热良好，常常将线圈做成长而薄的圆筒形。

2）触头系统。直流接触器触头也有主、辅之分。由于主触头接通和断开的电流较大，多采用滚动接触的指形触头，以延长触头使用寿命，如图 1-2-15 所示。辅助触头的通断电流小，多采用双断点桥式触头，可有若干对。

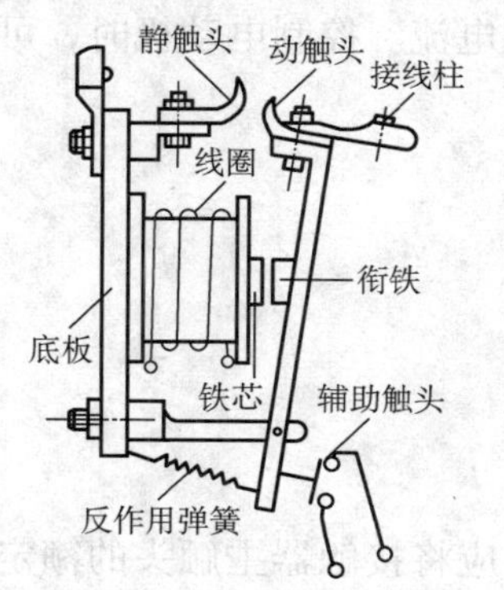

图 1-2-14 直流接触器的结构

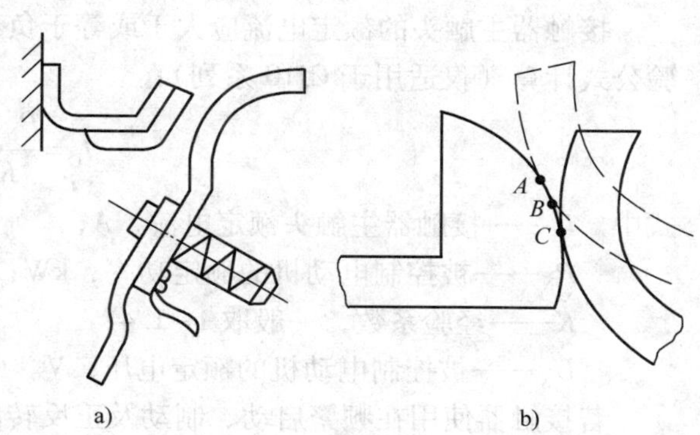

图 1-2-15 滚动接触的指形触头
a）外形结构 b）触头接触过程示意图

3）灭弧装置。直流接触器的主触头在分断较大直流电流时，会产生强烈的电弧。由于直流电弧不像交流电弧那样有自然过零点，因此在同样的电气参数下，熄灭直流电弧比熄灭交流电弧要困难，直流接触器一般采用磁吹式灭弧装置结合其他方法灭弧。

为了减小直流接触器运行时的线圈功耗，延长线圈的使用寿命，对容量较大的直流接触器的线圈往往采用串联双绕组，其接线如图 1-2-16 所示。把接触器的一个常闭触头与保持线圈并联，在电路刚接通瞬间，保持线圈被辅助常闭触头短路，可使启动线圈获得较大的电流和吸力。当接触器动作后，启动线圈和保持线圈串联通电，由于电压不变，所以电流较小，但仍可保持衔铁被吸合，从而达到省电的目的。

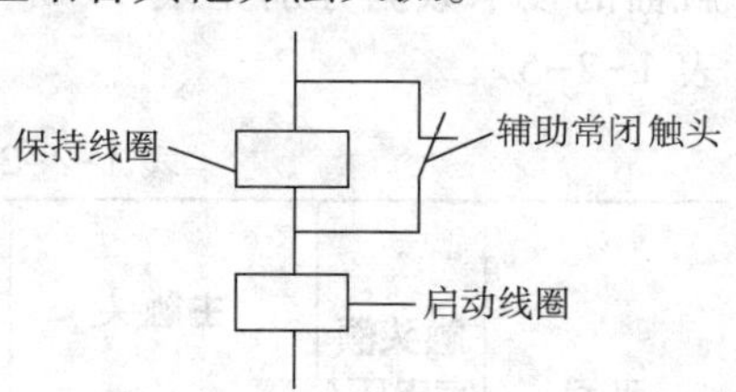

图 1-2-16 直流接触器双绕组线圈接线图

（3）直流接触器的工作原理和符号

直流接触器的工作原理和符号与交流接触器相同。

3. 接触器的选择

（1）选择接触器的类型

根据接触器所控制的负载性质选择接触器的类型。通常交流负载选用交流接触器，直流负载选用直流接触器。如果控制系统中主要是交流负载，而直流负载容量较小时，也可

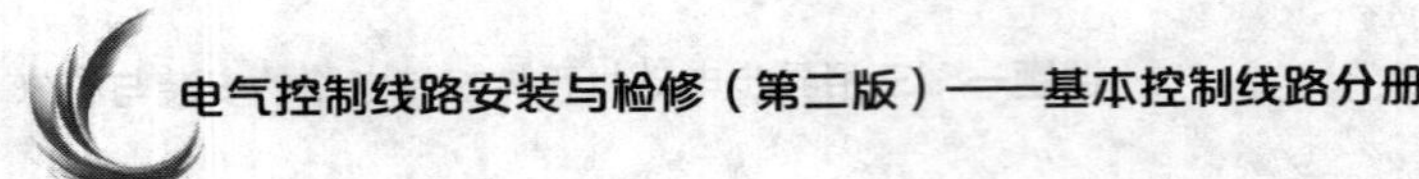

用交流接触器控制直流负载，但触头的额定电流应适当选大一些。

交流接触器按负荷种类一般分为一类、二类、三类和四类，分别记为 AC-1、AC-2、AC-3 和 AC-4。一类交流接触器对应的控制对象是无感或微感负荷，如白炽灯、电阻炉等；二类交流接触器用于绕线转子异步电动机的启动和停止；三类交流接触器的典型用途是笼型异步电动机的运转和运行中分断；四类交流接触器用于笼型异步电动机的启动、反接制动、反转和点动。

（2）选择接触器主触头的额定电压

接触器主触头的额定电压应大于或等于所控制电路的额定电压。

（3）选择接触器主触头的额定电流

接触器主触头的额定电流应大于或等于负载的额定电流。控制电动机时，可按下列经验公式计算（仅适用于 CJ10 系列）：

$$I_C = \frac{P_N \times 10^3}{KU_N}$$

式中 I_C——接触器主触头额定电流，A；

P_N——被控制电动机的额定功率，kW；

K——经验系数，一般取 1~1.4；

U_N——被控制电动机的额定电压，V。

若接触器使用在频繁启动、制动及正反转的场合，应将接触器主触头的额定电流降低一个等级使用。

（4）选择接触器线圈的额定电压

当控制电路简单、使用电器较少时，可直接选用 380 V 或 220 V 的电压。若电路较复杂、使用电器的个数超过 5 个时，可选用 36 V 或 110 V 电压的线圈，以保证安全。

（5）选择接触器触头的数量和种类

接触器触头的数量和种类应满足控制电路的要求。常用 CJ10 系列和 CJ20 系列交流接触器的技术数据分别见表 1-2-3 和表 1-2-4。常用 CZ0 系列直流接触器的技术数据见表 1-2-5。

表 1-2-3 常用 CJ10 系列交流接触器的技术数据

<table>
<tr><th rowspan="2">型号</th><th rowspan="2">触头额定电压/V</th><th colspan="2">主触头</th><th colspan="2">辅助触头</th><th colspan="2">线圈</th><th colspan="2">可控制三相异步电动机的最大功率/kW</th><th rowspan="2">额定操作频率/（次/h）</th></tr>
<tr><th>额定电流/A</th><th>对数</th><th>额定电流/A</th><th>对数</th><th>电压/V</th><th>功率/（V·A）</th><th>220 V</th><th>380 V</th></tr>
<tr><td>CJ10-10</td><td rowspan="4">380</td><td>10</td><td rowspan="4">3</td><td rowspan="4">5</td><td rowspan="4">2 常开、2 常闭</td><td rowspan="4">36、110、220、380</td><td>11</td><td>2.2</td><td>4</td><td rowspan="4">≤600</td></tr>
<tr><td>CJ10-20</td><td>20</td><td>22</td><td>5.5</td><td>10</td></tr>
<tr><td>CJ10-40</td><td>40</td><td>32</td><td>11</td><td>20</td></tr>
<tr><td>CJ10-60</td><td>60</td><td>70</td><td>17</td><td>30</td></tr>
</table>

表 1-2-4 常用 CJ20 系列交流接触器的技术数据

型号	极数	额定工作电压 U_N/V	约定发热电流 I_{th}/A	额定工作电流 I_N/A	额定操作频率（AC-3）/（次/h）	机械寿命/万次	辅助触头	
							约定发热电流 I_{th}/A	触头组合
CJ20-10	3	220	10	10	1 200	1 000	10	2 常开、2 常闭
		380		10	1 200			
		660		5.8	600			
CJ20-16		220	16	16	1 200			
		380		16	1 200			
		660		13	600			
CJ20-25		220	32	25	1 200			
		380		25	1 200			
		660		16	600			
CJ20-40		220	55	40	1 200			
		380		40	1 200			
		660		25	600			
CJ20-63		220	80	63	1 200			
		380		63	1 200			
		660		40	600			
CJ20-100		220	125	100	1 200			
		380		100	1 200			
		660		63	600			
CJ20-160		220	200	160	1 200			
		380		160	1 200			
		660		100	600			
CJ20-160/11		1 140	200	80	300			

（6）本次任务接触器的选择

本次任务是三相异步电动机点动正转控制，由于是点动控制，属于 AC-4 类负荷，若

表 1-2-5　常用 CZ0 系列直流接触器的技术数据

<table>
<tr><th rowspan="2">型号</th><th rowspan="2">额定电压/V</th><th rowspan="2">额定电流/A</th><th rowspan="2">额定操作频率/（次/h）</th><th colspan="2">主触头形式及数目</th><th colspan="2">辅助触头形式及数目</th><th rowspan="2">最大分断电流/A</th><th rowspan="2">吸引线圈电压/V</th></tr>
<tr><th>常开</th><th>常闭</th><th>常开</th><th>常闭</th></tr>
<tr><td>CZ0-40/20</td><td rowspan="13">440</td><td>40</td><td>1 200</td><td>2</td><td>0</td><td rowspan="8">2</td><td>2</td><td>160</td><td rowspan="13">可为 24、48、110、220、440</td></tr>
<tr><td>CZ0-40/02</td><td>40</td><td>600</td><td>0</td><td>2</td><td>2</td><td>100</td></tr>
<tr><td>CZ0-100/10</td><td>100</td><td>1 200</td><td>1</td><td>0</td><td>2</td><td>400</td></tr>
<tr><td>CZ0-100/01</td><td>100</td><td>600</td><td>0</td><td>1</td><td>1</td><td>250</td></tr>
<tr><td>CZ0-100/20</td><td>100</td><td>1 200</td><td>2</td><td>0</td><td>2</td><td>400</td></tr>
<tr><td>CZ0-150/10</td><td>150</td><td>1 200</td><td>1</td><td>0</td><td>2</td><td>600</td></tr>
<tr><td>CZ0-150/01</td><td>150</td><td>600</td><td>0</td><td>1</td><td>1</td><td>375</td></tr>
<tr><td>CZ0-150/20</td><td>150</td><td>1 200</td><td>2</td><td>0</td><td>2</td><td>600</td></tr>
<tr><td>CZ0-250/10</td><td>250</td><td>600</td><td>1</td><td>0</td><td colspan="2" rowspan="5">共有 5 对触头，其中一对为固定常开，另外 4 对可任意组合成常开、常闭</td><td>1 000</td></tr>
<tr><td>CZ0-250/20</td><td>250</td><td>600</td><td>2</td><td>0</td><td>1 000</td></tr>
<tr><td>CZ0-400/10</td><td>400</td><td>600</td><td>1</td><td>0</td><td>1 600</td></tr>
<tr><td>CZ0-400/20</td><td>400</td><td>600</td><td>2</td><td>0</td><td>1 600</td></tr>
<tr><td>CZ0-600/10</td><td>600</td><td>600</td><td>1</td><td>0</td><td>2 400</td></tr>
</table>

每小时操作次数小于 300 次，查表 1-2-3 可知，CJ10-10 的主要技术数据满足任务电动机的工作要求。

三、点动正转控制电路的工作原理

图 1-2-1 所示电路由三个部分组成。

1. 电源电路

电源电路是指为负载提供电能的电路部分，在电路图中要画成水平线，三相交流电源相序 L1、L2、L3 自上而下依次画出，中线 N 和保护地线 PE 集中画在相线之下。若是直流电源，“+”端画在上边，“-”端画在下边。电源开关要水平画出。在图 1-2-1 中，三根电源线 L1、L2、L3 和低压断路器 QA1 作为电源的隔离开关，组成了该电路的电源电路。

2. 主电路

主电路包括受电的动力装置及控制、保护电器的支路等。该主电路由熔断器 FC1、接触器主触头 QA2 和电动机 M 组成。线号用大写字母或大写字母加数字表示，如 U、V、W、U1、U11 等。

3. 辅助电路

辅助电路一般包括控制主电路工作状态的控制电路，显示主电路工作状态的指示电路，提供机床设备局部照明的照明电路等。该控制电路由熔断器 FC2、按钮 SF 和接触器线圈 QA2 组成。线号用数字表示，如 1、2、3 等。

工作原理如下。

当电动机 M 需要点动运行时，先合上低压断路器 QA1，此时电动机 M 尚未接通电源。按下启动按钮 SF，接触器 QA2 的线圈得电，使衔铁吸合，同时带动接触器 QA2 的三对主触头闭合，电动机 M 便接通电源启动运转。当电动机 M 需要停机时，松开启动按钮 SF，使接触器 QA2 的线圈失电，衔铁在复位弹簧的作用下复位，带动接触器 QA2 的三对主触头分断，电动机 M 就失电停转。

这种用手按下按钮、电动机得电运转，松开按钮、电动机失电停转的控制电路是用按钮、接触器来控制电动机运转的正转控制电路，就是点动正转控制电路，这种控制方式称为点动控制。

一、实施步骤

图 1-2-17 所示为三相异步电动机点动正转控制电路的安装与调试步骤。

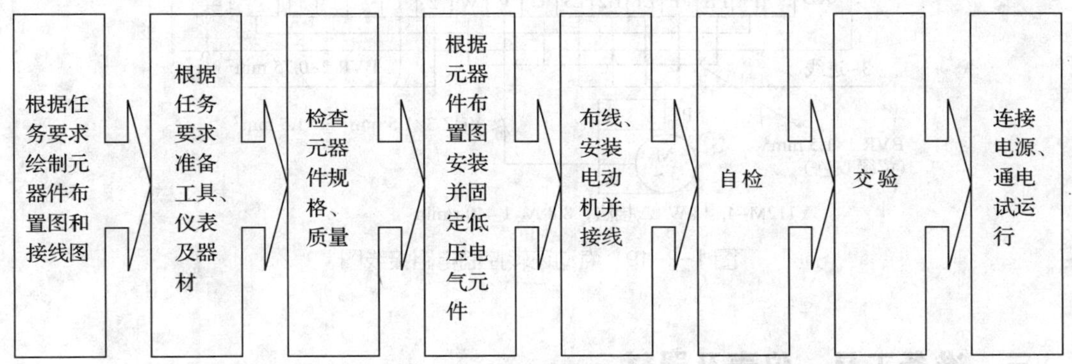

图 1-2-17　三相异步电动机点动正转控制电路的安装与调试步骤

二、绘制元器件布置图和接线图

1. 绘制元器件布置图

图 1-2-18 所示为点动正转控制电路元器件布置图。

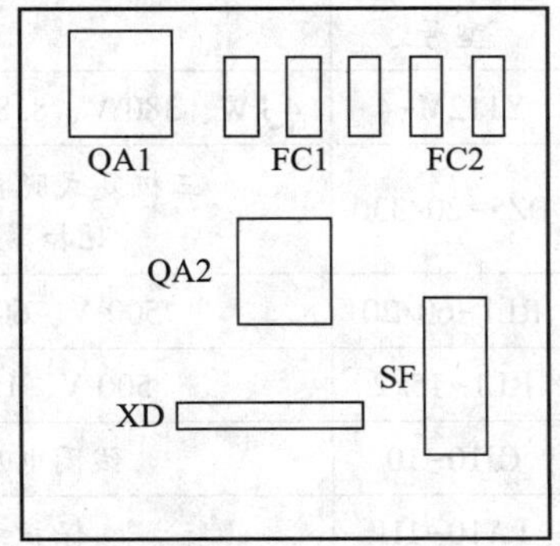

图 1-2-18　点动正转控制电路元器件布置图

2. 绘制接线图

图 1-2-19 所示为点动正转控制电路接线图。

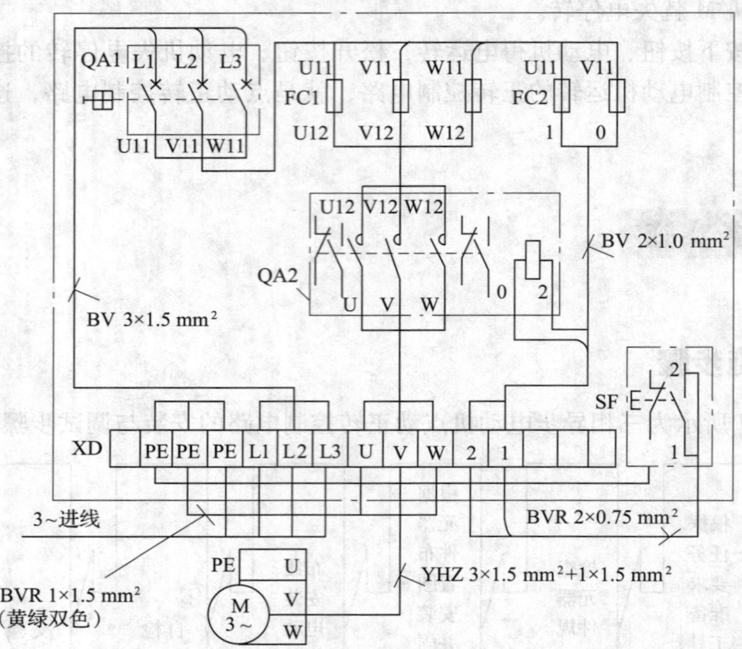

图 1-2-19　点动正转控制电路接线图

三、准备工具、仪表及器材

根据点动正转控制电路，选用工具、仪表及器材，见表 1-2-6。

表 1-2-6　工具、仪表及器材

类别	项目内容				
工具	验电笔、螺钉旋具、尖嘴钳、斜口钳、剥线钳、电工刀等电工常用工具				
仪表	兆欧表、钳形电流表、万用表				
器材	代号	名称	型号	规格	数量
	M	三相笼型异步电动机	Y112M-4	4 kW、380 V、8. 8 A、△接法、1 440 r/min	1
	QA1	低压断路器	DZ5-20/330	三极复式脱扣器、380 V、20 A、脱扣器额定电流 10 A	1
	FC1	螺旋式熔断器	RL1-60/20	500 V、60 A、配熔体 20 A	3
	FC2	螺旋式熔断器	RL1-15/2	500 V、15 A、配熔体 2 A	2
	QA2	交流接触器	CJ10-10	线圈电压 380 V、10 A	1
	SF	按钮	LA10-1H	保护式、按钮数 1	1
		控制板		500 mm×400 mm×20 mm	1

续表

类别	项目内容				
	代号	名称	型号	规格	数量
器材	XD	接线端子排	JX2-1015	500 V、10 A、15 节或配套自定	1
		主电路线		BV 1.5 mm^2（红色或颜色自定）	若干
		控制电路线		BV 1.0 mm^2（白色或颜色自定）	若干
		按钮线		BVR 0.75 mm^2（白色或颜色自定）	若干
		接地线		BVR 1.5 mm^2（黄绿双色）	若干
		四芯电缆线		YHZ 3×1.5 mm^2+1×1.5 mm^2	若干
		螺钉		ϕ5 mm×60 mm	若干
		紧固体和编码套管			若干

四、检查元器件规格和质量

1. 根据仪表、工具及器材表，检查各元器件、耗材与表中的型号、规格是否一致。

2. 检查各元器件的外观是否完整无损，附件、备件是否齐全。

3. 用仪表检查各元器件和电动机的有关技术数据是否符合要求。

4. 接触器、按钮安装前的检查

（1）检查接触器铭牌与线圈的技术数据（如额定电压、电流、操作频率等）是否符合实际使用要求。

（2）检查接触器外观，应无机械损伤；用手推动接触器可动部分时，接触器应动作灵活，无卡阻现象；灭弧罩应完整无损，固定牢固。

（3）将铁芯极面上的防锈油脂或粘在极面上的铁垢用煤油擦净，以免多次使用后衔铁被粘住，造成断电后不能释放。

（4）测量接触器的线圈电阻和绝缘电阻。绝缘电阻要大于 0.5 MΩ，不同的接触器线圈电阻有差异，但一般为 1.5 kΩ。

（5）检查按钮外观，应无机械损伤；用手按动按钮帽时，按钮应动作灵活，无卡阻现象。

（6）按动按钮，检查按钮常开、常闭的通断情况。

五、根据元器件布置图安装并固定低压电气元件

1. 低压电气元件的安装与使用要求

（1）按钮的安装与使用维护要求

1）将按钮安装在面板上时，应布置整齐、排列合理，可以根据电动机启动的先后顺序，从上到下或从左到右排列。

2）同一机床运动部件有几种不同的工作状态（如上下、前后、松紧等）时，应使每一对相反状态的按钮安装在一组。

3）按钮的安装应牢固，安装按钮的金属板或金属按钮盒必须可靠接地。

4）由于按钮的触头间距较小，如有油污等极易发生短路故障，所以应注意保持触头间的清洁。

5）光标按钮一般不宜用于需长期通电显示处，以免塑料外壳过度受热而变形，使更换灯泡变得困难。

（2）接触器的安装与使用维护要求

1）接触器的安装

①交流接触器一般应安装在垂直面上，倾斜度不得超过5°；若有散热孔，则应将有孔的一面放在垂直方向上，以利于散热，并按规定留有适当的飞弧空间，以免飞弧烧坏相邻电气元件。

②安装和接线时，注意不要将零件掉入接触器内部。安装孔的螺钉应装有弹簧垫圈和平垫圈，并拧紧螺钉，以防振动松脱。

③安装完毕，检查接线正确无误后，在主触头不带电的情况下操作几次，然后测量接触器的动作值和释放值，所测数值应符合接触器的规定要求。

2）日常维护

①应对接触器做定期检查，观察螺钉有无松动、可动部分是否灵活等。

②应定期清理接触器的触头，保持清洁，但不允许涂油。当接触器触头表面因电灼作用形成金属小颗粒时，应及时清除。

③拆装时注意不要损坏灭弧罩。带灭弧罩的接触器绝不允许不带灭弧罩或带破损的灭弧罩运行，以免发生电弧短路故障。

2. 安装电气元件

按图1-2-18所示元器件布置图在控制板上安装电气元件，并贴上醒目的文字符号。

工艺要求见任务1。

六、布线

按图1-2-19所示接线图的走线方法，在图1-2-20所示元器件实物板上进行板前明线布线和套编码套管。

1. 按钮内接线

图1-2-21所示为按钮内接线图。

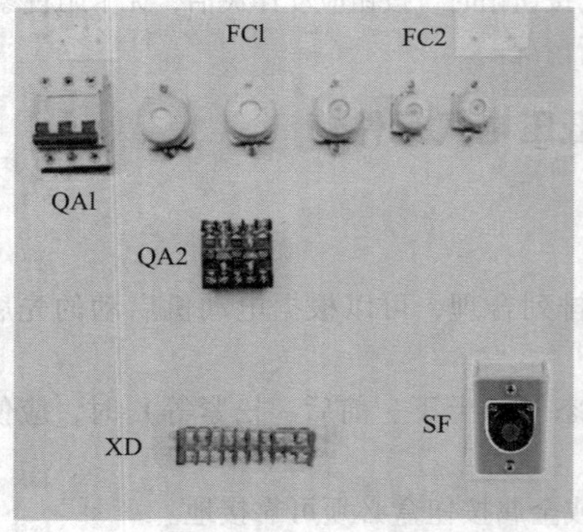

图1-2-20　元器件实物板

图1-2-21　按钮内接线图

提示

按钮内接线时，用力不可过猛，以防螺钉打滑。

2. 控制电路布线

图 1-2-22 所示为控制电路布线图。

3. 主电路布线

图 1-2-23 所示为主电路布线图。

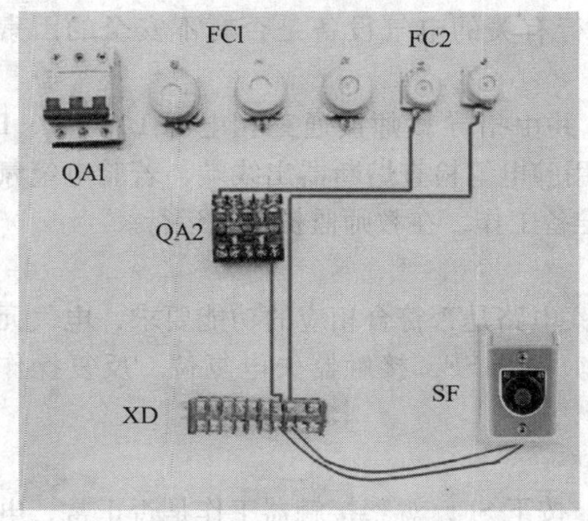

图 1-2-22　控制电路布线图

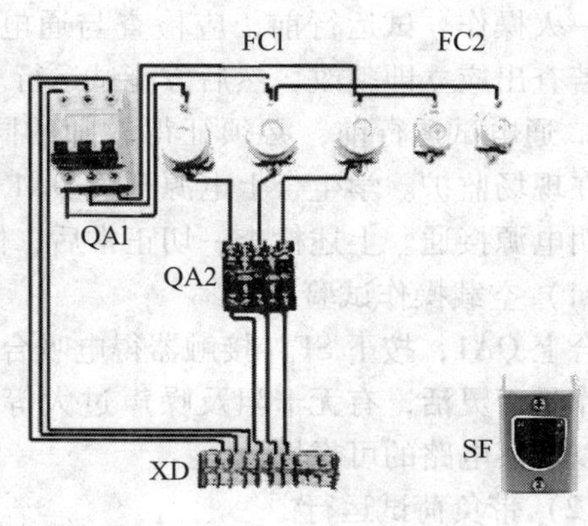

图 1-2-23　主电路布线图

提示

电源进线应接在螺旋式熔断器的下接线座上，出线应接在上接线座上。

工艺要求见任务 1。

七、自检

自检步骤及工艺要求如下。

1. 按电路图或接线图逐段检查

从电源端开始，逐段核对接线及接线端子处的线号是否正确，有无漏接、错接之处。检查导线连接点是否符合要求，压接是否牢固。同时注意连接点接触应良好，以避免带负载运转时产生闪弧现象。

2. 用万用表检查电路的通断情况

检查时，应为万用表选用倍率合适的电阻挡，并进行欧姆校零，以防发生短路故障。对控制电路进行检查（可断开主电路）时，可将表笔分别放在 U11、V11 线端上，读数应为“∞”。按下 SF 时，读数应为接触器线圈的直流电阻值。然后断开控制电路，再检查主电路有无开路或短路现象，此时，可用手按下接触器触头架来代替接触器通电进行检查。

3. 检查电路安装质量，并进行绝缘电阻测量。

用兆欧表检查电路的绝缘电阻，绝缘电阻阻值应不得小于 1 MΩ。

八、交验

学生提出申请，经教师检查同意后方可通电试运行。

九、连接电源、通电试运行

1. 为保证人身安全，在通电试运行时要认真执行安全操作规程的有关规定，一人监护、一人操作。试运行前，应检查与通电试运行有关的电气设备是否有不安全的因素存在，若查出应立即整改，然后方能试运行。

2. 通电试运行前，必须征得教师的同意，并由指导教师接通三相电源 L1、L2、L3，同时在现场监护。学生合上电源开关 QA1 后，用验电笔检查熔断器出线端，若验电笔氖管亮说明电源接通。上述检查一切正常后，做好准备工作，在教师监护下试运行。

（1）空载操作试验

合上 QA1，按下 SF，接触器得电吸合，观察电路是否符合相应的功能要求，电气元件的动作是否灵活，有无卡阻及噪声过大等现象。松开 SF，接触器失电复位。反复操作几次，以观察电路的可靠性。

（2）带负荷试运行

断开 QA1，接好电动机导线。再合上 QA1，按下 SF，观察接触器工作是否正常，电动机运行情况是否正常等。但不得对电路接线是否正确进行带电检查。松开 SF，电动机停转。观察过程中若发现有异常现象，应立即停机。当电动机运转平稳后，用钳形电流表测量三相电流是否平衡。

提示

接至电动机的导线必须穿在导线通道内加以保护，或采用坚韧的四芯橡胶线或塑料护套线进行临时通电校验。

3. 电路出现故障后，若需带电检查时，必须在教师现场监护下进行。检修完毕，若需再次试运行，也应在教师现场监护下进行，并做好时间记录。

提示

检查电路故障时，不能用验电笔代替电压表，因为从验电笔氖管的亮度不易查出电压的高低，有时甚至会得出错误的结论。例如，电源熔断器一相熔断后，由于电感和其他并联电路的影响，验电笔接触其输出端时氖管仍有较高的亮度，所以往往会做出错误的判断。

4. 通电试运行完毕，停转，切断电源。先拆除三相电源线，再拆除电动机线。

5. 试运行成功后，记录完成时间及通电试运行次数。

故障检修

在完成试运行的基础上，教师或同组学生按照表 1-2-7 至表 1-2-9 中故障原因分析的元器件或路径，人为地设定一两个故障点进行排故练习。

提示

在设定故障时，一定要在断开电源的情况下进行。检查过程中，如果需要通电观察故障现象，必须在有教师在场的情况下进行。

一、低压电器常见故障及维修

1. 接触器的常见故障及处理方法

接触器的故障现象、可能原因及处理方法见表 1-2-7。

表 1-2-7　接触器的故障现象、可能原因及处理方法

故障现象	可能原因	处理方法
接触器线圈 QA2 吸不上或吸不足（即触头已闭合而铁芯尚未完全吸合）	电源电压太低或波动过大	调高电源电压
	操作回路电源容量不足或发生断线、配线错误及触头接触不良	增加电源容量，更换电路，修理控制触头
	线圈技术参数与使用条件不符	更换线圈
	产品本身受损	更换新品
	触头压力弹簧压力过大	按要求调整触头参数
接触器线圈 QA2 不释放或释放缓慢	触头压力弹簧压力过小	按要求调整触头参数
	触头熔焊	排除熔焊故障，更换触头
	机械可动部分被卡住，转轴生锈或歪斜	排除卡住现象，修理受损零件
	反作用弹簧损坏	更换反作用弹簧
	铁芯极面粘有油垢或尘埃	清理铁芯极面
	铁芯磨损过大	更换铁芯
接触器线圈 QA2 电磁铁（交流）噪声大	电源的电压过低	提高操作回路电压
	触头压力弹簧压力过大	调整触头弹簧压力

续表

故障现象	可能原因	处理方法
接触器线圈 QA2 电磁铁（交流）噪声大	短路环断裂	更换短路环
	铁芯极面有污垢	清除铁芯极面的污垢
	磁系统歪斜或机械卡住，使铁芯不能吸平	排除机械卡住故障
	铁芯极面过度磨损而不平	更换铁芯
接触器线圈 QA2 过热或烧坏	电源电压过高或过低	调整电源电压
	线圈技术参数与实际使用条件不符	更换线圈或接触器
	接触器操作频率过高	选择其他合适的接触器
	线圈匝间短路	排除短路故障，更换线圈
接触器 QA2 触头灼伤或熔焊	触头压力过小	更高触头压力弹簧压力
	触头表面有金属颗粒异物	清洗触头表面
	接触器操作频率过高，或工作电流过大，断开容量不够	调换容量较大的接触器
	接触器长期过载使用	调换合适的接触器
	负载侧短路	排除短路故障，更换触头

2. 按钮的常见故障及处理方法

按钮的故障现象、可能原因及处理方法见表 1-2-8。

表 1-2-8　按钮的故障现象、可能原因及处理方法

故障现象	可能原因	处理方法
按钮触头接触不良	触头烧损	修整触头或更换产品
	触头表面有尘垢	清洗触头表面
	触头弹簧失效	重绕弹簧或更换产品
按钮触头间短路	塑料受热变形，导致接线螺钉相碰短路	查明发热原因，更换产品
	杂物或油污在触头间形成通路	清理按钮内部

二、点动正转控制电路的常见故障及处理方法

点动正转控制电路的故障现象、原因分析及处理方法见表 1-2-9。

表 1-2-9 点动正转控制电路的故障现象、原因分析及处理方法

故障现象	原因分析	处理方法
按下按钮 SF 后，接触器线圈 QA2 不吸合，电动机不转动	（1）电源电路故障 可能故障点：断路器故障、电源连接导线故障 QA1 L1 L2 L3 （2）控制电路故障 可能故障点：熔断器 FC2 故障、1 号线断路、按钮 SF 常开触头故障、2 号线断路、接触器线圈故障、0 号线断路 FC2 1 SF 0 2 QA2	（1）电源电路检查 方法 1：测量电压法 用万用表 500 V 交流电压挡分别测量 U11—V11、V11—W11、U11—W11 之间的电压，观察其是否正常。若电压正常，故障在控制电路；若电压不正常，则检查电源输入端的电压。若电压正常，故障在低压断路器；若电压不正常，则故障在电源 方法 2：验电笔法 用验电笔从三相电源端逐相逐点检查，观察验电笔是否有电。若所有点都有电，故障在控制电路；若某点没电，则故障在该电路的有电和没电两点之间 （2）控制电路检查 方法 1：电阻测量法 断开电源，用万用表的电阻挡测量电路电阻，将万用表的一支表笔固定在 FC2 的下端头，按下 SF，用另一支表笔逐点按顺序检查通路情况，当检查到电路不通时，则故障在该点与上一点之间 方法 2：验电笔法 合上电源，用验电笔逐点按顺序检查电路是否有电，故障点在有电和没电两点之间
按下按钮 SF 后，接触器线圈 QA2 吸合，但电动机不转动	接触器线圈 QA2 吸合，说明控制电路没有故障，故障在主电路中 可能故障点：熔断器 FC1 故障、接触器线圈 QA2 主触头故障、连接导线故障、电动机故障 U11 V11 W11 FC1 U12 V12 W12 QA2 U V W PE M 3~	主电路检查方法：合上 QA1，对接触器主触头上端头以上部分用验电笔逐点检查是否有电，故障点在有电和没电两点之间；也可用万用表的 500 V 交流电压挡，通过两两间的电压测量进行故障相线判断。因为电动机不能长时间缺相运行，因此，接触器主触头下端头以下部分不能用按下 SF 后，用验电笔检查每一相是否有电的方法。检查时要断开电源，用万用表的电阻挡逐相逐点检查通路情况，找出故障点。若主电路正常，电动机仍不能启动，则判断是电动机故障

提示

故障处理方法：

找出故障点后，切断电源，是低压电器故障的，参照低压电器常见故障及处理方法，更换或修理低压电器；是连接导线故障的，更换或重新连接导线。

任务3　接触器自锁正转控制电路的安装与检修

学习目标

1. 能正确理解三相异步电动机接触器自锁正转控制电路的工作原理。
2. 能正确识读接触器自锁正转控制电路的原理图、接线图和布置图。
3. 能按照工艺要求，正确安装三相异步电动机接触器自锁正转控制电路。
4. 能掌握热继电器的选用与简单检修的方法。
5. 能根据故障现象，检修三相异步电动机接触器自锁正转控制电路。

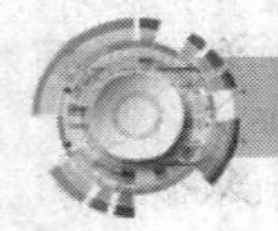

工作任务

在任务2的控制电路中，手必须按在按钮上电动机才能运转，手松开按钮后，电动机则停转。这种控制电路对于生产机械中电动机的短时间控制十分有效，如果生产机械中电动机需要长时间地运行，手必须始终按在按钮上，操作人员的一只手被固定，不方便其他操作，劳动强度大。而现实中的许多生产机械都需要这种控制方式，即按下按钮启动电动机后，即使松开手，电动机仍要继续运行。生产机械中的CA6140型车床主轴电动机就是采用的这种控制方式，如图1-3-1和图1-3-2所示。

本次任务就是要完成这种带过载保护的接触器自锁正转控制电路安装与检修。

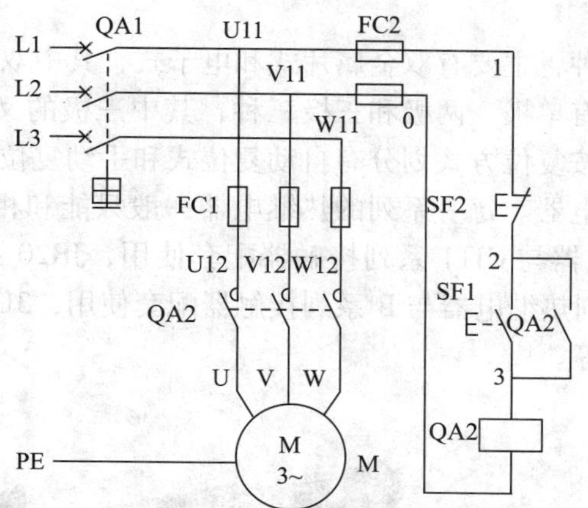

图 1-3-1　不带过载保护的 CA6140 型车床主轴电动机控制电路

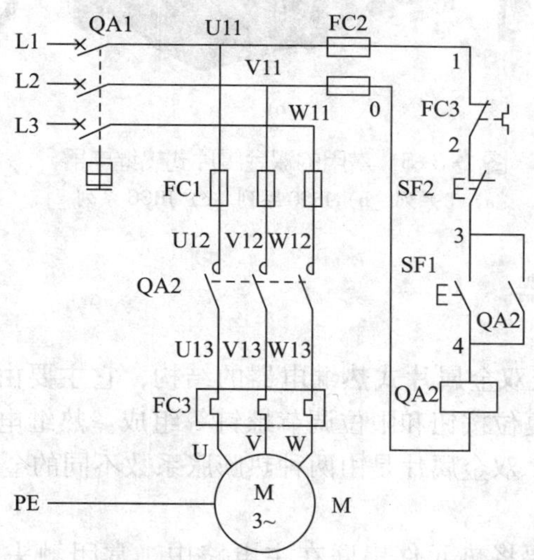

图 1-3-2　带过载保护的 CA6140 型车床主轴电动机控制电路

相关理论

一、热继电器

热继电器是利用流过继电器的电流所产生的热效应而反时限动作的自动保护电器。所谓反时限动作，是指电器的延时动作时间随通过电路电流的增加而缩短。热继电器主要与接触器配合使用，用作电动机的过载保护、断相保护、电流不平衡运行的保护及其他电气设备发热状态的控制。

热继电器的形式有多种，主要有双金属片式和电子式，其中双金属片式应用最多。

热继电器按极数划分有单极、两极和三极三种，其中三极的又分为带断相保护装置和不带断相保护装置两种；按复位方式划分有自动复位式和手动复位式两种。图 1-3-3 所示为常用的双金属片式热继电器。每一系列的热继电器一般只能和相适应系列的接触器配套使用，如 JR36 系列热继电器与 CJT1 系列接触器配套使用，JR20 系列热继电器与 CJ20 系列接触器配套使用，T 系列热继电器与 B 系列接触器配套使用，3UA 系列热继电器与 3TB、3TF 系列接触器配套使用等。

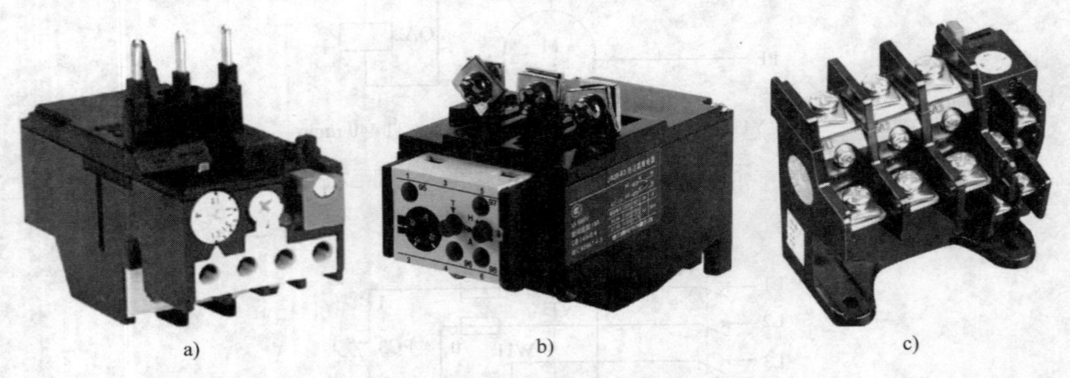

a)　　b)　　c)

图 1-3-3　常用的双金属片式热继电器

a）T 系列　b）JS20 系列　c）JR36 系列

1. 双金属片式热继电器

（1）结构

图 1-3-4a 所示为两极双金属片式热继电器的结构，它主要由热元件、传动机构、常闭触头、电流整定旋钮、复位按钮和限位调节螺钉等组成。热继电器的热元件由双金属片和绕在外面的电阻丝组成。双金属片是由两种热膨胀系数不同的金属片复合而成。

（2）工作原理

使用热继电器时，需要将热元件串联在主电路中，常闭触头串联在控制电路中，如图 1-3-4b 所示。当电动机过载时，流过电阻丝的电流超过热继电器的整定电流，电阻丝发热增多，温度升高，由于两块金属片的热膨胀程度不同而使双金属片向右弯曲，通过传动机构推动常闭触头断开，分断控制电路，再通过接触器切断主电路，实现对电动机的过载保护。

电源切除后，双金属片逐渐冷却恢复原位。热继电器的复位机构有手动复位和自动复位两种形式，可根据使用要求通过复位调节螺钉来自由调整。一般自动复位时间不大于 5 min，手动复位时间不大于 2 min。

热继电器整定电流的大小可通过旋转电流整定旋钮来调节。热继电器的整定电流是指热继电器连续工作而不动作的最大电流。超过整定电流，热继电器将在负载未达到其允许的过载极限之前动作。

热继电器在电路图中的符号如图 1-3-4c 所示。

由于热继电器双金属片受热膨胀的热惯性及传动机构传递信号的惰性，热继电器从电

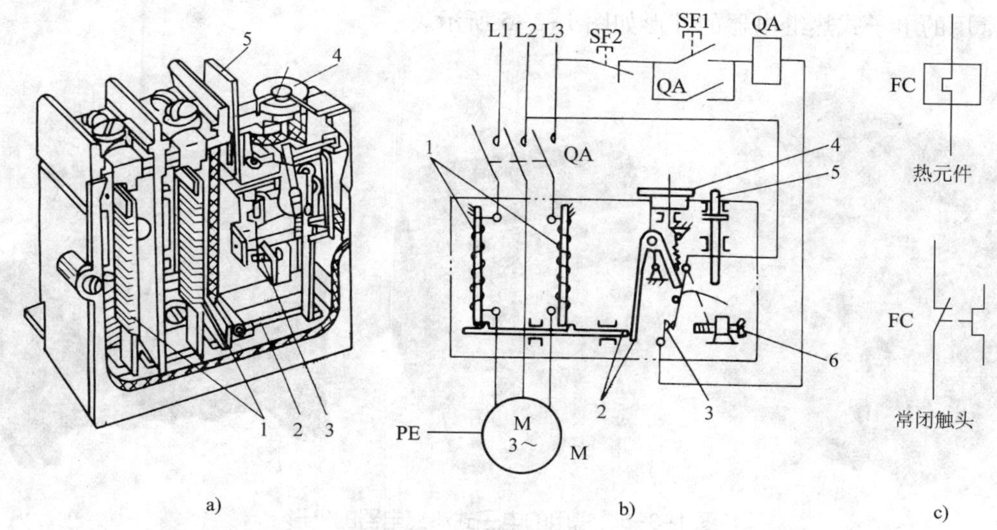

图1-3-4　两极双金属片式热继电器

a）结构　b）原理　c）符号

1—热元件　2—传动机构　3—常闭触头　4—电流整定按钮　5—复位按钮　6—复位调节螺钉

动机过载到触头动作需要一定的时间，也就是说，即使电动机严重过载甚至短路，热继电器也不会瞬时动作，因此，热继电器不能作短路保护。但也正是这个热惯性和机械惰性，保证了热继电器在电动机启动或短时过载时不会动作，从而满足了电动机的运行要求。

这种双金属片式热继电器是通过发热元件来控制动作的，其能耗高，将逐步被电子式热继电器所取代。

2. JL系列电子式热继电器

JL系列电子式热继电器的工作原理是：通过与互感器相互配合，灵敏地测量出电动机在启动及运行过程中可能发生的断相、三相不平衡、过载、堵转、过电压及欠电压等各类故障的电磁信号，并通过信号处理电路进行分析和处理，区别于双金属片式热继电器的金属电阻热效应原理。

（1）优点

1）体积小，方便实现与双金属片式热继电器互换。

2）不存在双金属片式热继电器容易出现热疲劳及技术参数难以恢复初始状态的缺点，保护参数稳定，重复性好。

3）具有多种保护功能与使用寿命长等多种优点。

（2）特点

1）无须外接工作电源，节能环保（较被淘汰的热继电器节能98%）。

2）保护功能全面，动作准确，安全可靠，使用寿命长。

3）电流整定由刻度盘和发光管双重指示，整定精度高，调整方便。

4）安装尺寸与JR系列热继电器相同，安装方便。

5）无须改变原有的电动机控制电路，就能直接替换热继电器。

6）单个产品的电流可调整范围宽、配套性好。

常用的电子式热继电器的外形如图 1-3-5 所示。

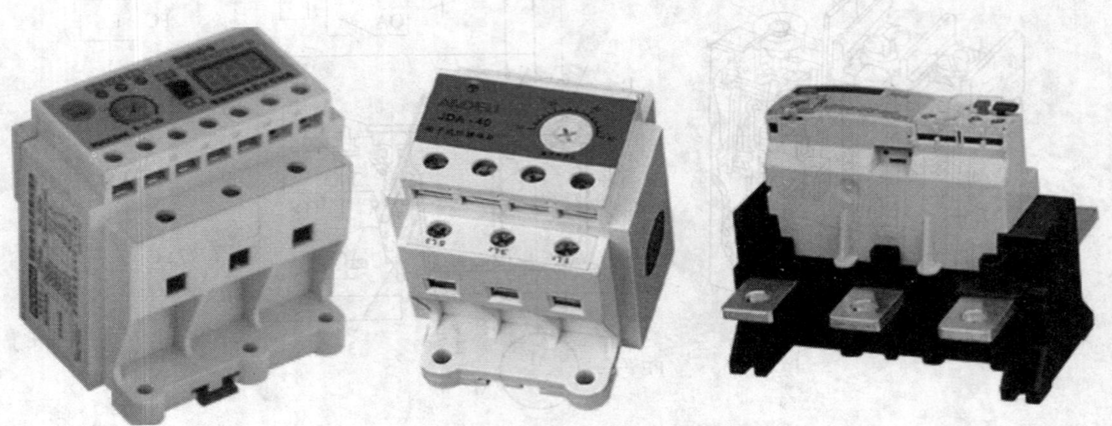

图 1-3-5　常用的电子式热继电器的外形

3. 热继电器的型号及主要技术数据

常用 JR36 系列热继电器的型号及含义如下。

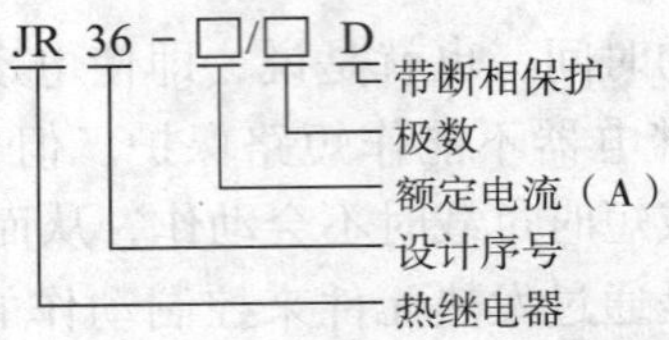

JR36 系列热继电器具有断相保护、温度补偿、自动与手动复位等功能，动作可靠，适用于交流 50 Hz、主电路电压最高 660 V（或 690 V）、电流 0.25~160 A 的电路中，对长期或间断长期工作的交流电动机作过载与断相保护。该产品可与 CJT1 系列接触器组成 QC36 型电磁启动器。

JR36 系列热继电器的主要技术数据见表 1-3-1。

表 1-3-1　JR36 系列热继电器的主要技术数据

JR36 系列热继电器	热继电器额定电流/A	热元件等级	
		热元件额定电流/A	电流调节范围/A
JR36-20	20	0.35	0.25~0.35
		0.5	0.32~0.5
		0.72	0.45~0.72
		1.1	0.68~1.1
		1.6	1~1.6
		2.4	1.5~2.4
		3.5	2.2~3.5

续表

JR36 系列热继电器	热继电器额定电流/A	热元件等级	
		热元件额定电流/A	电流调节范围/A
JR36-20	20	5	3.2~5
		7.2	4.5~7.2
		11	6.8~11
		16	10~16
		22	14~22
JR36-32	32	16	10~16
		22	14~22
		32	20~32
JR36-63	63	22	14~22
		32	20~32
		45	28~45
		63	40~63
JR36-160	160	63	40~63
		85	53~85
		120	75~120
		160	100~160

4. 热继电器的选用

选择热继电器时，主要根据所保护电动机的额定电流来确定热继电器的规格和热元件的电流等级。

（1）根据电动机的额定电流选择热继电器的规格。一般应使热继电器的额定电流略大于电动机的额定电流。

（2）根据需要的整定电流值选择热元件的编号和电流等级。一般情况下，热元件的整定电流应为电动机额定电流的 0.95~1.05 倍。

（3）根据电动机定子绕组的联结方式选择热继电器的结构形式，即定子绕组作Y形联结的电动机选用普通三相结构的热继电器，而作△形联结的电动机选用三相结构带断相保护装置的热继电器。

5. 本次任务热继电器的选择

电动机的主要参数是 Y112M-4，4 kW，380 V，8.8 A，△接法。电动机的定子绕组采用△接法，应选用带断相保护装置的热继电器。根据电动机的额定电流值 8.8 A，选择额定电流为 20 A 的热继电器，其整定电流可取电动机的额定电流 8.8 A，热元件额定电流等级选用 11 A，应选择型号为 JR36-20/3D 的热继电器。

二、工作原理分析

1. 不带过载保护的接触器自锁正转控制电路工作原理分析

图 1-3-1 所示电路的主电路和点动控制电路的主电路相同，但在控制电路中又串接了一个停止按钮 SF2，在启动按钮 SF1 的两端并接了接触器 QA2 的一个常开触头。接触器自锁正转控制电路不但能使电动机连续运转，而且具有欠压和失压（或零压）保护作用。

（1）工作原理分析

先合上电源开关 QA1。

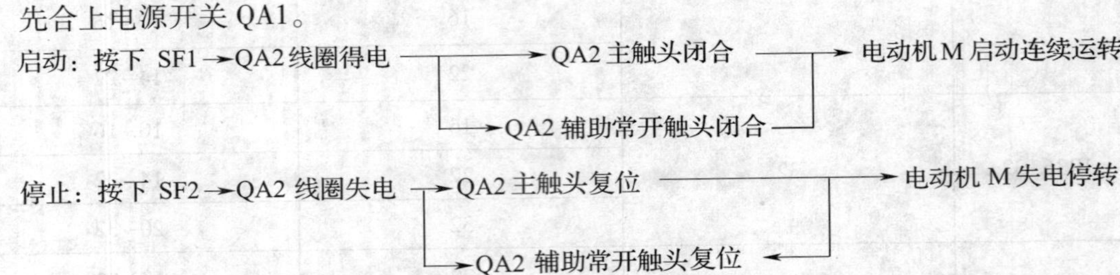

这种当松开启动按钮后，接触器通过自身的辅助常开触头使其线圈保持得电的作用叫作自锁。与启动按钮并联起自锁作用的辅助常开触头叫作自锁触头。

（2）保护分析

1）欠压保护。欠压是指电路电压低于电动机应加的额定电压。欠压保护是指当电路电压下降到某一数值时，电动机能自动脱离电源停转，避免电动机在欠压下运行的一种保护。采用接触器自锁控制电路可以避免电动机欠压运行。当电路电压下降到低于额定电压的 85% 时，接触器线圈两端的电压也同样下降到此值，从而使接触器线圈磁通减弱，产生的电磁吸力减小，当电磁吸力减小到小于反作用弹簧的反作用力时，动铁芯被迫释放，主触头和自锁触头同时分断，自动切断主电路和控制电路，电动机失电停转，起到欠压保护的作用。

2）失压（或零压）保护。失压保护是指电动机在正常运行中，由于外界某种原因引起突然断电时，能自动切断电动机电源；当重新供电时，能保证电动机不能自动启动的一种保护。接触器自锁控制电路也可实现失压保护作用。因为接触器自锁触头和主触头在电源断电时已经分断，使主电路和控制电路都不能接通，所以在电源恢复供电时，电动机就不会自动启动运转，从而保证了人身和设备的安全。

3）短路保护。FC1 起主电路的短路保护作用，FC2 起控制电路的短路保护作用。

4）接地保护。电动机外壳通过 PE 线进行接地保护。

2. 带过载保护的接触器自锁正转控制电路工作原理分析

如图 1-3-2 所示，电路的主电路是在接触器自锁正转控制电路的主电路上串联了热继电器的热元件 FC3，又在控制电路中串接了一个热继电器的常闭触头 FC3。带过载保护的接触器自锁正转控制电路不但能使电动机连续运转，而且还具有欠压、失压保护和过载保护作用。

工作原理分析如下：工作原理、欠压保护、失压保护、短路保护、接地保护与不带过载保护的接触器自锁正转控制电路相同。

过载保护分析如下：在电动机运行过程中出现了过载后，串联在主电路中的热继电器热元件 FC3 检测到过载电流，触发串接在控制电路中的热继电器常闭触头 FC3 断开，接触器线圈 QA2 失电，接触器主触头复位，电动机停转，实现过载保护。

一、实施步骤

图 1-3-6 所示为接触器自锁正转控制电路的安装与调试步骤。

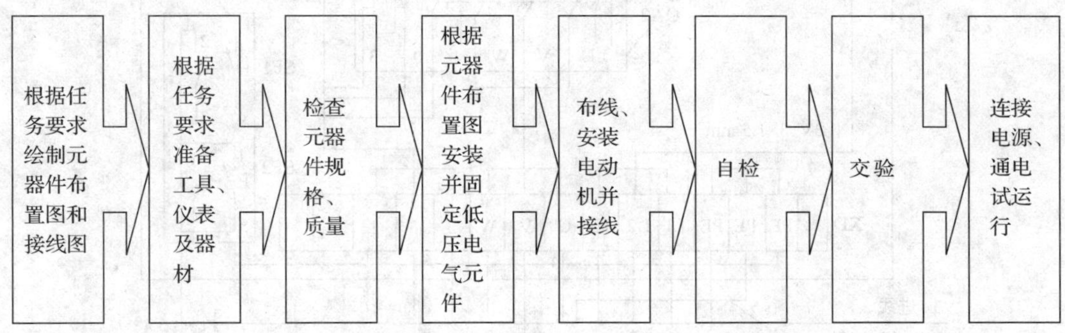

图 1-3-6　接触器自锁正转控制电路的安装与调试步骤

二、绘制元器件布置图和接线图

1. 绘制元器件布置图

（1）不带过载保护的接触器自锁正转控制电路元器件布置图

从原理图分析得知，不带过载保护的接触器自锁正转控制电路与点动正转控制电路所用的低压电气元件相同，所以元器件布置图也相同，如图 1-3-7 所示。

（2）带过载保护的接触器自锁正转控制电路元器件布置图

从原理图分析得知，带过载保护的接触器自锁正转控制电路比不带过载保护的接触器自锁正转控制电路多一个热继电器，热继电器安装在接触器的下方，如图 1-3-8 所示。

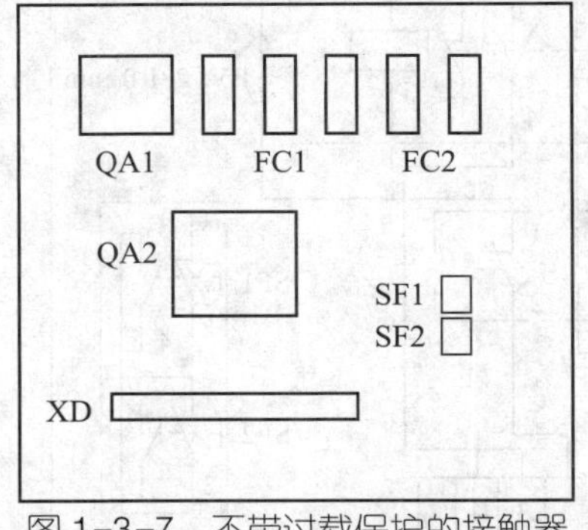

图 1-3-7　不带过载保护的接触器自锁正转控制电路元器件布置图

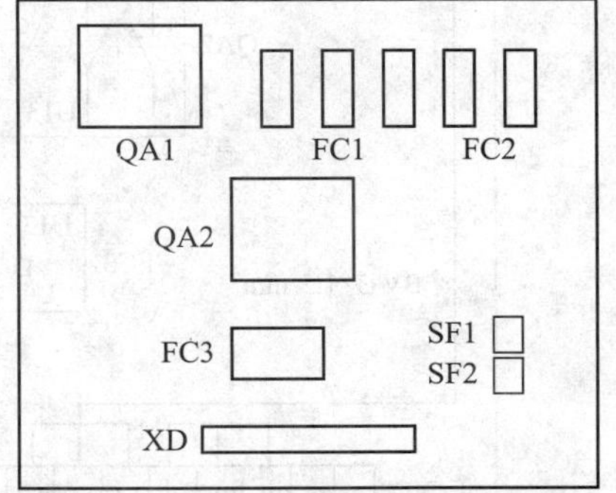

图 1-3-8　带过载保护的接触器自锁正转控制电路元器件布置图

2. 绘制接线图

（1）不带过载保护的接触器自锁正转控制电路接线图如图 1-3-9 所示。

（2）带过载保护的接触器自锁正转控制电路接线图如图 1-3-10 所示。

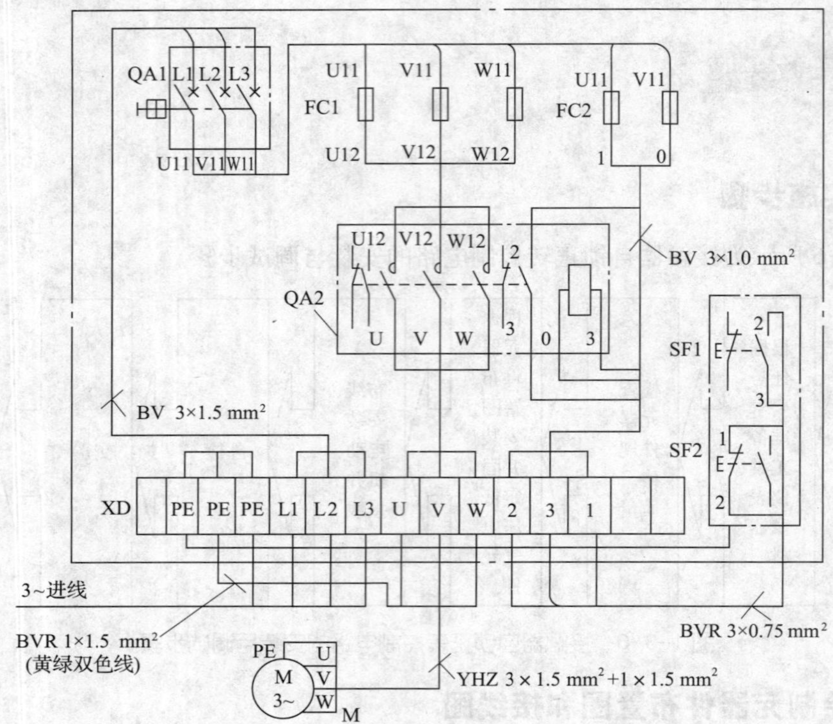

图 1-3-9　不带过载保护的接触器自锁正转控制电路接线图

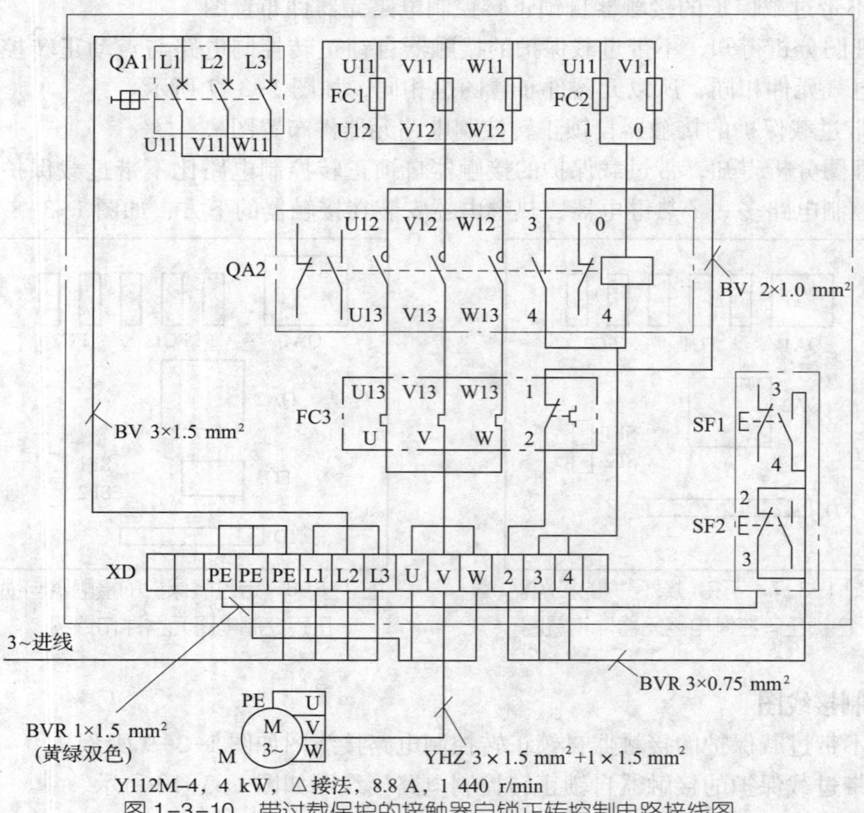

图 1-3-10　带过载保护的接触器自锁正转控制电路接线图

三、准备工具、仪表及器材

根据不带过载保护的接触器自锁正转控制电路和带过载保护的接触器自锁正转控制电路，选用工具、仪表及器材，见表 1-3-2。

表 1-3-2　工具、仪表及器材

类别	代号	名称	型号	规格	数量
工具	验电笔、螺钉旋具、尖嘴钳、斜口钳、剥线钳、电工刀等电工常用工具				
仪表	兆欧表、钳形电流表、万用表				
器材	代号	名称	型号	规格	数量
	M	三相笼型异步电动机	Y112M-4	4 kW、380 V、8.8 A、△接法、1 440 r/min	1
	QA1	低压断路器	DZ5-20/330	三极复式脱扣器、380 V、20 A、脱扣器额定电流 10 A	1
	FC1	螺旋式熔断器	RL1-60/20	500 V、60 A、配熔体 20 A	3
	FC2	螺旋式熔断器	RL1-15/2	500 V、15 A、配熔体 2 A	2
	QA2	接触器	CJT1-20	线圈电压 380 V、20 A	1
	SF1、SF2	双联按钮	LA10-2H	保护式、按钮数 2	1
	FC3	热继电器	JR36-20/3D	热元件额定电流 11 A	1
		控制板		500 mm×400 mm×20 mm	1
	XD	接线端子排	JX2-1015	500 V、10 A、15 节或配套自定	1
		主电路线		BV 1.5 mm^2（红色或颜色自定）	若干
		控制电路线		BV 1.0 mm^2（白色或颜色自定）	若干
		按钮线		BVR 0.75 mm^2（白色或颜色自定）	若干
		接地线		BVR 1.5 mm^2（黄绿双色）	若干
		四芯电缆线		YHZ 3×1.5 mm^2+1×1.5 mm^2	若干
		螺钉		ϕ5 mm×60 mm	若干
		紧固体和编码套管			若干

四、检查元器件规格和质量

1. 根据工具、仪表及器材表，检查各元器件与表中的型号和规格是否一致。
2. 检查各元器件的外观是否完好无损，附件、备件是否齐全。
3. 用仪表检查各元器件和电动机的有关技术数据是否符合要求。

五、根据元器件布置图安装并固定低压电气元件

1. 热继电器的安装与使用要求

（1）热继电器必须按照产品说明书中规定的方式安装。安装处的环境温度应与电动机

所处环境温度基本相同。当与其他元器件安装在一起时，应注意将热继电器安装在其他元器件的下方，以免其动作特性受到其他元器件发热的影响。

（2）安装热继电器时应清除触头表面尘污，以免因接触电阻过大或电路不通而影响热继电器的动作性能。

（3）热继电器出线端的连接导线应按表 1-3-3 的规定选用。这是因为导线的粗细和材料将影响热元件端接点传导到外部热量的多少。导线过细，轴向导热差，热继电器可能提前动作；反之，导线过粗，轴向导热快，热继电器可能滞后动作。

（4）使用中的热继电器应定期通电校验。此外，当发生短路事故时，应检查热元件是否已发生永久变形。若热元件已变形，则需通电校验。若因热元件变形或其他原因致使动作不准确，只能调整其可调部件，而绝不能弯折热元件。

（5）热继电器在出厂时均调整为手动复位方式，如果需要自动复位，只要将复位调节螺钉沿顺时针方向旋转 3~4 圈，并稍微拧紧即可。

（6）在使用热继电器时，应定期用布擦净热继电器上的尘埃和污垢，若发现双金属片上有锈斑，应用清洁棉布蘸汽油轻轻擦除，切忌用砂纸打磨。

（7）热继电器因电动机过载动作后，若需再次启动电动机，必须待热元件冷却后，才能使热继电器复位。一般自动复位时间不大于 5 min，手动复位时间不大于 2 min。

表 1-3-3　热继电器连接导线选用表

热继电器额定电流/A	连接导线截面积/mm^2	连接导线种类
10	2.5	单股铜芯塑料线
20	4	单股铜芯塑料线
60	16	多股铜芯橡胶线

2. 元器件的安装和固定

按图 1-3-7、图 1-3-8 所示的元器件布置图在控制板上安装电气元件，并贴上醒目的文字符号，如图 1-3-11 所示。

工艺要求与任务 2 基本相同。

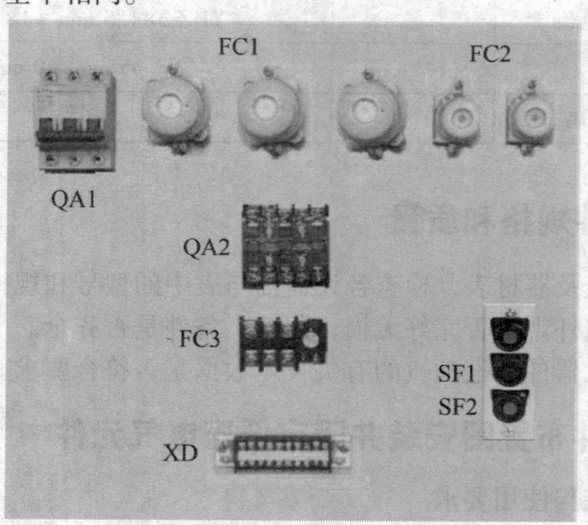

图 1-3-11　带过载保护的接触器自锁正转控制电路元器件安装实物图

六、布线

1. 不带过载保护的接触器自锁正转控制电路布线

按图 1-3-9 所示接线图的走线方法，进行板前明线布线和套编码套管。按钮内接线如图 1-3-12 所示。控制电路布线如图 1-3-13 所示。主电路布线与点动正转控制电路基本相同。

图 1-3-12　按钮内接线

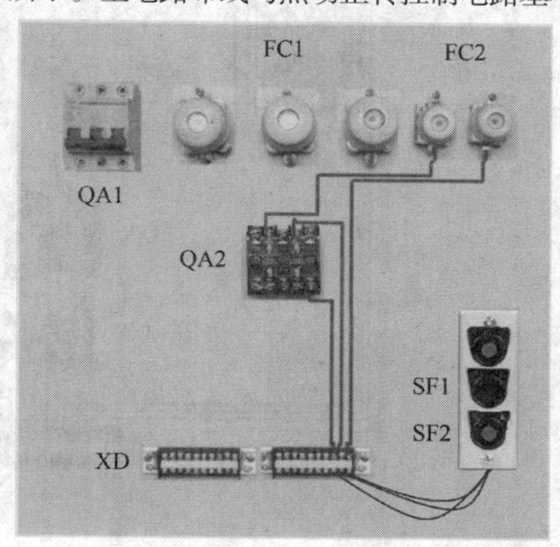

图 1-3-13　不带过载保护的接触器自锁正转控制电路的控制电路布线

提示

（1）按钮内接线时，用力不可过猛，以防螺钉打滑。
（2）停止按钮 SF2 应串接在控制电路中。
（3）接触器 QA2 的自锁触头应并接在启动按钮 SF1 的两端。
（4）编码套管安装要正确，如图 1-3-14 所示。

图 1-3-14　编码套管安装

2. 带过载保护的接触器自锁正转控制电路布线

按图 1-3-10 所示接线图的走线方法，进行板前明线布线和套编码套管，如图 1-3-15 所示。需要注意的是热继电器的常闭触头应串接在控制电路中，热元件应串接在主电路中。

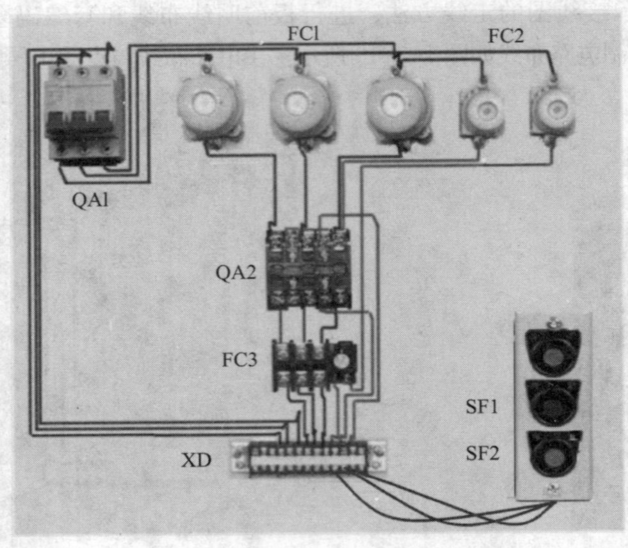

图 1-3-15　布线概况

七、自检

自检步骤及工艺要求如下。

1. 按电路图或接线图逐段检查

从电源端开始，逐段核对接线及接线端子处的线号是否正确，有无漏接、错接之处。检查导线连接点是否符合要求，压接是否牢固。同时注意连接点接触应良好，以避免带负载运转时产生闪弧现象。

2. 用万用表检查电路的通断情况

检查时，为万用表选用倍率合适的电阻挡，并进行欧姆校零。断开 QA1，摘下接触器灭弧罩。

（1）按点动正转控制电路的步骤、方法检查主电路。

（2）检查控制电路。接好 FC2，做以下几项检查。

1）检查启动控制。将万用表表笔放在 QA1 下端子 U11 和 V11 处，应测得断路，按下 SF1，应测得 QA2 线圈的电阻值。

2）检查自锁电路。松开 SF1 后，按下 QA2 触头架，使其常开辅助触头也闭合，应测得 QA2 线圈的电阻值。

如操作 SF1 或按下 QA2 触头架后测得结果为断路，应检查 SF1 及 QA2 自锁触头是否正常，检查它们上、下端子连接线是否正确，有无虚接及脱落。必要时用移动表笔、缩小故障范围的方法查找断路点。如在上述测量中测得短路，则重点检查单号、双号导线是否错接到同一端子上。

3）检查停机控制。在按下 SF1 或按下 QA2 触头架测得 QA2 线圈的电阻值后，同时按下停机按钮 SF2，则应测出控制电路由通而断。否则检查按钮内接线，并排除错接。

4）检查过载保护环节。摘下热继电器盖板后，按下 SF1 测得 QA2 线圈的电阻值，同时用旋具缓慢向右拨动热元件自由端，在听到热继电器常闭触头分断动作声音的同时，万用表应显示控制电路由 QA2 线圈阻值变为∞。否则应检查热继电器的动作及连接线情况，并排除故障。

3. 检查电路安装质量，并进行绝缘电阻测量

用兆欧表检查电路的绝缘电阻，绝缘电阻阻值应不得小于 1 MΩ。

八、交验

学生提出申请，经教师检查同意后方可通电试运行。

九、连接电源、通电试运行

1. 为保证人身安全，在通电试运行时要认真执行安全操作规程的有关规定，一人监护、一人操作。试运行前，应检查与通电试运行有关的电气设备是否有不安全的因素存在，若查出应立即整改，然后方能试运行。

2. 通电试运行前，必须征得教师的同意，并由指导教师接通三相电源 L1、L2、L3，同时在现场监护。学生合上电源开关 QA1 后，用验电笔检查熔断器出线端，若验电笔氖管亮说明电源接通。上述检查一切正常后，做好准备工作，在教师监护下试运行。

（1）空载操作试验

合上 QA1，做以下试验。

1）按下 SF1，接触器得电吸合，观察电路是否符合相应的功能要求，电气元件的动作是否灵活，有无卡阻及噪声过大等现象。松开 SF1，接触器应处于吸合的自锁状态；按下 SF2，接触器应失电复位。

2）用绝缘棒按下 QA2 触头架，当其自锁触头闭合时，QA2 线圈立即得电，触头保持闭合。按下 SF2，接触器应失电复位。

（2）带负荷试运行

断开 QA1，接好电动机接线，再合上 QA1，先操作 SF1 启动电动机，待电动机达到额定转速后，再操作 SF2，电动机应失电停转。反复操作几次，以观察电路自锁作用的可靠性。

在试运行过程中，应随时观察电动机运行情况是否正常，但不得对电路接线是否正确进行带电检查。在观察过程中，若发现有异常现象，应立即停机。待电动机运转平稳后，用钳形电流表测量三相电流是否平衡。

3. 电路出现故障后，若需带电检查，必须在教师现场监护下进行。检修完毕，若需要再次试运行，也应该在教师现场监护下进行，并做好时间记录。

4. 通电试运行完毕，停转，切断电源。先拆除三相电源线，再拆除电动机线。

5. 试运行成功后，记录完成时间及通电试运行次数。

故障检修

在完成试运行的基础上，教师或同组学生按照表 1-3-4 中故障原因分析的元器件或路径，人为地设定一两个故障点进行排故练习。

提示

设定故障一定要在断开电源的情况下进行，一般设定元器件故障和电路的断路故障，而不将正确的电路改错。如果需要通电观察故障现象，必须在教师监护下进行。

一、热继电器的常见故障现象、故障原因及处理方法

热继电器的常见故障现象、故障原因及处理方法见表 1-3-4。

表 1-3-4　热继电器的常见故障现象、故障原因及处理方法

常见故障现象	故障原因	处理方法
热继电器的热元件烧断	负载侧短路，电流过大	排除故障，更换热继电器
	操作频率过高	更换合适型号的热继电器
热继电器不动作	热继电器的额定电流值选用不合适	按保护容量合理选用
	整定电流值偏大	合理调整整定电流值
	动作触头接触不良	消除触头接触不良因素
	热元件烧断或脱焊	更换热继电器
	动作机构卡阻	消除卡阻因素
	导板脱出	重新放入导板并调试
热继电器动作不稳定，时快时慢	热继电器内部机构某些部件松动	紧固松动部件
	在检修中弯折了双金属片	用两倍电流预试几次或将双金属片拆下来进行热处理（一般约 240 ℃）以去除内应力
	通电电流波动太大，或接线螺钉松动	检查电源电压或拧紧接线螺钉
热继电器动作太快	整定电流值偏小	合理调整整定电流值
	电动机启动时间过长	按启动时间要求，选择具有合适的可返回时间的热继电器或在启动过程中将热继电器短接
	连接导线太细	选用标准导线
	操作频率过高	更换合适型号的热继电器
	使用场合有强烈冲击和振动	采取防振动措施或选用带防冲击振动的热继电器
	可逆转换频繁	改用其他保护方式

续表

常见故障现象	故障原因	处理方法
热继电器动作太快	安装热继电器处与电动机处环境温差太大	按两地温差情况配置合适的热继电器
主电路不通	热继电器热元件烧断	更换热元件或热继电器
	热继电器接线螺钉松动或脱落	紧固接线螺钉
控制电路不通	热继电器触头烧坏或动触头片弹性消失	更换触头或簧片
	热继电器可调整式旋钮转到不合适的位置	调整旋钮或螺钉
	热继电器动作后未复位	按动复位按钮

二、电动机基本控制电路故障检修的一般步骤和方法

1. 用试验法观察故障现象，初步判定故障范围

在不扩大故障范围、不损坏电气设备和机械设备的前提下，对电路进行通电试验，通过观察电气设备和电气元件的动作是否正常、各控制环节的动作程序是否符合要求，初步确定故障发生的大概部位或回路。

2. 用逻辑分析法缩小故障范围

根据电气控制电路的工作原理、控制环节的动作程序以及它们之间的联系，结合故障现象做具体的分析，缩小故障范围，特别适用于对复杂电路的故障检查。

3. 用测量法确定故障点

利用电工工具和仪表对电路进行带电或断电测量，常用的方法有电压测量法和电阻测量法。

（1）电压测量法

首先把万用表的转换开关置于交流电压 500 V 的挡位上，然后按图 1-3-16 所示的方法进行测量。

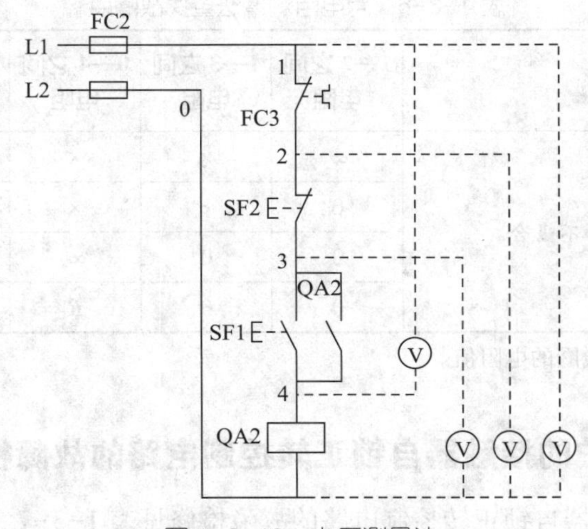

图 1-3-16　电压测量法

接通电源，若按下启动按钮 SF1 时，接触器 QA2 不吸合，则说明控制电路有故障。

检测时，在松开按钮 SF1 的条件下，先用万用表测量 0 和 1 两点之间的电压，若电压为 380 V，则说明控制电路的电源电压正常。然后把万用表黑表笔接到 0 点上，红表笔依次接到 2、3 各点上，分别测量出 0—2、0—3 之间的电压，若电压均为 380 V，再把黑表笔接到 1 点上，红表笔接到 4 点上，测量出 1—4 两点间的电压。根据其测量结果即可找出故障点，见表 1-3-5。表中符号“×”表示不需再测量。

表 1-3-5　用电压测量法查找故障点

故障现象	0—2	0—3	1—4	故障点
按下 SF1 时，接触器 QA2 不吸合	0	×	×	FC3 常闭触头接触不良
	380 V	0	×	SF2 常闭触头接触不良
	380 V	380 V	0	QA2 线圈断路
	380 V	380 V	380 V	SF1 接触不良

（2）电阻测量法

首先把万用表的转换开关置于倍率合适的电阻挡位上（一般选 $R\times100$ 或 $R\times1$ k 的挡位），然后按图 1-3-17 所示的方法进行测量。

接通电源，若按下启动按钮 SF1 时接触器 QA2 不吸合，则说明控制电路有故障。

检测时，首先切断电路的电源（这点与电压测量法不同），用万用表依次测量出 1—2、1—3、0—4 各两点间的电阻值。根据测量结果可找出故障点，见表 1-3-6。

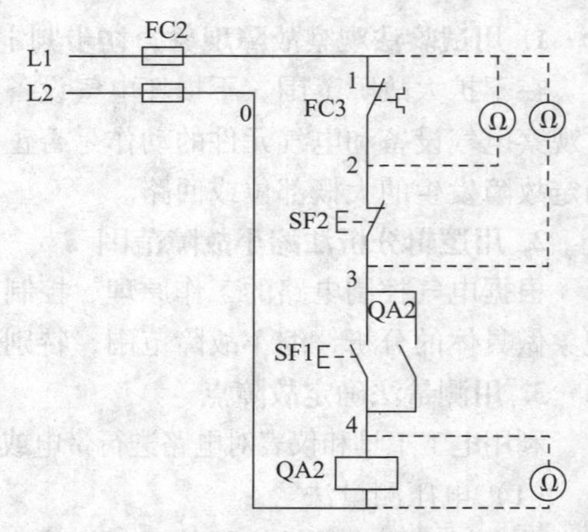

图 1-3-17　电阻测量法

表 1-3-6　用电阻测量法查找故障点

故障现象	1—2 之间电阻	1—3 之间电阻	0—4 之间电阻	故障点
按下 SF1 时，QA2 不吸合	∞	×	×	FC3 常闭触头接触不良
	0	∞	×	SF2 常闭触头接触不良
	0	0	∞	QA2 线圈断路
	0	0	R	SF1 接触不良

注：R 为接触器 QA2 线圈的电阻值。

三、带过载保护的接触器自锁正转控制电路的故障检修

带过载保护的接触器自锁正转控制电路的故障检修见表 1-3-7。

表 1-3-7　带过载保护的接触器自锁正转控制电路的故障检修

故障现象	原因分析	检查方法
按下按钮 SF1，接触器 QA2 不吸合	（1）电源电路故障 可能故障点：电源开关 QA1 接触不良或损坏 （2）控制电路故障 可能故障点： 1）熔断器 FC2 熔断 2）热继电器 FC3 触头接触不良或动作后未复位 3）停止按钮 SF2 常闭触头、启动按钮 SF1 常开触头接触不良 4）接触器线圈断线或损坏 5）相关的 0、1、2、3、4 号线 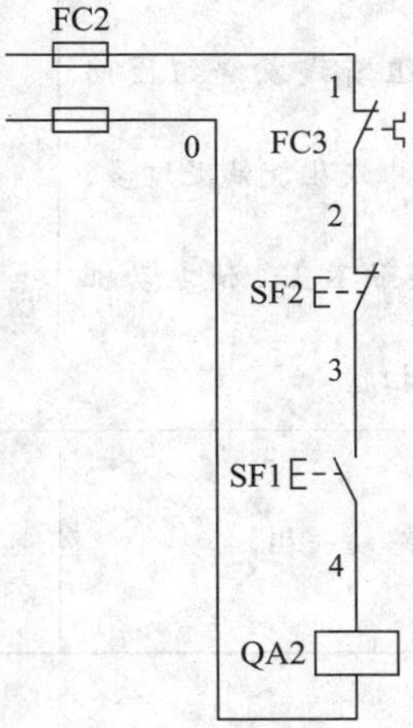 FC2　0　1　FC3　2　SF2　3　SF1　4　QA2	电源电路检查：参照点动电路 控制电路检查：参照点动电路 热继电器故障时应检查电动机是否过载
接触器 QA2 不自锁	可能故障点： （1）接触器辅助常开触头接触不良 （2）自锁回路断线 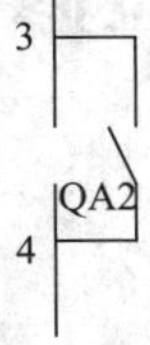 3　QA2　4	方法：电阻测量法 断开电源，将万用表置于电阻挡，将万用表一支表笔固定在 SF2 的下端头，按下 QA2 的触头架，用另一支表笔逐点按顺序检查通路情况，当检查到电路不通时，则故障在该点与上一点之间
按下停止按钮 SF2，接触器不释放	可能故障点： （1）停止按钮 SF2 触头焊住或卡住 （2）接触器 QA2 已断电，但可动部分被卡住 （3）接触器铁芯接触面上有油污，上下粘住 （4）接触器主触头烧焊住 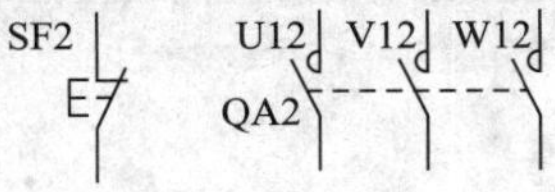 SF2　U12　V12　W12　QA2	方法：电阻测量法 停止按钮 SF2 检查：断开 QA1，将万用表置于电阻挡，将万用表两支表笔固定在 SF2 的上、下端头处，按下 SF2，检查通断情况 接触器主触头检查：断开 QA1，将万用表置于电阻挡，将万用表两支表笔分别固定在 QA2 的上、下端头，检查通断情况
接触器 QA2 吸合后响声较大	可能故障点： （1）电源电压过低 （2）接触器铁芯接触面有异物，使铁芯接触不严密 （3）接触器铁芯的短路环断裂	方法：电压测量法 用万用表 500 V 交流电压挡测量 FC2 的电压，观察其是否正常。若电压正常，则接触器故障，检修方法参见任务 2

续表

故障现象	原因分析	检查方法
控制电路正常，电动机不能启动并发出“嗡嗡”声	可能故障点： (1) 电源缺相 (2) 电动机定子绕组断线或绕组匝间短路 (3) 定子和转子气隙中灰尘、油泥过多，将转子抱住 (4) 接触器主触头接触不良，使电动机单相运行 (5) 轴承损坏、转子扫膛	主电路的检查方法参看任务2 电动机的检查： (1) 用钳形电流表测量电动机三相电流是否平衡 (2) 断开 QA1，可用万用表电阻挡测量电动机绕组是否断路
电动机加负载后转速明显下降	可能故障点： (1) 电动机运行中电路缺一相 (2) 转子笼条断裂	查看电动机运行中电路是否缺一相，可用钳形电流表测量电动机三相电流是否平衡

任务4　连续与点动混合正转控制电路的安装与检修

学习目标

1. 能正确理解三相异步电动机连续与点动混合正转控制电路的工作原理。
2. 能正确识读连续与点动混合正转控制电路的原理图、接线图和布置图。
3. 能按照工艺要求，正确安装三相异步电动机连续与点动混合正转控制电路。
4. 能根据故障现象，检修三相异步电动机连续与点动混合正转控制电路。

工作任务

在生产实际中，常常需要对一台电动机既能点动控制，又能自锁控制，如在 T610 型镗床主轴电动机的控制电路中，当主轴在调整或对刀时，需要点动控制；在正常运行时，又需要能保持连续运行的自锁控制，这种电路称为三相异步电动机连续与点动混合正转控制电路。能实现上述功能的常见电路如图 1-4-1 和图 1-4-2 所示。

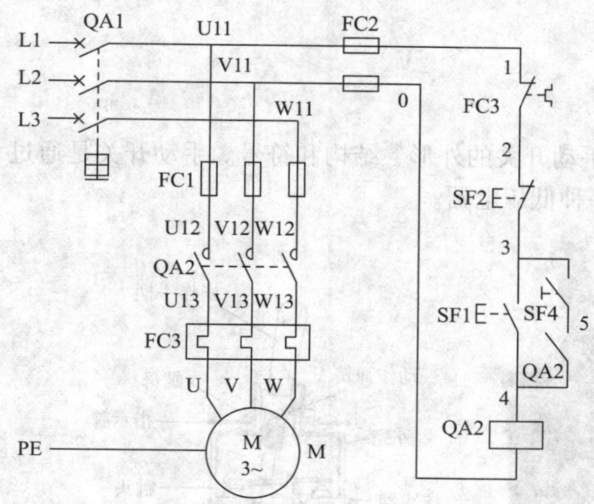

图 1-4-1 用手动开关控制连续与点动混合正转控制电路

图 1-4-1 和图 1-4-2 所示的主电路相同，在控制电路中的自锁电路上有所不同。图 1-4-1 所示的是在自锁电路上加装手动开关 SF4 来控制自锁电路的通和断的；而图 1-4-2 中则是采用复合按钮 SF3 来控制自锁电路的通和断的。

本次任务要完成这种能实现上述控制，通过复合按钮控制的连续与点动混合正转控制电路的安装与检修。

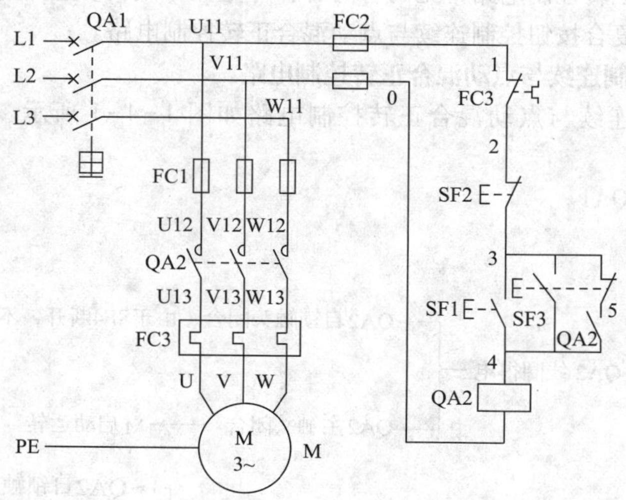

图 1-4-2 用复合按钮控制连续与点动混合正转控制电路

相关理论

一、手动开关

图 1-4-3 所示为手动开关的外形、结构和符号。手动开关是通过手动拨动拨杆来控制开关内的触头通断的一种低压电器。

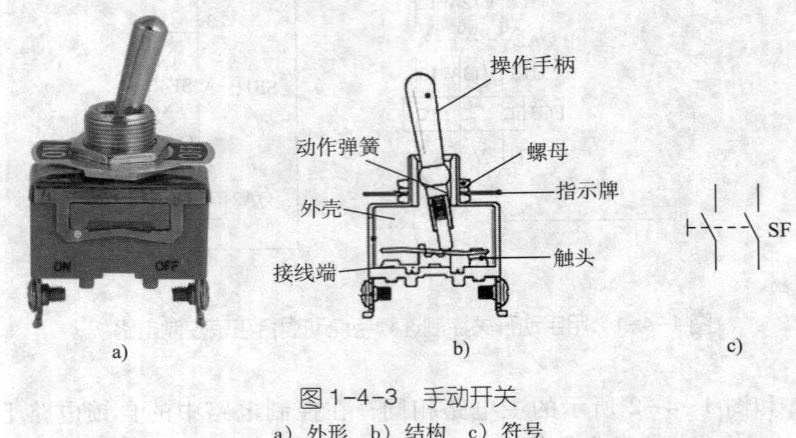

图 1-4-3　手动开关
a）外形　b）结构　c）符号

二、三相异步电动机连续与点动混合正转控制电路

连续与点动混合正转控制电路常见的有两种：一是用手动开关控制连续与点动混合正转控制电路；二是用复合按钮控制连续与点动混合正转控制电路。

1. 用手动开关控制连续与点动混合正转控制电路

用手动开关控制连续与点动混合正转控制电路如图 1-4-1 所示。电路的工作原理如下。

先合上电源开关 QA1。

（1）点动控制

断开SF4：

启动：按下 SF1 → QA2 线圈得电 → QA2 自锁触头闭合（由于SF4断开，不能形成自锁）；→ QA2主触头闭合 → M启动运转

停止：松开 SF1 → SF1常开触头先复位 → QA2 线圈失电 → QA2自锁触头复位；→ QA2主触头复位 → M 停转

（2）连续控制

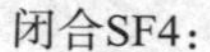

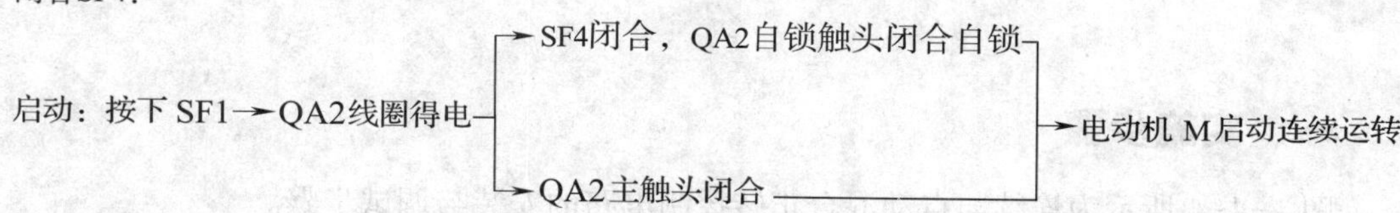

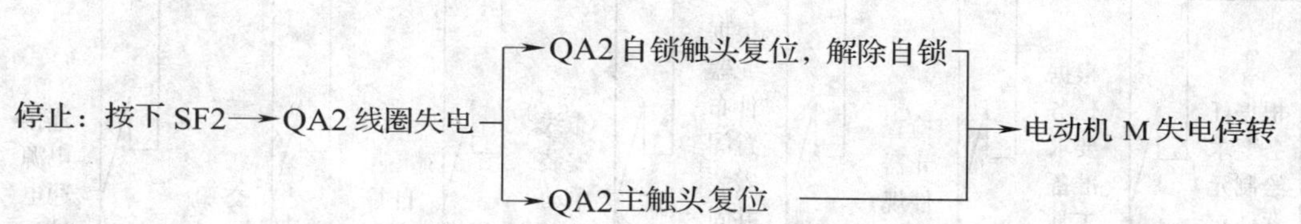

2. 用复合按钮控制连续与点动混合正转控制电路

如图 1-4-2 所示，该电路的工作原理如下。

（1）连续控制

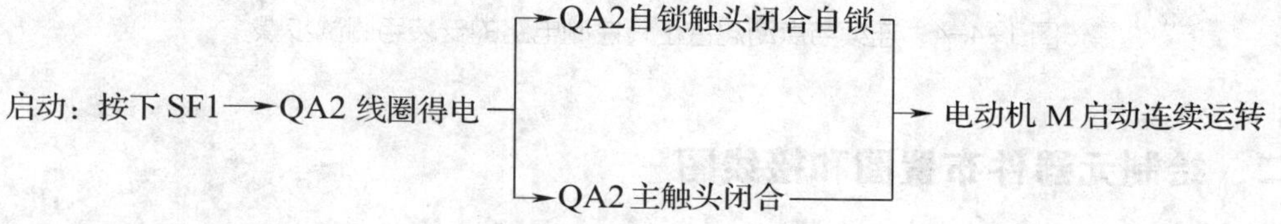

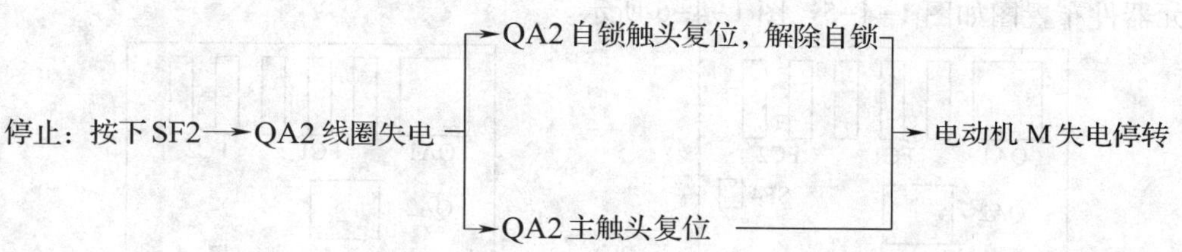

（2）点动控制

启动：按下 SF3
→SF3 常闭触头先分断，切断自锁电路
→SF3 常开触头后闭合→QA2线圈得电
→QA2自锁触头闭合
→QA2 主触头闭合→M启动运转

停止：松开SF3
→SF3常开触头先复位→QA2线圈失电
→QA2自锁触头复位
→QA2主触头复位→M停转
→SF3 常闭触头后复位（此时QA2自锁触头已复位）

任务实施

一、实施步骤

图 1-4-4 所示为连续与点动混合正转控制电路的安装与调试步骤。

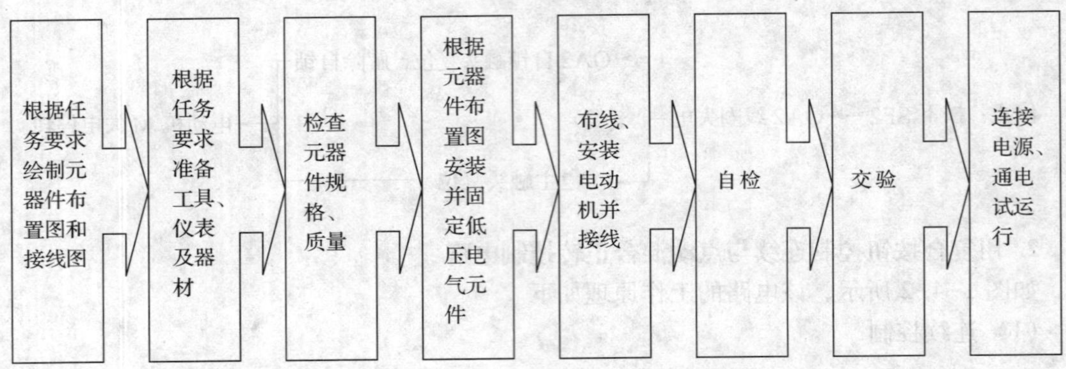

图 1-4-4　连续与点动混合正转控制电路的安装与调试步骤

二、绘制元器件布置图和接线图

1. 绘制元器件布置图

元器件布置图如图 1-4-5、图 1-4-6 所示。

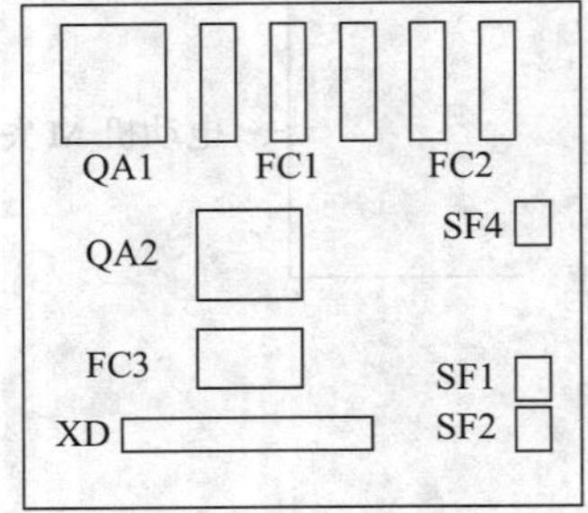

图 1-4-5　用手动开关控制连续与点动混合正转控制电路元器件布置图

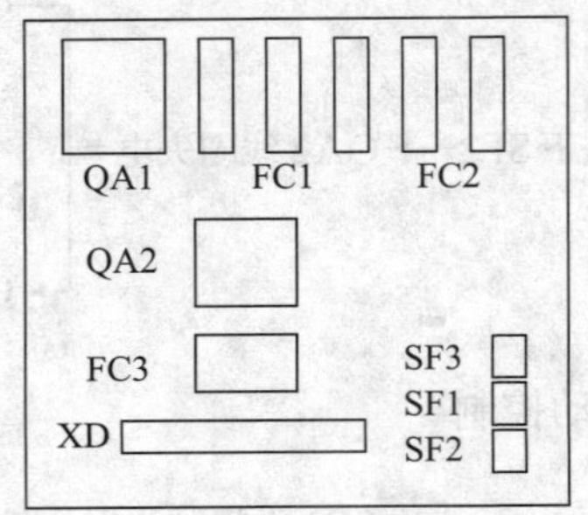

图 1-4-6　用复合按钮控制连续与点动混合正转控制电路元器件布置图

2. 绘制接线图

（1）用手动开关控制连续与点动混合正转控制电路接线图如图 1-4-7 所示。

（2）用复合按钮控制连续与点动混合正转控制电路接线图如图 1-4-8 所示。

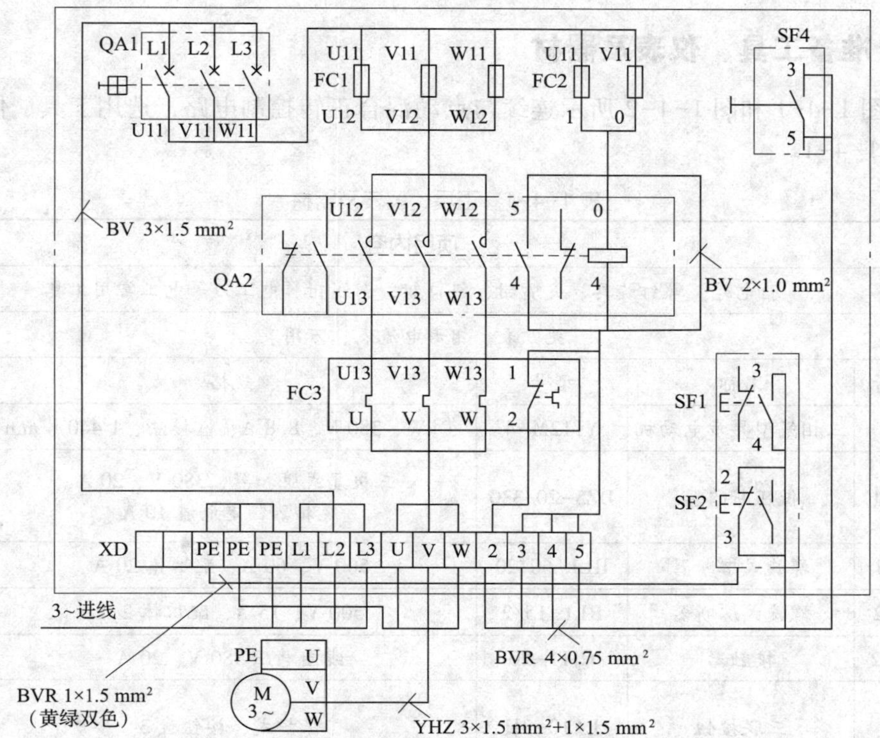

图 1–4–7　用手动开关控制连续与点动混合正转控制电路接线图

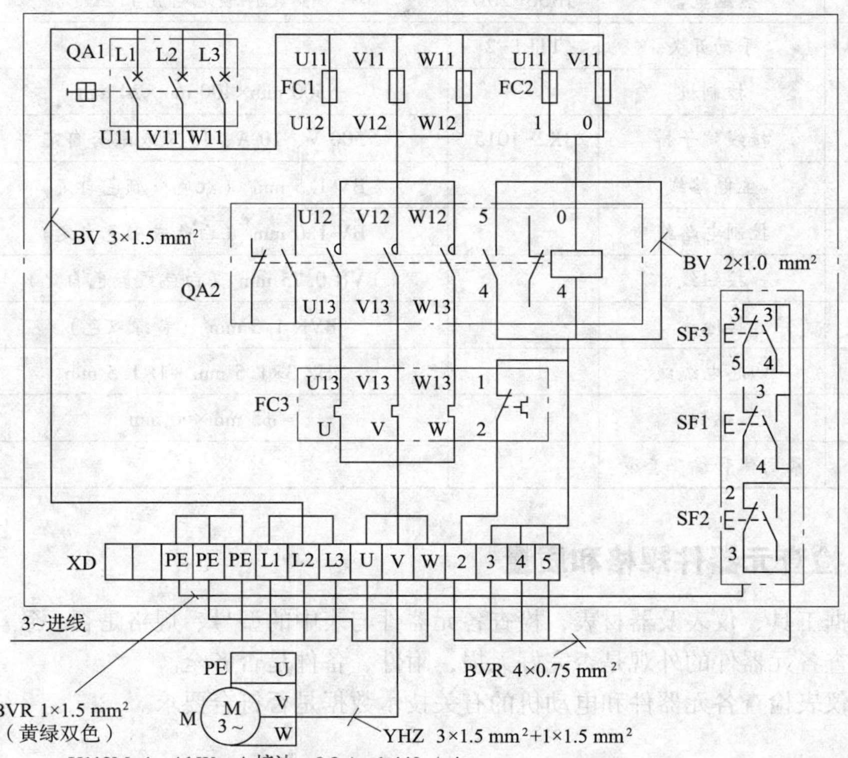

图 1–4–8　用复合按钮控制连续与点动混合正转控制电路接线图

三、准备工具、仪表及器材

根据图 1-4-1 和图 1-4-2 所示连续与点动混合正转控制电路，选用工具、仪表及器材，见表 1-4-1。

表 1-4-1　工具、仪表及器材

<table>
<tr><th>类别</th><th colspan="5">项目内容</th></tr>
<tr><td>工具</td><td colspan="5">验电笔、螺钉旋具、尖嘴钳、斜口钳、剥线钳、电工刀等电工常用工具</td></tr>
<tr><td>仪表</td><td colspan="5">兆欧表、钳形电流表、万用表</td></tr>
<tr><td rowspan="19">器材</td><td>代号</td><td>名称</td><td>型号</td><td>规格</td><td>数量</td></tr>
<tr><td>M</td><td>三相笼型异步电动机</td><td>Y112M-4</td><td>4 kW、380 V、8.8 A、△接法、1 440 r/min</td><td>1</td></tr>
<tr><td>QA1</td><td>低压断路器</td><td>DZ5-20/330</td><td>三极复式脱扣器、380 V、20 A、
脱扣器额定电流 10 A</td><td>1</td></tr>
<tr><td>FC1</td><td>螺旋式熔断器</td><td>RL1-60/20</td><td>500 V、60 A、配熔体 20 A</td><td>3</td></tr>
<tr><td>FC2</td><td>螺旋式熔断器</td><td>RL1-15/2</td><td>500 V、15 A、配熔体 2 A</td><td>2</td></tr>
<tr><td>QA2</td><td>接触器</td><td>CJT1-20</td><td>线圈电压 380 V、20 A</td><td>1</td></tr>
<tr><td>SF1~
SF3</td><td>三联按钮</td><td>LA10-3H</td><td>保护式、按钮数 3</td><td>1</td></tr>
<tr><td>FC3</td><td>热继电器</td><td>JR36-20D</td><td>热元件额定电流 11 A</td><td>1</td></tr>
<tr><td>SF4</td><td>手动开关</td><td>1TL1-2</td><td></td><td>1</td></tr>
<tr><td></td><td>控制板</td><td></td><td>500 mm×400 mm×20 mm</td><td>1</td></tr>
<tr><td>XD</td><td>接线端子排</td><td>JX2-1015</td><td>500 V、10 A、15 节或配套自定</td><td>1</td></tr>
<tr><td></td><td>主电路线</td><td></td><td>BV 1.5 mm^2（红色或颜色自定）</td><td>若干</td></tr>
<tr><td></td><td>控制电路线</td><td></td><td>BV 1.0 mm^2（白色或颜色自定）</td><td>若干</td></tr>
<tr><td></td><td>按钮线</td><td></td><td>BVR 0.75 mm^2（白色或颜色自定）</td><td>若干</td></tr>
<tr><td></td><td>接地线</td><td></td><td>BVR 1.5 mm^2（黄绿双色）</td><td>若干</td></tr>
<tr><td></td><td>四芯电缆线</td><td></td><td>YHZ 3×1.5 mm^2+1×1.5 mm^2</td><td>若干</td></tr>
<tr><td></td><td>螺钉</td><td></td><td>ϕ5 mm×60 mm</td><td>若干</td></tr>
<tr><td></td><td>紧固体和编码套管</td><td></td><td></td><td>若干</td></tr>
</table>

四、检查元器件规格和质量

1. 根据工具、仪表及器材表，检查各元器件与表中的型号、规格是否一致。
2. 检查各元器件的外观是否完好无损，附件、备件是否齐全。
3. 用仪表检查各元器件和电动机的有关技术数据是否符合要求。

五、根据元器件布置图安装并固定低压电气元件

按图 1-4-5、图 1-4-6 所示元器件布置图在控制板上安装电气元件，并贴上醒目的文字符号。工艺要求与任务 2 基本相同。

六、布线

1. 用手动开关控制连续与点动混合正转控制电路布线

布线方法、工艺与带过载保护的接触器自锁正转控制电路基本相同，只是在自锁线上串接了手动开关。

2. 用复合按钮控制连续与点动混合正转控制电路布线

布线方法、工艺与带过载保护的接触器自锁正转控制电路基本相同，而按钮内的接线差别较大，其按钮内的接线如图 1-4-9 所示。

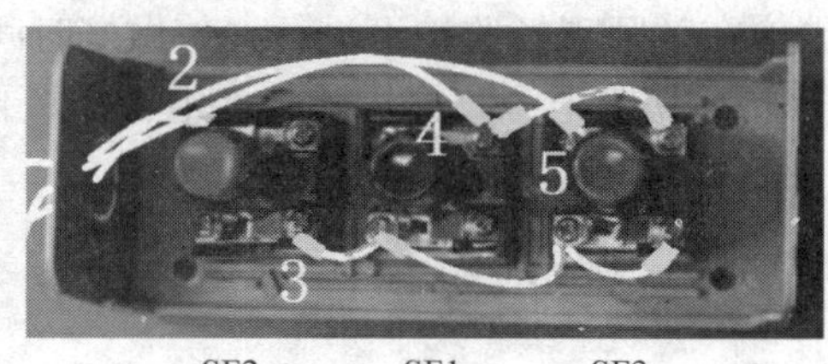

SF2　　SF1　　SF3

图 1-4-9　按钮内的接线

七、自检

自检步骤及工艺要求如下。

1. 按电路图或接线图逐段检查

从电源端开始，逐段核对接线及接线端子处的线号是否正确，有无漏接、错接之处。检查导线连接点是否符合要求，压接是否牢固。同时注意连接点接触应良好，以避免带负载运转时产生闪弧现象。

2. 用万用表检查电路的通断情况

（1）用手动开关控制连续与点动混合正转控制电路检查

当 SF4 断开时，按照点动控制电路的检查方法进行检查。

当 SF4 闭合时，按照带过载保护的接触器自锁控制电路的检查方法进行检查。

（2）用复合按钮控制连续与点动混合正转控制电路检查

对控制电路进行检查时，将控制电路与主电路断开，为万用表选用倍率合适的电阻挡，并进行欧姆校零，以防发生短路故障。将万用表表笔分别放在 U11、V11 线端上，读数应为“∞”。按下 SF1 时，读数应为接触器线圈的直流电阻值。松开 SF1，按下 SF3 时，读数应为接触器线圈的直流电阻值。松开 SF3，手动按动接触器，使接触器触头吸合，读数应为接触器线圈的直流电阻值。然后断开控制电路，再检查主电路有无开路或短路现象，此时可用手动来代替接触器通电进行检查。

3. 检查电路安装质量，并进行绝缘电阻测量

用兆欧表检查电路的绝缘电阻，绝缘电阻阻值应不得小于 1 MΩ。

八、交验

学生提出申请，经教师检查同意后方可通电试运行。

九、连接电源、通电试运行

1. 为保证人身安全，在通电试运行时要认真执行安全操作规程的有关规定，一人监护、一人操作。试运行前，应检查与通电试运行有关的电气设备是否有不安全的因素存在，若查出应立即整改，然后方能试运行。

2. 通电试运行

（1）点动试运行。方法与前面的点动控制电路方法一致。

（2）自锁试运行。方法与前面的自锁控制电路方法一致。

3. 出现故障后，若需带电检查时，必须在有教师现场监护的情况下进行。检修完毕后，若需要再次试运行，也应在教师现场监护下进行，并做好时间记录。

4. 通电试运行完毕，停转，切断电源。先拆除三相电源线，再拆除电动机线。

5. 试运行成功后，记录完成时间及通电试运行次数。

故障检修

参照点动和自锁控制电路。

课题二 三相异步电动机正反转控制电路的安装与检修

任务1 倒顺开关控制正反转控制电路的安装与检修

学习目标

1. 能正确理解三相异步电动机倒顺开关控制正反转控制电路的工作原理。
2. 能正确识读倒顺开关控制正反转控制电路的原理图、接线图和布置图。
3. 能按照工艺要求，正确安装三相异步电动机倒顺开关控制正反转控制电路。
4. 能掌握倒顺开关的结构、选用与简单检修的方法。
5. 能根据故障现象，检修倒顺开关控制三相异步电动机正反转控制电路。

工作任务

在生产中，有许多生产机械要求电动机不仅要正转运行，同时还要反转运行，正转控制电路只能使电动机单方向旋转，带动生产机械的运动部件单方向运动。要满足生产机械运动部件能向正反两个方向运动，就要求电动机能实现正反转控制。

当改变通入电动机定子绕组的三相电源相序，即把接入电动机三相电源进线中的任意两相对调接线时，电动机就可以反转。在工作中，人们为了方便控制三相电源相序，专门设计出一种开关用来改变三相电源的相序，这种开关就叫倒顺开关，如 X62W 型万能铣床主轴电动机的正反转控制就是采用倒顺开关来实现的。

本次工作任务是要完成利用倒顺开关控制电动机正反转电路的安装与检修。

相关理论

一、倒顺开关

1. 结构及符号

倒顺开关是组合开关的一种，也称可逆转换开关，是专为控制小容量三相异步电动机的正反转而设计生产的，其外形、结构、符号和型号含义如图 2-1-1 所示。开关的手柄有“倒”“停”“顺”三个位置，手柄只能从“停”的位置左转 45°或右转 45°。

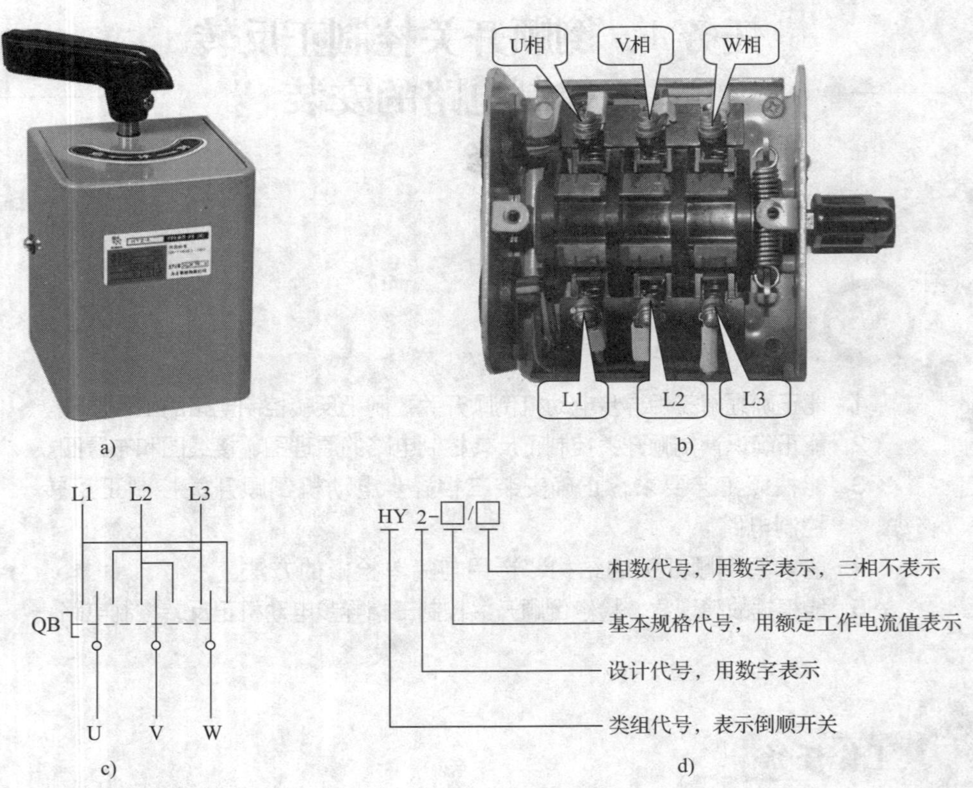

图 2-1-1　倒顺开关

a）外形　b）结构　c）符号　d）型号含义

2. 主要技术数据

HY2 系列的主要技术数据见表 2-1-1。

表 2-1-1　HY2 系列的主要技术数据

产品型号	额定工作电流/A	约定发热电流/A	额定控制功率/kW 三相交流 380 V	220 V	连接导线截面积/mm^2	最大操作力矩/(N·m)
HY2-8	8	15	3	1.8	2.5	1.96
HY2-12	12	30	5.5	3	6	2.94
HY2-20	20	30	10	5.5	6	2.94

3. 本次任务倒顺开关的选择

选择的主要参数有额定电压、额定电流、负荷的类别。本次任务控制电动机的主要参数是：Y112M-4、4 kW、380 V、8.8 A、△接法。若选择 HY2 系列，查表 2-1-1 可知 HY2-12 和 HY2-20 都满足要求，但考虑性价比因素，选择 HY2-12 较为经济实惠。

二、倒顺开关控制电动机正反转控制电路

倒顺开关控制电动机正反转控制电路如图 2-1-2 所示，倒顺开关工作过程见表 2-1-2。

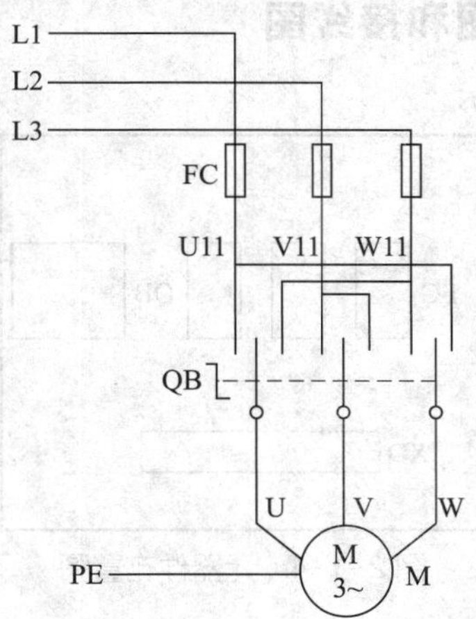

图 2-1-2　倒顺开关控制电动机正反转控制电路

表 2-1-2　倒顺开关工作过程

手柄位置	QB 状态	电路状态	电动机状态
停	QB 的动、静触头不接触	电路不通	电动机不转
顺	QB 的动触头和左边的静触头相接触	电路按 L1-U、L2-V、L3-W 接通	电动机正转
倒	QB 的动触头和右边的静触头相接触	电路按 L1-W、L2-V、L3-U 接通	电动机反转

任务实施

一、实施步骤

图 2-1-3 所示为倒顺开关控制电动机正反转控制电路的安装与调试步骤。

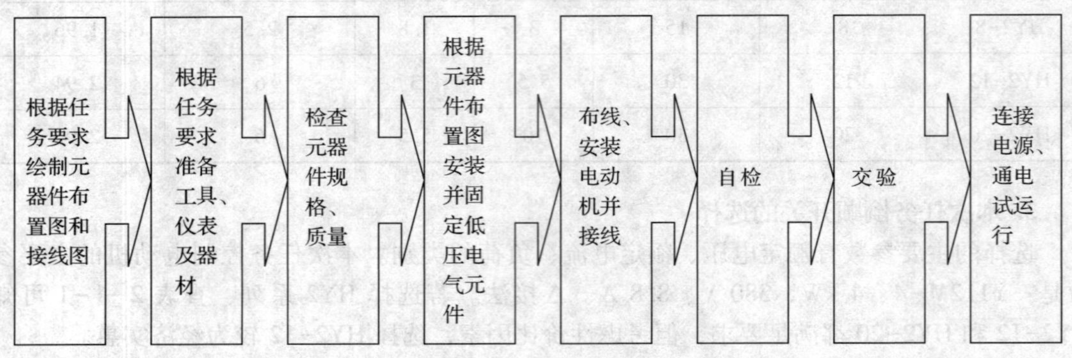

图 2-1-3　倒顺开关控制电动机正反转控制电路的安装与调试步骤

二、绘制元器件布置图和接线图

元器件布置如图 2-1-4 所示。

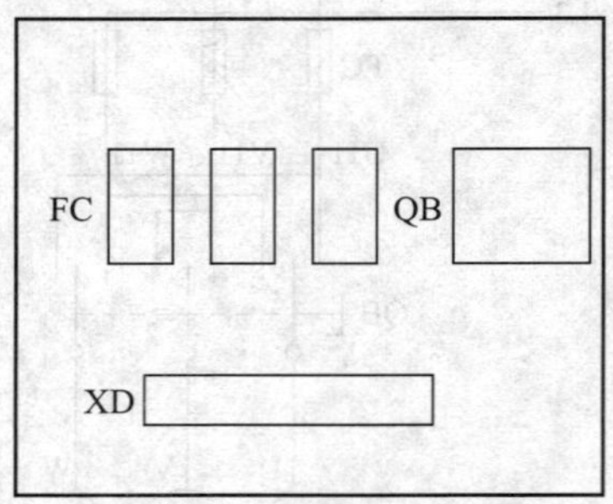

图 2-1-4　元器件布置图

接线图由读者自行绘制。

三、准备工具、仪表及器材

根据倒顺开关控制电动机正反转控制电路，选用工具、仪表及器材，见表 2-1-3。

表 2-1-3　工具、仪表及器材

类别	项目内容
工具	验电笔、螺钉旋具、尖嘴钳、斜口钳、剥线钳、电工刀等电工常用工具
仪表	兆欧表、钳形电流表、万用表

续表

类别	项目内容				
	代号	名称	型号	规格	数量
	M	三相笼型异步电动机	Y112M-4	4 kW、380 V、8.8 A、△接法、1 440 r/min	1
	FC	螺旋式熔断器	RL1-60/20	500 V、60 A、配熔体 20 A	3
	QB	倒顺开关	HY2-12	380 V、12 A	1
		控制板		500 mm×400 mm×20 mm	1
器材	XD	接线端子排	JX2-1015	500 V、10 A、15 节或配套自定	1
		主电路线		BV 1.5 mm^2（红色或颜色自定）	若干
		接地线		BVR 1.5 mm^2（黄绿双色）	若干
		四芯电缆线		YHZ 3×1.5 mm^2+1×1.5 mm^2	若干
		螺钉		ϕ5 mm×60 mm	若干
		紧固体和编码套管			若干

四、检查元器件规格和质量

1. 根据工具、仪表及器材表，检查各元器件与表中的型号和规格是否一致。
2. 检查各元器件的外观是否完好无损，附件、备件是否齐全。
3. 用仪表检查各元器件和电动机的有关技术数据是否符合要求。

五、根据元器件布置图安装并固定低压电气元件

电气元件安装应牢固，符合工艺要求。

六、布线

1. 倒顺开关接线

倒顺开关内部接线如图 2-1-5 所示。

图 2-1-5　倒顺开关内部接线

提示

(1) 倒顺开关的金属外壳必须可靠接地，且必须将接地线接到倒顺开关指定的接地螺钉上，切忌接在开关的罩壳上。

(2) 倒顺开关的进出线接线切忌接错。接线时，应看清开关线端标记，保证标记 L1、L2、L3 接电源，标记 U、V、W 接电动机，否则会造成两相电源短路。

(3) 若作为临时性装置安装，如将倒顺开关安装在墙上（属于半移动形式）时，接到电动机的引线可采用 BVR 1.5 mm^2 塑铜线或 YHZ 4×1.5 mm^2 橡胶电缆线，并采用金属软管保护；若将开关与电动机一起安装在同一金属结构件或支架上（属移动形式）时，开关的电源进线必须采用四脚插头和插座连接，并在插座前装熔断器或再加装隔离开关。可移动的引线必须完整无损，不得有接头，引线的长度一般不超过 2 m。

2. 接线情况

实物接线如图 2-1-6 所示。

图 2-1-6　实物接线

七、安装电动机并接线

1. 倒顺开关要装设在操作时能看到电动机的地方，以保证操作安全。

2. 电动机的安装必须牢固。在紧固地脚螺栓时，必须按对角线均匀受力，依次交错逐步拧紧。

3. 连接倒顺开关至电动机的导线。

4. 连接接地线。电动机和倒顺开关的金属外壳以及连成一体的线管，按规定要求必须接到保护接地专用端子上，如图 2-1-7 所示。

5. 检查安装质量，并进行绝缘电阻测量。

八、自检

1. 按电路图或接线图逐段检查

从电源端开始，逐段核对接线及接线端子处的线号是否正确，有无漏接、错接之处。检查导线连接点是否符合要求，压接是否牢固。同时注意连接点接触应良好，以避免带负载运转时产生闪弧现象。

图 2-1-7　连接接地线

2. 用万用表检查电路的通断情况

为万用表选用倍率合适的电阻挡，并进行欧姆校零。

(1) 将倒顺开关手柄置于中间“停”的位置：将两表笔分别放在 U、L1，V、L2，W、L3 线端上，读数应为“∞”。

(2) 将倒顺开关手柄置于“顺”的位置：将两表笔分别放在 U、L1，V、L2，W、L3 线端上，读数应为“0”。

(3) 将倒顺开关手柄置于“倒”的位置：将两表笔分别放在 U、L3，V、L2，W、L1 线端上，读数应为“0”。

3. 检查电路安装质量，并进行绝缘电阻测量

用兆欧表检查电路的绝缘电阻，绝缘电阻阻值应不得小于 1 MΩ。

九、交验

学生提出申请，经教师检查同意后方可通电试运行。

十、连接电源、通电试运行

1. 为保证人身安全，通电试运行时要认真执行安全操作规程的有关规定，一人监护、一人操作。试运行前，应检查与通电试运行有关的电气设备是否有不安全的因素存在，若查出应立即整改，然后方能试运行。

2. 通电试运行前，必须征得教师的同意，并由指导教师接通三相电源 L1、L2、L3，同时在现场监护。将倒顺开关转在“停”的位置上，学生合上电源开关后，用验电笔检查熔断器出线端，若验电笔氖管亮说明电源接通。

断开电源开关，接好电动机接线，做好立即停机的准备，然后合上电源开关进行以下几项试验。

(1) 将倒顺开关转到“顺”的位置上，检查倒顺开关的动作是否灵活，有无卡阻及噪声过大等现象，电动机正转运行情况是否正常等。

(2) 将倒顺开关转到“停”的位置上，查看电动机是否能正常停转。

(3) 将倒顺开关转到“倒”的位置上，查看电动机反转运行情况是否正常。

在观察过程中，若发现有异常现象，应立即停机，不得对电路接线是否正确进行带电检查。当电动机运转平稳后，用钳形电流表测量三相电流是否平衡。

3. 出现故障后，若需带电检查，必须在教师现场监护下进行。检修完毕后，如需要再次试运行，也应在教师现场监护下进行，并做好时间记录。

4. 通电试运行完毕，停转，切断电源。先拆除三相电源线，再拆除电动机线。

5. 试运行成功后，记录完成时间及通电试运行次数。

故障检修

在完成试运行的基础上，教师或同组学生按照表 2-1-4 中故障原因分析的元器件或路径，人为地设定一两个故障点进行排故练习。

提示

设定故障一定要在断开电源的情况下进行，一般设定元器件故障和电路的断路故障，而不将正确的电路改错。如果需要通电观察故障现象，必须在有教师监护的情况下进行。

倒顺开关控制正反转控制电路常见故障现象、原因分析及检查方法见表 2-1-4。

表 2-1-4　倒顺开关控制正反转控制电路常见故障现象、原因分析及检查方法

故障现象	原因分析	检查方法
将倒顺开关置于“倒”和“顺”时，电动机都不启动或缺相	可能导致电动机不启动或电动机缺相的故障点有： （1）熔断器熔体熔断 （2）倒顺开关操作失控 （3）倒顺开关动、静触头接触不良 （4）电动机故障（绕组断路） （5）连接导线断路	先查看有没有装熔丝，再查看熔丝的小红点有没有脱落，脱落了说明熔丝熔断。若没有脱落，检查熔断器的连接导线是否有松脱、断裂。若没有松脱或断裂，再用验电笔检查熔断器 FC 的上下端头是否有电；若有电，断开电源，拆掉电动机，用万用表的电阻挡检查倒顺开关的好坏，分别将倒顺开关转到“顺”和“倒”的位置，万用表的两支表笔分别连在 L1 和 U、L2 和 V、L3 和 W 或 L1 和 W、L2 和 V、L3 和 U 上检查通断情况，若不通，说明倒顺开关操作失常或倒顺开关动、静触头接触不良；若导通正常，则是电动机故障
电动机正转正常、反转不启动或缺相，或电动机反转正常、正转不启动或缺相	电动机有一个方向正常，说明电源、熔断器、电动机是正常的，因此可能故障是： （1）倒顺开关操作失控 （2）倒顺开关动、静触头接触不良	断开电源，拆下倒顺开关，检查其内部结构是否有较严重的机械损坏，能否修复，若损坏较严重则更换，否则，进行修复

倒顺开关的常见故障及维修方法与组合开关的常见故障及维修方法基本一致。

任务 2　接触器联锁正反转控制电路的安装与检修

学习目标

1. 能正确理解三相异步电动机接触器联锁正反转控制电路的工作原理。
2. 能正确识读三相异步电动机接触器联锁正反转控制电路的原理图、接线图和布置图。
3. 能按照工艺要求，正确安装三相异步电动机接触器联锁正反转控制电路。
4. 能根据故障现象，检修三相异步电动机接触器联锁正反转控制电路。

工作任务

在任务 1 中，虽然倒顺开关控制正反转控制电路所用电气元件较少，电路比较简单，但它是一种手动控制电路，在频繁换向时，操作人员劳动强度大，操作安全性差，所以这种电路一般用于控制额定电流为 10 A、功率在 3 kW 及以下的小容量电动机。在工作中，常使用按钮和接触器控制电动机的正反转，如图 2-2-1 所示。

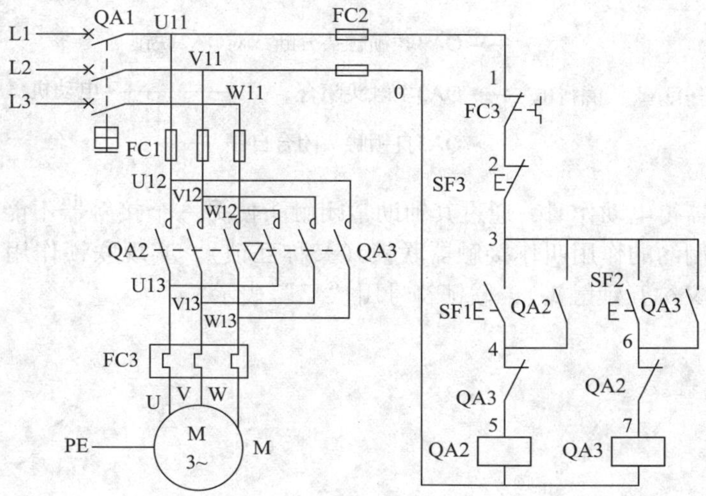

图 2-2-1　接触器联锁正反转控制电路

电路中采用了两个接触器，即正转控制接触器 QA2 和反转控制接触器 QA3，它们分别由正转按钮 SF1 和反转按钮 SF2 控制。从主电路中可以看出，这两个接触器的主触头所接通的电源相序不同，QA2 按 L1→L2→L3 相序接线，QA3 则按 L3→L2→L1 相序接线。相应地控制电路有两条，一条是由按钮 SF1 和接触器 QA2 线圈等组成的正转控制电路，另一条是由按钮 SF2 和接触器 QA3 线圈等组成的反转控制电路。

本次工作任务是要完成接触器联锁正反转控制电路的安装与检修。

相关理论

接触器联锁正反转控制电路工作原理分析如下：接触器 QA2 和 QA3 的主触头绝不允许同时闭合，否则将造成两相电源（L1 相和 L3 相）短路。为了避免两个接触器 QA2 和 QA3 同时得电动作，在正、反转控制电路中分别串联了对方接触器的一对辅助常闭触头。工作过程如下。

正转控制：

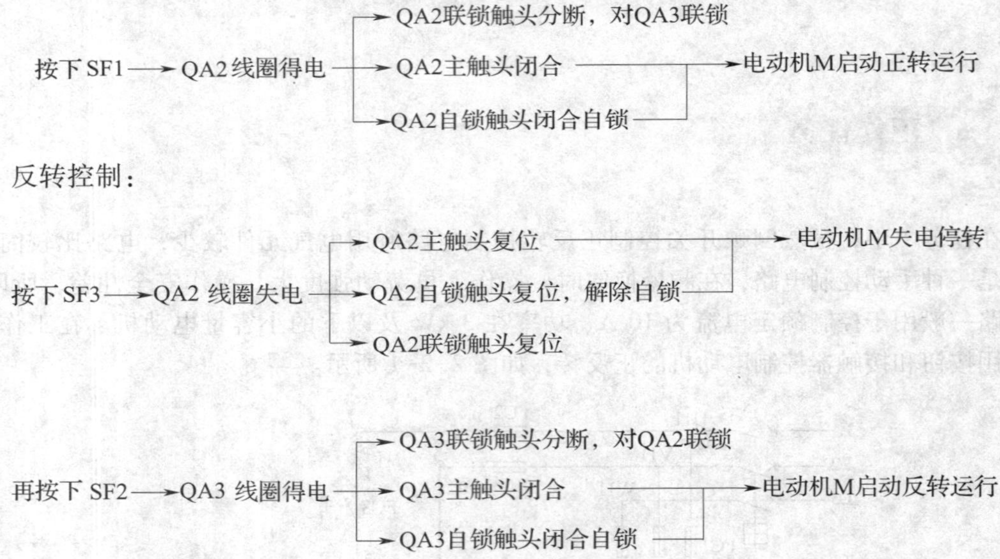

当一个接触器得电动作时，通过其辅助常闭触头使另一个接触器不能得电动作，接触器之间这种相互制约的作用叫作接触器联锁（又称互锁）。实现联锁作用的辅助常闭触头称为联锁触头（又称互锁触头），联锁符号用“▽”表示。

一、实施步骤

图 2-2-2 所示为接触器联锁正反转控制电路的安装与调试步骤。

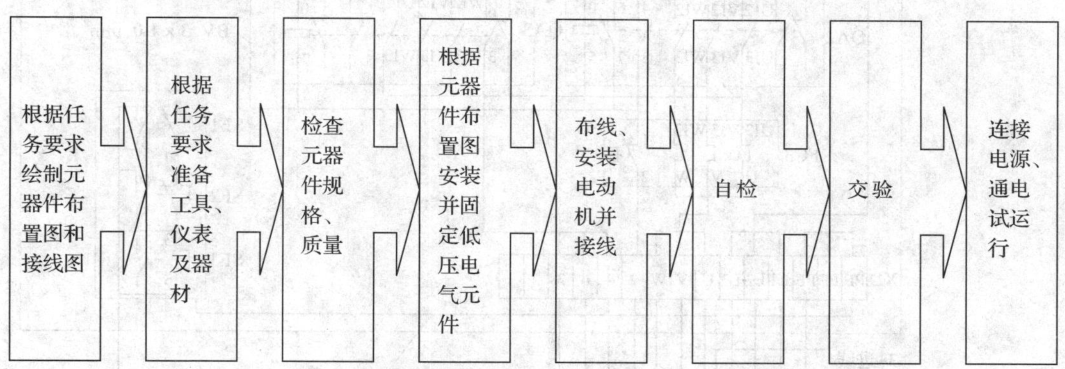

图 2-2-2　接触器联锁正反转控制电路的安装与调试步骤

二、绘制元器件布置图和接线图

1. 绘制元器件布置图

绘制元器件布置图如图 2-2-3 所示。

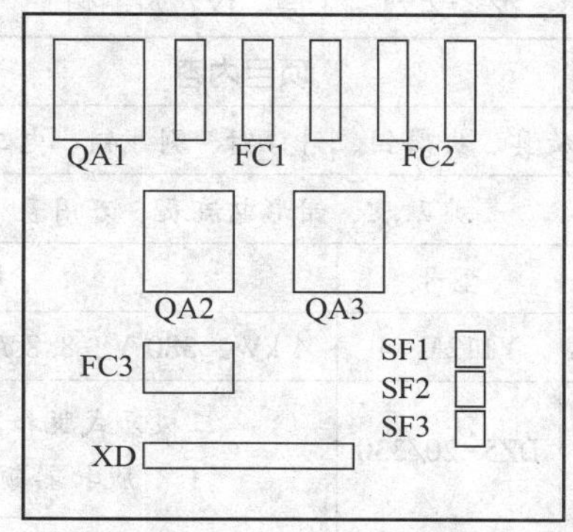

图 2-2-3　元器件布置图

2. 绘制接线图

绘制接线图如图 2-2-4 所示。

三、准备工具、仪表及器材

根据接触器联锁正反转控制电路，选用工具、仪表及器材，见表 2-2-1。

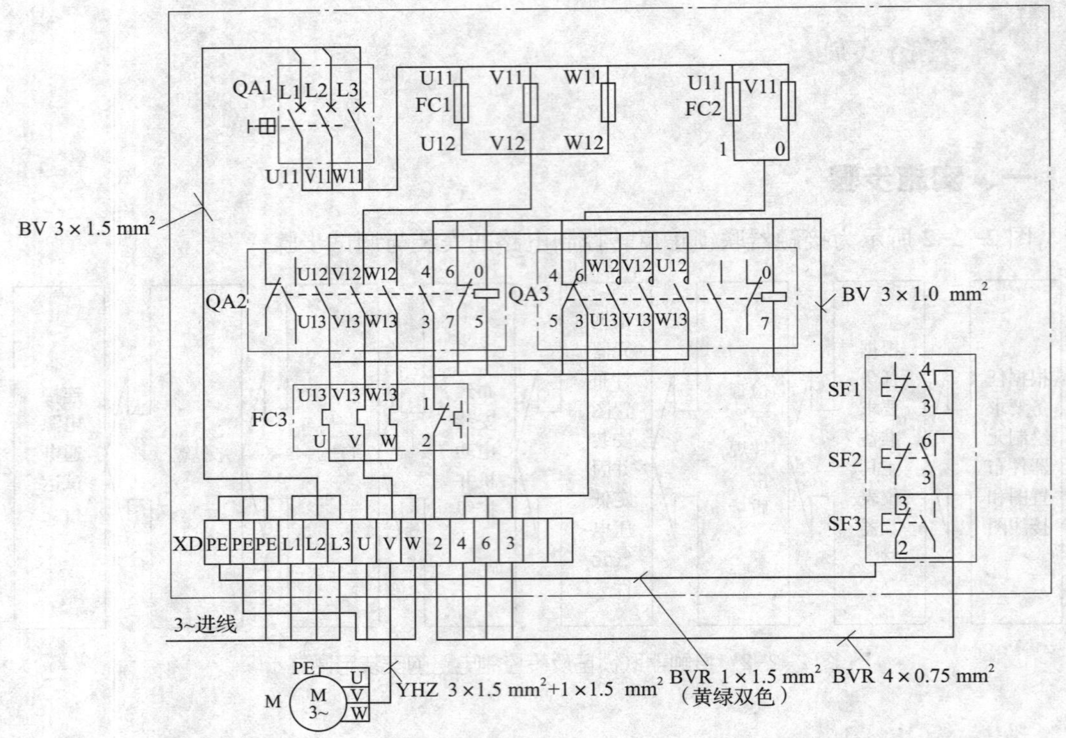

图 2-2-4　接触器联锁正反转控制电路接线图

表 2-2-1　工具、仪表及器材

类别	项目内容				
工具	验电笔、螺钉旋具、尖嘴钳、斜口钳、剥线钳、电工刀等电工常用工具				
仪表	兆欧表、钳形电流表、万用表				
器材	代号	名称	型号	规格	数量
	M	三相笼型异步电动机	Y112M-4	4 kW、380 V、8.8 A、△接法、1 440 r/min	1
	QA1	低压断路器	DZ5-20/330	三极复式脱扣器、380 V、20 A、脱扣器额定电流 10 A	1
	FC1	螺旋式熔断器	RL1-60/20	500 V、60 A、配熔体 20 A	3
	FC2	螺旋式熔断器	RL1-15/2	500 V、15 A、配熔体 2 A	2
	QA2、QA3	接触器	CJT1-20	线圈电压 380 V、20 A	2
	SF1~SF3	三联按钮	LA10-3H	保护式、按钮数 3	1
	FC3	热继电器	JR36-20/3D	热元件额定电流 11 A	1

续表

类别	项目内容				
	代号	名称	型号	规格	数量
器材		控制板		500 mm×400 mm×20 mm	1
	XD	接线端子排	JX2-1015	500 V、10 A、15 节或配套自定	1
		主电路线		BV 1.5 mm^2（红色或颜色自定）	若干
		控制电路线		BV 1.0 mm^2（白色或颜色自定）	若干
		按钮线		BVR 0.75 mm^2（白色或颜色自定）	若干
		接地线		BVR 1.5 mm^2（黄绿双色）	若干
		四芯电缆线		YHZ 3×1.5 mm^2+1×1.5 mm^2	若干
		螺钉		ϕ5 mm×60 mm	若干
		紧固体和编码套管			若干

四、检查元器件规格和质量

认真检查两只交流接触器的主触头和辅助触头的接触情况，按下触头架检查各触头的分合动作，必要时用万用表检查触头动作后的通断情况，以保证自锁和联锁电路正常工作。检查其他电器及其动作情况并进行必要的测量、记录，排除故障。

1. 根据工具、仪表及器材表，检查各元器件与表中的型号和规格是否一致。

2. 检查各元器件的外观是否完好无损，附件、备件是否齐全。

3. 用仪表检查各元器件和电动机的有关技术数据是否符合要求。

五、根据元器件布置图安装并固定低压电气元件

按图 2-2-3 所示元器件布置图在控制板上安装低压电气元件，并贴上醒目的文字符号，如图 2-2-5 所示。

六、布线

接线的顺序、要求与单向启动电路基本相同，并应注意以下问题。

1. 主电路从 QA1 到接线端子板 XD 之间走线方式与单向启动电路完全相同。两只接触器主触头端子之间的连线可以直接在主触头高度的平面内走线，不必向下贴近安装底板，以减少导线的弯折。

2. 控制电路接线时，可先接好两只接触器的自锁电路，核查无误后再接联锁电路。这两部分电路应反复核对，不可接错。

（1）按钮内的接线图如图 2-2-6 所示。

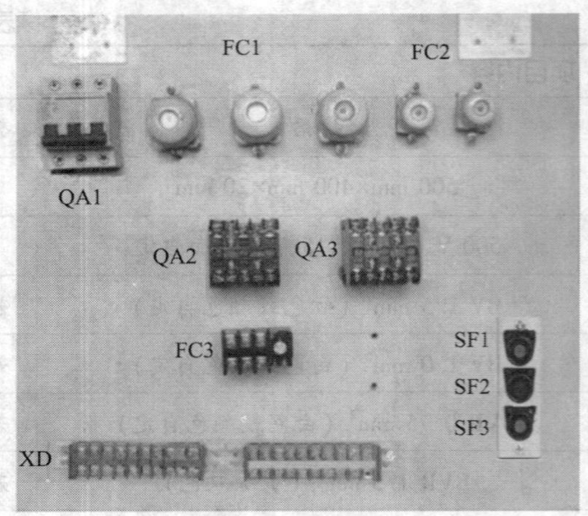

图 2-2-5　电气元件安装位置

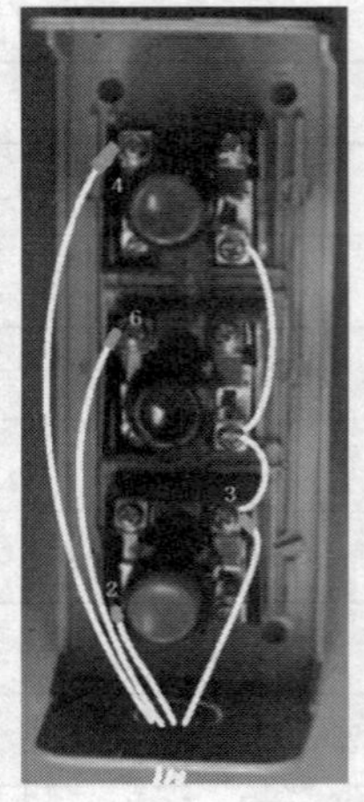
图 2-2-6　按钮内的接线图

提示

按钮内接线时用力不可过猛，以防螺钉打滑。

（2）自锁、联锁线接线如图 2-2-7 所示。

提示

联锁线接线要注意的是，起联锁作用的 QA2 常闭触头与 QA3 线圈是串联的，起联锁作用的 QA3 常闭触头与 QA2 线圈是串联的，接线中不能将其接反。

（3）主电路接线如图 2-2-8 所示（两个接触器主触头的接线图），接触器联锁接线示意图如图 2-2-9 所示。

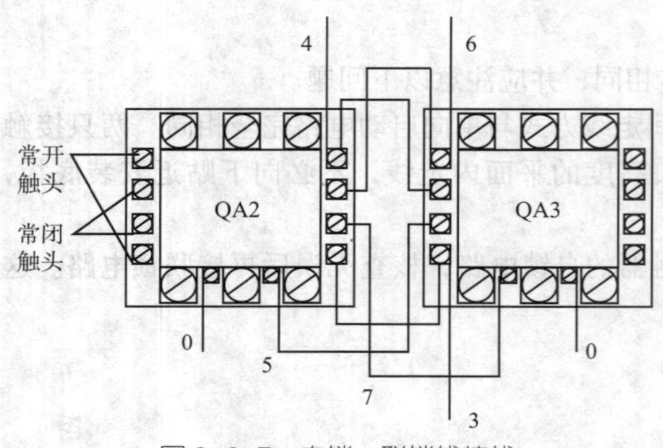

图 2-2-7　自锁、联锁线接线

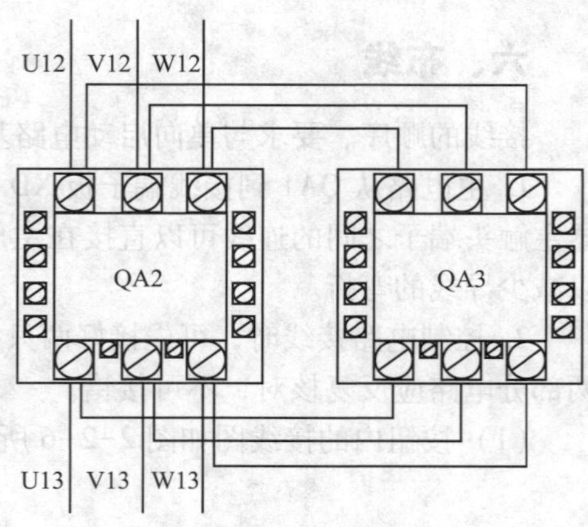

图 2-2-8　主电路接线

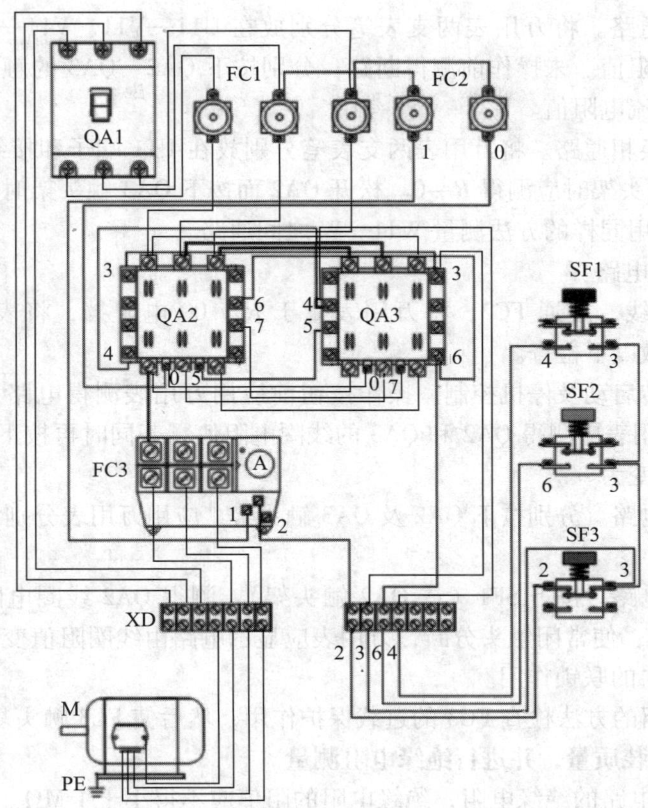

图 2-2-9　接触器联锁正反转控制电路接线示意图

提示

电动机正反转是通过两个接触器主触头的接线变化以改变相序而实现的，接触器主触头的接线必须正确，否则会造成电动机不能实现正反转。

七、自检

1. 按电路图或接线图逐段检查

从电源端开始，逐段核对接线及接线端子处的线号是否正确，有无漏接、错接之处。检查导线连接点是否符合要求，压接是否牢固。同时注意连接点接触应良好，以避免带负载运转时产生闪弧现象。

2. 用万用表检查电路的通断情况

为万用表选用倍率合适的电阻挡，并进行欧姆校零。

断开 QA1，摘下 QA2、QA3 的灭弧罩，用万用表 $R\times1$ 挡测量并检查以下内容。

（1）检查主电路

断开 FC2 以切除控制电路。

1）检查各相通路。将万用表两支表笔分别放在 U11—V11、V11—W11 和 W11—U11 端子，测量相间电阻值。未操作前测得断路；分别按下 QA2、QA3 的触头架，均应测得电动机一相绕组的直流电阻值。

2）检查电源换相通路。将万用表两支表笔分别放在 U11 端子和接线端子板上的 U 端子，按下 QA2 的触头架时应测得 $R \to 0$。松开 QA2 而按下 QA3 触头架时，应测得电动机一相绕组的电阻值。用同样的方法测量 W11—W 之间通路。

（2）检查控制电路

拆下电动机接线，接通 FC2，将万用表置于 $R\times100$ 电阻挡，将表笔放在 QA1 下端 U11、V11 端子处做以下检查。

1）检查正反转启动及停机控制。操作按钮前应用万用表测得电路为断路；分别按下 SF1 和 SF2 时，万用表应测得 QA2 和 QA3 的线圈电阻值；若同时再按下 SF3，万用表应显示电路由线圈阻值变为∞ 。

2）检查自锁电路。分别按下 QA2 及 QA3 触头架，应用万用表分别测得 QA2、QA3 的线圈电阻值。

3）检查联锁电路。按下 SF1（或 QA2 触头架），测得 QA2 线圈电阻值后，再同时轻轻按下 QA3 触头架，使常闭触头分断，万用表应显示电路由线圈阻值变为∞，用同样的方法检查 QA2 对 QA3 的联锁作用。

4）按前面介绍的方法检查 FC3 的过载保护作用，然后使 FC3 触头复位。

3. 检查电路安装质量，并进行绝缘电阻测量

用兆欧表检查电路的绝缘电阻，绝缘电阻的阻值应不得小于 1 MΩ。

八、交验

学生提出申请，经教师检查同意后方可通电试运行。

九、连接电源、通电试运行

1. 为保证人身安全，在通电试运行时要认真执行安全操作规程的有关规定，一人监护、一人操作。在试运行前应检查与通电试运行有关的电气设备是否有不安全的因素存在，若查出应立即整改，然后方能试运行。

2. 通电试运行前必须征得教师的同意，并由指导教师接通三相电源 L1、L2、L3，同时在现场监护。学生合上电源开关 QA1 后，用验电笔检查熔断器出线端，若验电笔氖管亮说明电源接通。上述检查一切正常后，做好准备工作，在指导教师监护下试运行。

（1）空载操作试验

合上 QA1，进行以下几项试验。

1）正反向启动、停机。按下 SF1，QA2 应立即动作并能保持吸合状态；按下 SF3 使 QA2 释放；按下 SF2，则 QA3 应立即动作并保持吸合状态；再按下 SF3，QA3 应释放。

2）联锁作用试验。按下 SF1，使 QA2 得电动作；再按下 SF2，QA2 不释放且 QA3 不动作；按下 SF3，使 QA2 释放，再按下 SF2，使 QA3 得电吸合；按下 SF1，则 QA3 不释放且 QA2 不动作。反复操作几次，检查联锁电路的可靠性。

3）用绝缘棒按下 QA2 的触头架，QA2 应得电并保持吸合状态；再用绝缘棒缓慢地按下 QA3 的触头架，QA2 应释放，随后 QA3 得电再吸合；再按下 QA2 触头架，则 QA3 释放而 QA2 吸合。

做此项试验时应注意：为保证安全，一定要用绝缘棒操作接触器的触头架，避免发生触电事故。

（2）带负荷试运行

切断电源后，连接好电动机接线，装好接触器灭弧罩，合上 QA1。

试验正、反向启动，停机。操作 SF1 使电动机正向启动；操作 SF3 停机后再操作 SF2 使电动机反向启动。注意观察电动机启动时的转向和运行声音，若有异常则立即停机检查。

3. 出现故障后，学生应独立进行检修。若需带电检查时，教师必须在现场监护。检修完毕后，若需要再次试运行，教师也应在现场监护，并做好时间记录。

4. 通电试运行完毕，停转，切断电源。先拆除三相电源线，再拆除电动机线。

5. 试运行成功后记录完成时间及通电试运行次数。

故障检修

在完成试运行的基础上，教师或同组学生按照表 2-2-2 中故障原因分析的元器件或路径，人为地设定一两个故障点进行排故练习。

提示

一定要在断开电源的情况下进行故障设定，一般设定元器件故障和电路的断路故障，而不将正确的电路改错。如果需要通电观察故障现象，必须在教师监护下进行。

表 2-2-2　接触器联锁正反转控制电路的故障检修

故障现象	原因分析	检查方法
分别按下按钮 SF1 和 SF2，接触器 QA2 和 QA3 分别动作，但电动机不启动	分别按下 SF1 和 SF2，接触器 QA2 和 QA3 分别动作，说明控制电路正常，故障在主电路上，可能故障是： （1）熔断器 FC1 熔体熔断 （2）热继电器的热元件损坏 （3）电动机故障 （4）连接导线故障	（1）用验电笔检查熔断器 FC1 的上下端头是否有电，若有电，说明熔断器正常；若没有电，则检查熔断器上端头接线和熔丝 （2）用验电笔检查接触器的上端头是否有电，若没有电，则断开电源，用万用表的电阻挡检查接触器上端头的连接导线；若都有电，则断开电源，用万用表的电阻挡检查热继电器的热元件，若热元件导通不正常，则故障在热继电器的热元件上，若热元件导通正常，则检查电动机是否正常

续表

故障现象	原因分析	检查方法
分别按下按钮 SF1 和 SF2，接触器 QA2 和 QA3 分别动作，但电动机不启动	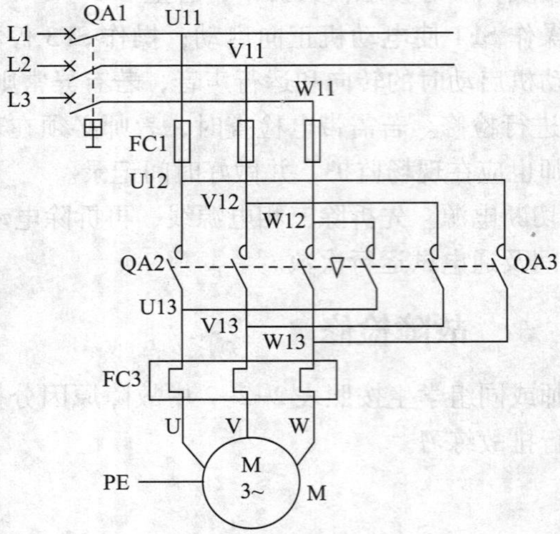	（3）因为两个接触器的主触头同时损坏的可能性较小，所以将主触头的检查放在最后进行。若（1）和（2）的检查没有问题，则断开电源，检查接触器的主触头好坏和接线导线的通断。将万用表置于电阻挡，将万用表的红表笔依次连接在 QA1 下端头的 U11、V11、W11，黑表笔依次对应连接在接触器 QA2、QA3 上端头的 U12、V12、W12，若不通，说明连接导线故障；若导通，继续将万用表的红表笔依次连接在端子排的 U、V、W 上，将黑表笔依次对应连接在接触器 QA2、QA3 下端头的 U13、V13、W13 上，若不通，说明连接导线故障；若导通，则检查接触器主触头，依次将万用表红、黑表笔接在接触器主触头两端，按下 QA2 和 QA3 的触头架，若不通，说明接触器主触头故障；若导通，则检查电动机连接导线通断，若电动机连接导线连接良好，则说明电动机故障
电动机正转正常，按下按钮 SF2 时反转接触器 QA3 不动作，电动机不能反转	电动机正转正常，说明 FC1 正常，热继电器 FC3 正常，电动机正常，电源电路正常，FC2、热继电器的常闭触头、SF3 正常，可能故障路径如下图： 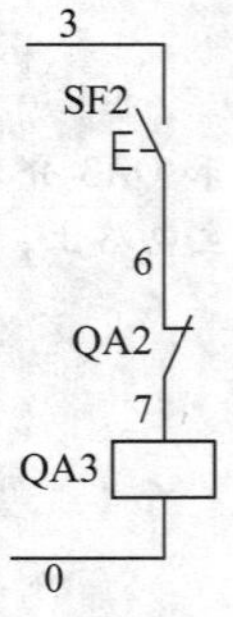	（1）用验电笔检查 SF2 的上端头是否有电，若 SF2 的上端头没有电，说明按钮 SF2 上端头的连接导线故障；若 SF2 的上端头有电，按下 SF2，用验电笔依次检查 SF2 的下端头、QA2 常闭触头的上端头、QA2 常闭触头的下端头、QA3 接触器的上端头、QA3 接触器的下端头是否有电，若有电说明电路正常；若没电，则故障点在有电点和无电点之间。若 QA3 接触器的下端头也有电，则说明 0 号线故障 （2）断开电源，将万用表置于电阻挡，固定万用表的一支表笔接 FC2 的下端头，按下 SF2，用万用表另一表笔依次测量 SF2 的上下端头、接触器 QA2 常闭触头的上下端头、接触器 QA3 的上下端头和 FC2 的另一下端头，若正常，此电路为通路；若不正常，故障点在不通点和其上一点之间

续表

故障现象	原因分析	检查方法
电动机正转正常，反转缺相	电动机正转正常，反转缺相，说明控制电路正常；正转正常，说明电源电路正常，FC1正常，热继电器的热元件正常，电动机正常，可能故障是： （1）接触器主触头的某一相接触不良 （2）连接QA3主触头某一相的连接导线松脱或断路 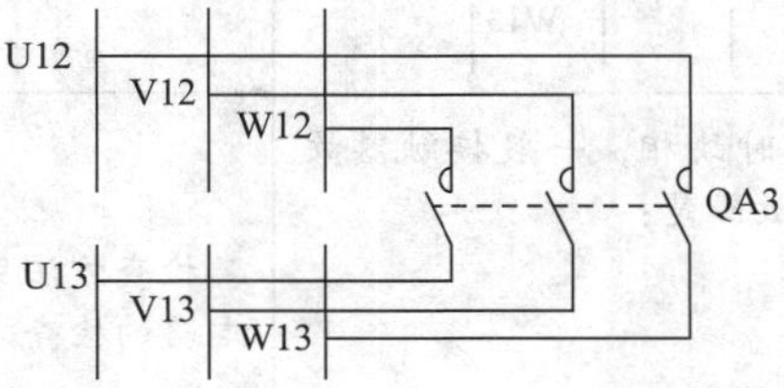 U12 V12 W12 QA3 U13 V13 W13	用验电笔检查QA3主触头的上端头是否有电，若某点没有电，则该相连接导线断路；若都有电，则断开电源，按下触头架，用万用表的电阻挡分别测量QA3主触头的上、下端头，检查导通情况。若不通，则为故障点；若全部导通，则检查QA3主触头下端头连接导线的导通情况。用万用表的两表笔分别在QA3主触头的下端头进行两相间导通情况测量，与其他两相都不通的，则为故障相
分别按下按钮SF1和SF2，接触器QA2和QA3都不动作，电动机不启动	接触器QA2和QA3都不动作，可能故障是： （1）电源电路故障 （2）熔断器FC2熔体熔断 （3）热继电器的常闭触头接触不良 （4）0号线断路 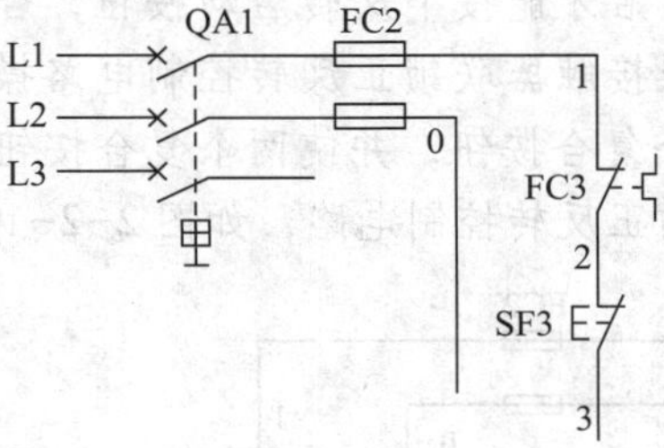 L1 L2 L3 QA1 FC2 1 0 FC3 2 SF3 3	（1）电源电路和FC2的检查参见点动控制电路 （2）用验电笔从FC2的下端头开始，逐点测量是否有电，故障点在有电点与无电点之间
按下按钮SF1，电动机正常转动；松开按钮SF1后，电动机停转	松开SF1后，电动机停转，说明控制电路没有形成自锁，可能故障在下图中虚线部分： （1）接触器的自锁触头接触不良 （2）自锁电路断路  3 QA2 4	检查方法参见接触器自锁控制电路

续表

故障现象	原因分析	检查方法
按下按钮 SF1，电动机正常转动；按下按钮 SF3，电动机不能停止	按下按钮 SF3，电动机不能停止，可能故障是： （1）按下 SF3 不能分断控制电路 （2）接触器的主触头烧结，不能正常分断	按下 SF3 后，用验电笔测量 SF3 的下端头，若有电，说明按钮 SF3 不能分断；若没有电，说明控制电路正常，故障在 QA2 的主触头上。接触器的检修参见点动控制电路
分别按下按钮 SF1 和 SF2，电动机都发出“嗡嗡”声，但不能正常启动	若电动机正、反转同时缺相，一般接触器故障的可能性较小，可能故障是： （1）熔断器 FC1 故障 （2）连接导线故障 （3）电动机故障 （4）接触器主触头故障	检查方法参见点动控制电路中主电路的检查方法

知识拓展

接触器联锁正反转控制电路的优点是安全可靠，缺点是操作不便。当电动机从正转切换为反转时，必须先按下停止按钮，然后才能按下反转启动按钮，否则由于接触器的联锁作用，电动机不能实现反转。为了克服接触器联锁正反转控制电路操作不便的情况，可把正转按钮 SF1 和反转按钮 SF2 换成两个复合按钮，并使两个复合按钮的常闭触头代替接触器的联锁触头，这就构成了按钮联锁的正反转控制电路，如图 2-2-10 所示。

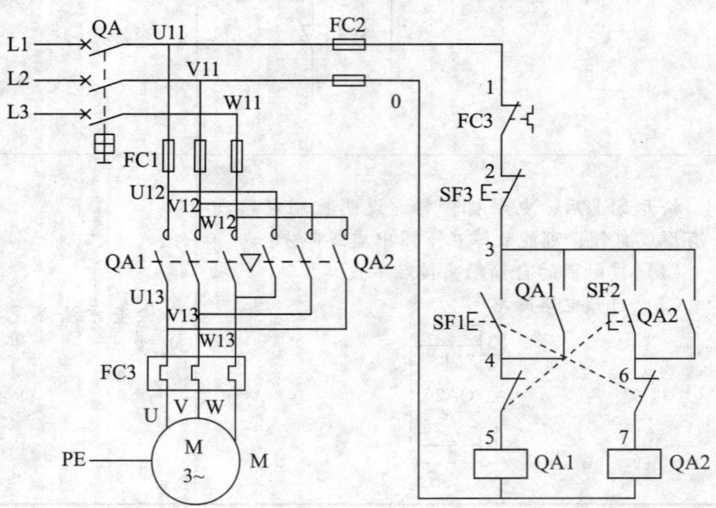

图 2-2-10　按钮联锁正反转控制电路

按钮联锁正反转控制电路的工作原理与接触器联锁正反转控制电路的工作原理基本相同，只是当电动机从正转变为反转时，直接按下 SF2 即可，不必先按下 SF3。因为当按下 SF2 时，串接在正转控制电路中的 SF2 常闭触头先分断，使正转接触器 QA1 线圈先失电，QA1 主触头和自锁触头复位，电动机失电停转。在按下复合按钮 SF2 的过程中，常闭触头先分断后，常开触头随后闭合，接通电动机反转控制电路，电动机 M 反转。这样既保证了 QA1 和 QA2 的线圈不会同时得电，又可在不按下停止按钮 SF3 的情况下进行正反转切换。

与接触器联锁正反转控制电路相比，按钮联锁正反转控制电路操作方便，缺点是容易产生电源两相短路故障。当正转接触器 QA1 发生主触头熔焊或被杂物卡住时，即使 QA1 线圈失电，其主触头也分断不了，若按下 SF2，QA2 得电动作，其主触头闭合，将造成电源两相短路故障的发生。尽管按钮联锁正反转控制电路存在安全隐患，但操作方便，为按钮接触器双重联锁正反转控制电路提供了基础。

任务 3　按钮、接触器双重联锁正反转控制电路的安装与检修

学习目标

1. 能正确理解三相异步电动机按钮、接触器双重联锁正反转控制电路的工作原理。
2. 能正确识读按钮、接触器双重联锁正反转控制电路的原理图、接线图和布置图。
3. 能按照工艺要求，正确安装三相异步电动机按钮、接触器双重联锁正反转控制电路。
4. 能根据故障现象，检修按钮、接触器双重联锁正反转控制电路。

工作任务

在任务 2 中完成的接触器联锁正反转控制电路的优点是安全可靠，缺点是操作不便。因为电动机从正转切换为反转时，必须先按下停止按钮，才能按反转启动按钮，否则由于

接触器的联锁作用，电动机不能实现反转。为了克服接触器联锁正反转控制电路的不足，可采用按钮、接触器双重联锁的正反转控制电路。该电路兼有两种联锁电路的优点。如 Z35 型摇臂钻床的立柱夹紧和松开电动机 M4 的控制就是采用的这种控制。按钮、接触器双重联锁正反转控制电路如图 2-3-1 所示。

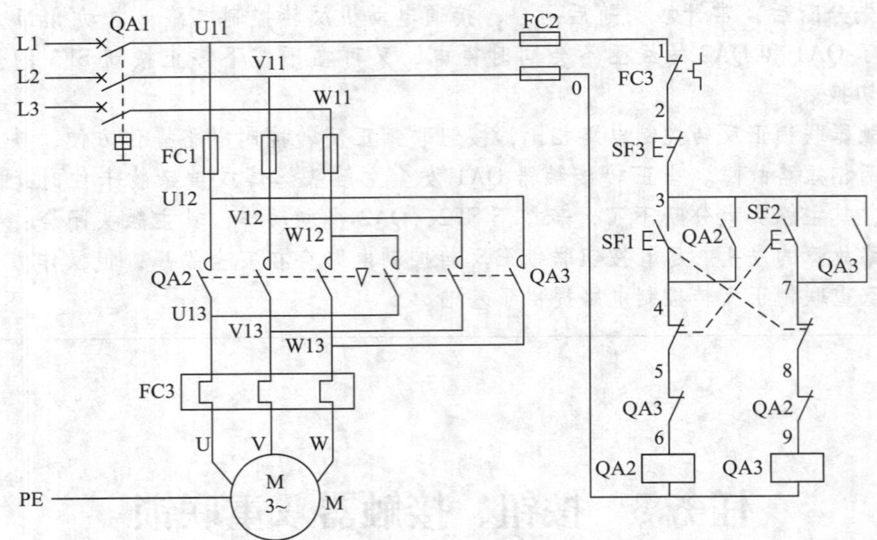

图 2-3-1　按钮、接触器双重联锁正反转控制电路

电路中采用了两个接触器，即正转控制接触器 QA2 和反转控制接触器 QA3，它们分别由正转按钮 SF1 和反转按钮 SF2 控制。从主电路中可以看出，这两个接触器的主触头所接通的电源相序不同，QA2 按 L1→L2→L3 相序接线，QA3 则按 L3→L2→L1 相序接线。相应的控制电路有两条，一条是由按钮 SF1 和接触器 QA2 线圈等组成的正转控制电路，另一条是由按钮 SF2 和接触器 QA3 线圈等组成的反转控制电路。

本次工作任务就是要完成按钮、接触器双重联锁的正反转控制电路的安装与检修。

相关理论

图 2-3-1 所示按钮、接触器双重联锁正反转控制电路的工作原理分析如下。

先合上电源开关 QA1。

正转控制：

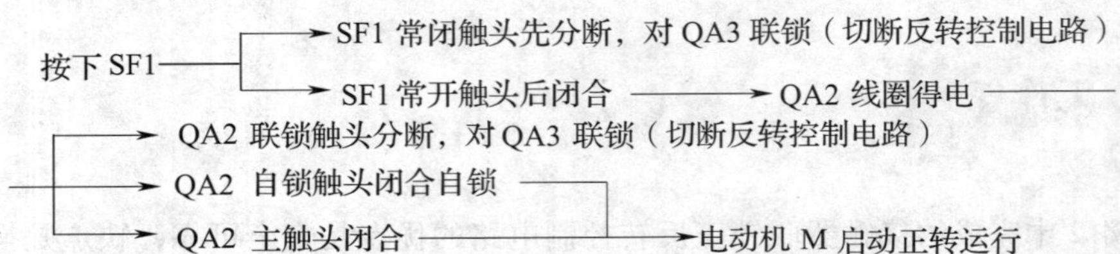

反转控制：

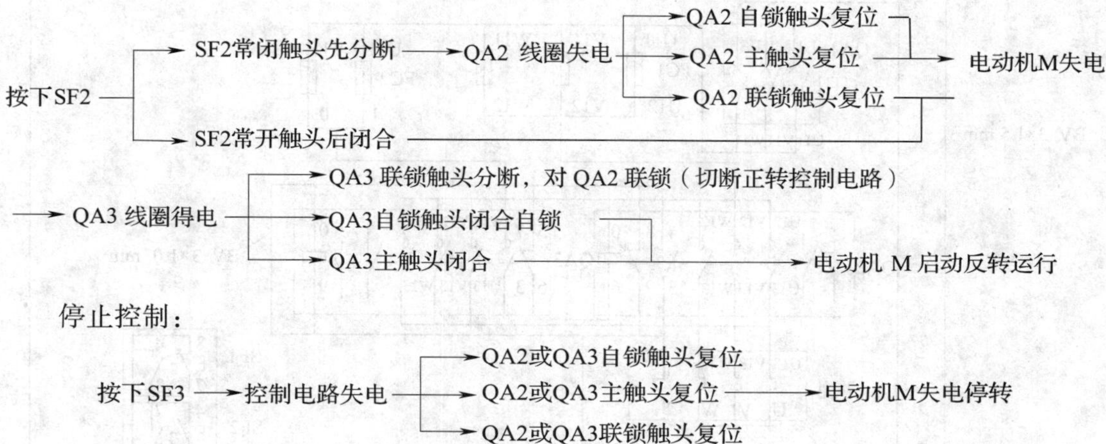

停止控制：

按下SF3 ——→ 控制电路失电 ——→ QA2或QA3自锁触头复位；QA2或QA3主触头复位 ——→ 电动机M失电停转；QA2或QA3联锁触头复位

一、实施步骤

图 2-3-2 所示为按钮、接触器双重联锁正反转控制电路的安装与调试步骤。

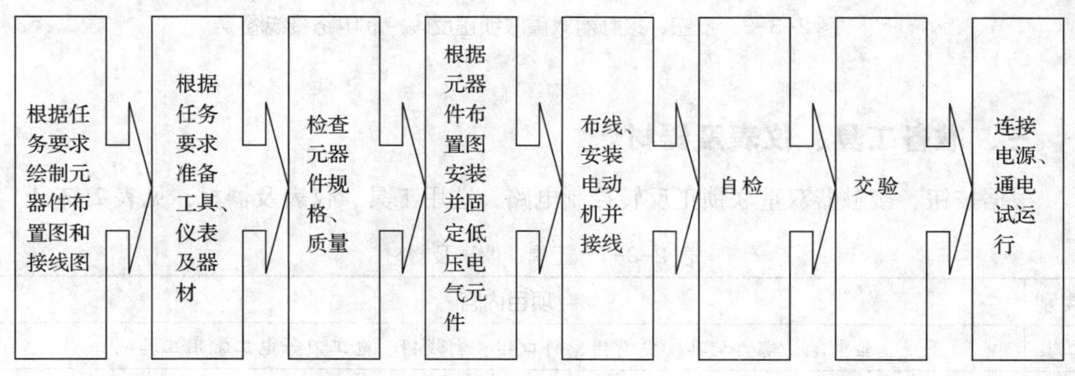

图 2-3-2　按钮、接触器双重联锁正反转控制电路的安装与调试步骤

二、绘制元器件布置图和接线图

1. 绘制元器件布置图

与接触器联锁正反转控制电路元器件布置图相同。

2. 绘制接线图

接线图如图 2-3-3 所示。

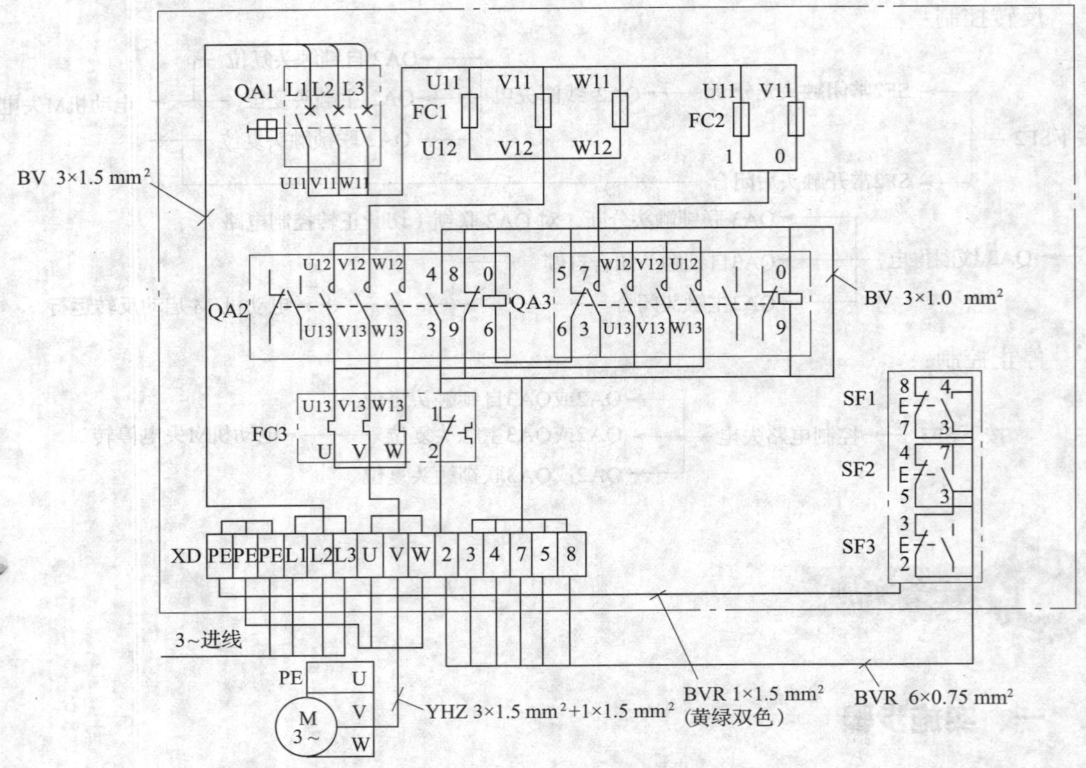

图 2-3-3 按钮、接触器双重联锁正反转控制电路接线图

三、准备工具、仪表及器材

根据按钮、接触器双重联锁正反转控制电路，选用工具、仪表及器材，见表 2-3-1。

表 2-3-1 工具、仪表及器材

类别	项目内容				
工具	验电笔、螺钉旋具、尖嘴钳、斜口钳、剥线钳、电工刀等电工常用工具				
仪表	兆欧表、钳形电流表、万用表				
器材	代号	名称	型号	规格	数量
	M	三相笼型异步电动机	Y112M-4	4 kW、380 V、8.8 A、△接法、1 440 r/min	1
	QA1	低压断路器	DZ5-20/330	三极复式脱扣器、380 V、20 A、脱扣器额定电流 10 A	1
	FC1	螺旋式熔断器	RL1-60/20	500 V、60 A、配熔体 20 A	3
	FC2	螺旋式熔断器	RL1-15/2	500 V、15 A、配熔体 2 A	2
	QA2、QA3	接触器	CJT1-20	线圈电压 380 V、20 A	2

续表

类别	项目内容				
	代号	名称	型号	规格	数量
器材	SF1~SF3	三联按钮	LA10-3H	保护式、按钮数 3	1
	FC3	热继电器	JR36-20/3D	热元件额定电流 11 A	1
		控制板		500 mm×400 mm×20 mm	1
	XD	接线端子排	JX2-1015	500 V、10 A、15 节或配套自定	1
		主电路线		BV 1.5 mm^2（红色或颜色自定）	若干
		控制电路线		BV 1.0 mm^2（白色或颜色自定）	若干
		按钮线		BVR 0.75 mm^2（白色或颜色自定）	若干
		接地线		BVR 1.5 mm^2（黄绿双色）	若干
		四芯电缆线		YHZ 3×1.5 mm^2+1×1.5 mm^2	若干
		螺钉		ϕ5 mm×60 mm	若干
		紧固体和编码套管			若干

四、检查元器件规格和质量

1. 根据工具、仪表及器材表，检查各元器件与表中的型号和规格是否一致。
2. 检查各元器件的外观是否完好无损，附件、备件是否齐全。
3. 用仪表检查各元器件和电动机的有关技术数据是否符合要求。

五、根据元器件布置图安装并固定低压电气元件

与任务 2 接触器联锁正反转控制电路相同。

六、布线

按照接触器联锁正反转控制电路的要求，先接好主电路。控制电路接线时，可先接各接触器的自锁线，然后接按钮联锁线，最后接接触器辅助触头联锁线。由于控制电路线号多，应随时接线、随时核查。可以采用每接一条线就在接线图上标一个记号的办法，这样可以避免漏接、错接和重复接线。

1. 按钮内接线

图 2-3-4 所示为按钮内接线。

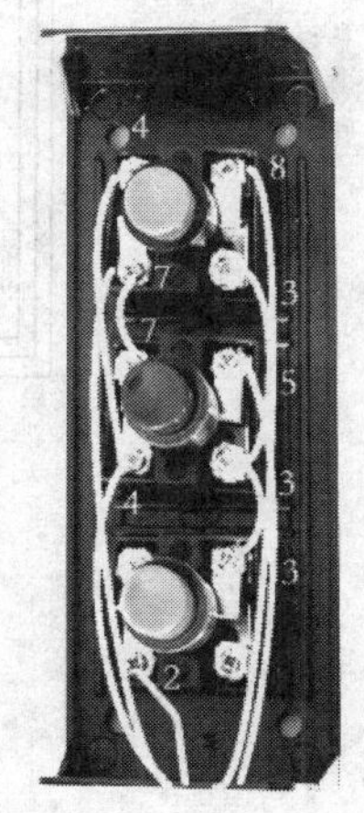

图 2-3-4　按钮内接线

提示

在按钮内接线时，用力不可过猛，以防螺钉打滑。

2. 控制电路接线

图 2-3-5 所示为控制电路接线。图 2-3-6 所示为按钮、接触器双重联锁控制电路接线。

图 2-3-5　控制电路接线

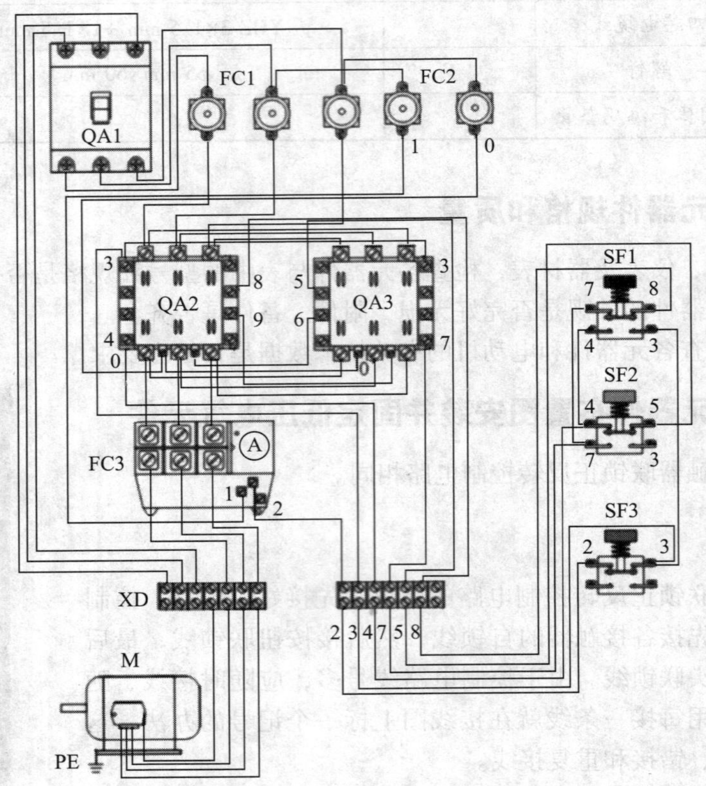

图 2-3-6　按钮、接触器双重联锁控制电路接线

提示

联锁线接线时要注意，起联锁作用的 QA2 常闭触头与 QA3 线圈是串联的，起联锁作用的 QA3 常闭触头与 QA2 线圈是串联的，不能接反。

七、自检

1. 按电路图或接线图逐段检查

从电源端开始，逐段核对接线及接线端子处的线号是否正确，有无漏接、错接之处。检查导线连接点是否符合要求，压接是否牢固。同时注意连接点接触应良好，以避免带负载运转时产生闪弧现象。

2. 用万用表检查电路的通断情况

选择万用表 $R\times1$ 电阻挡并进行欧姆校零。断开 QA1，摘下 QA2 和 QA3 的灭弧罩，进行以下检查。

（1）检查主电路

断开 FC2 切除控制电路，按照接触器联锁正反转控制电路的要求检查主电路。

（2）检查控制电路

拆下电动机接线，接通 FC2。将万用表表笔放在 QA1 下端的 L1、L3 端子，进行以下检查。

1）检查启动和停机控制。分别按下 SF1、SF2，应测得 QA2、QA3 的线圈电阻值；在操作 SF1 和 SF2 的同时按下 SF3，万用表应显示电路由线圈阻值变为∞。

2）检查自保电路。分别按下 QA2、QA3 的触头架，应分别测得 QA2、QA3 的线圈电阻值；若操作的同时按下 SF3，万用表应显示电路由线圈阻值变为∞。如果测量时发现异常，则重点检查接触器自锁触头上、下端子的连线。容易接错处是：将 QA2 的自锁线错接到 QA3 的自锁触头上，将常闭触头用作自锁触头等，应根据异常现象进行分析、检查。

3）检查按钮联锁。按下 SF1 测得 QA2 线圈电阻值后，再同时按下 SF2，万用表应显示电路由线圈阻值变为∞；同样，先按下 SF2 再同时按下 SF1，也应测得电路应由线圈阻值变为∞。发现异常时，应重点检查按钮盒内 SF1、SF2 和 SF3 之间的接线；检查按钮盒引出护套线与接线端子板 XD 的连接是否正确，发现错误应予以纠正。

4）检查辅助触头联锁电路。按下 QA2 触头架测得 QA2 线圈电阻值后，再同时按下 QA3 触头架，万用表应显示电路由线圈阻值变为∞；同样，先按下 QA3 触头架，再同时按下 QA2 触头架，也应测得电路由线圈阻值变为∞。若发现异常，应重点检查接触器常闭触头与接触器线圈端子之间的连线。常见的错误接线是：将常开触头错当作联锁触头，将接触器的联锁线错接到同一接触器的线圈端子上等，应对照原理图、接线图认真核查，排除错接。

5）检查 FC3 过载保护。检查热继电器的整定电流值是否正确，用旋具调整整定旋钮，确定整定值。用旋具逆时针转动调节螺钉，将复位方式置为手动复位状态。按压复位按钮，确认热继电器处于复位状态。

3. 检查电路安装质量，并进行绝缘电阻测量

用兆欧表检查电路的绝缘电阻，绝缘电阻的阻值应不得小于 1 MΩ。

八、交验

学生提出申请，经教师检查同意后方可通电试运行。

九、连接电源及通电试运行

1. 为保证人身安全，在通电试运行时，要认真执行安全操作规程的有关规定，一人监护、一人操作。试运行前，应检查与通电试运行有关的电气设备是否有不安全的因素存在，若查出应立即整改，然后方能试运行。

2. 通电试运行前，必须征得教师的同意，并由指导教师接通三相电源 L1、L2、L3，同时在现场监护。学生合上电源开关 QA1 后，用验电笔检查熔断器出线端，若万用表氖管亮说明电源接通。上述检查一切正常后，做好准备工作，在指导教师监护下试运行。

（1）空载操作试验

合上 QA1，进行以下试验。

1）检查正反向启动、自锁电路和按钮联锁电路，交替按下 SF1、SF2，观察 QA2 和 QA3 受其控制的动作情况，细听它们运行的声音，观察按钮联锁作用是否可靠。

2）检查辅助触头联锁动作。用绝缘棒按下 QA2 触头架，当其自锁触头闭合时，QA2 线圈立即得电，触头保持闭合；再用绝缘棒轻轻按下 QA3 触头架，使其联锁触头分断，则 QA2 应立即释放；继续将 QA3 的触头架按到底，则 QA3 得电动作。再用同样的办法检查 QA2 对 QA3 的联锁作用。反复操作几次，以观察电路联锁作用的可靠性。

（2）带负荷试运行

断开 QA1，接好电动机接线，合上 QA1，先操作 SF1 启动电动机，待电动机达到额定转速后，再操作 SF2，注意观察电动机转向是否改变。交替操作 SF1 和 SF2 的次数不可太多，动作应慢，以防止电动机过载。

3. 出现故障后，若需带电检查时，必须在教师现场监护下进行。检修完毕后，若需要再次试运行，也应在教师现场监护下进行，并做好时间记录。

4. 通电试运行完毕，停转，切断电源。先拆除三相电源线，再拆除电动机线。

5. 试运行成功后，记录下完成时间及通电试运行次数。

故障检修

在完成试运行的基础上，教师或同组学生按照表 2-3-2 中故障原因分析的元器件或路径，人为地设定一两个故障点进行排故练习。

本任务电路故障与前两个任务所述接触器联锁电路常见故障基本相同，具体故障分析、检查及处理方法可参照前两个任务的内容。不同之处见表 2-3-2。

表 2-3-2 电路故障现象、原因分析和检查方法

故障现象	原因分析	检查方法
电动机正转正常，按下反转按钮 SF2，QA2 能释放，但 QA3 不吸合，电动机不能反转	可能故障是： （1）接触器 QA2 辅助常闭触头接触不良或断线 （2）反转按钮 SF2 常开触头接触不良 （3）正转按钮 SF1 常闭触头接触不良 （4）接触器 QA3 线圈断路 （5）接触器 QA3 触头卡阻 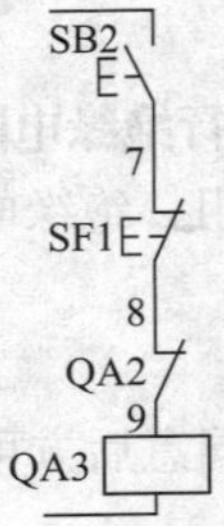 SB2 7 SF1 8 QA2 9 QA3	按下 SF2，用验电笔依次测量 SF2 常开触头的上、下端头，SF1 常闭触头的上、下端头，QA2 常闭触头的上、下端头，故障点在有电和无电之间。若上述测量正常，断开电源，用万用表的电阻挡测量接触器 QA3 线圈的上、下端头，检查其通断情况。若线圈也正常，则是接触器触头卡阻
其他故障的分析方法参见接触器联锁正反转控制电路		

知识拓展

按钮、接触器双重联锁正反转控制电路除了图 2-3-7 所示形式以外，还有图 2-3-8、图 2-3-9 等形式。

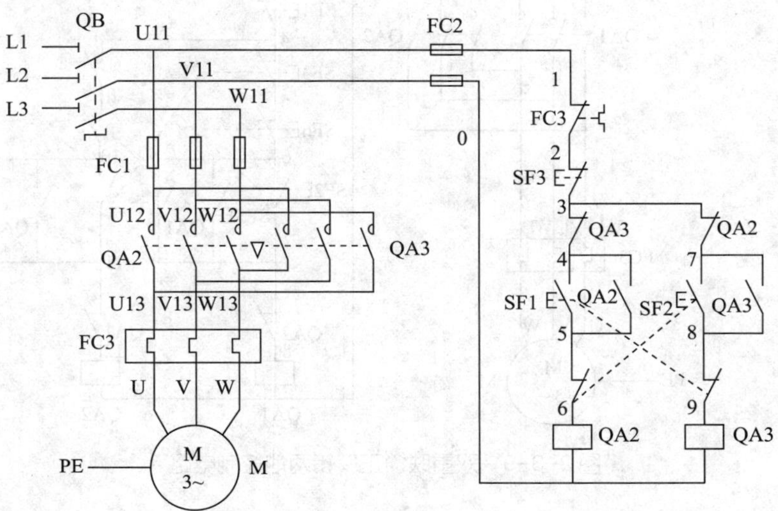

图 2-3-7　按钮、接触器双重联锁正反转控制电路

图 2-3-8 所示为正反转点动与连续控制电路。

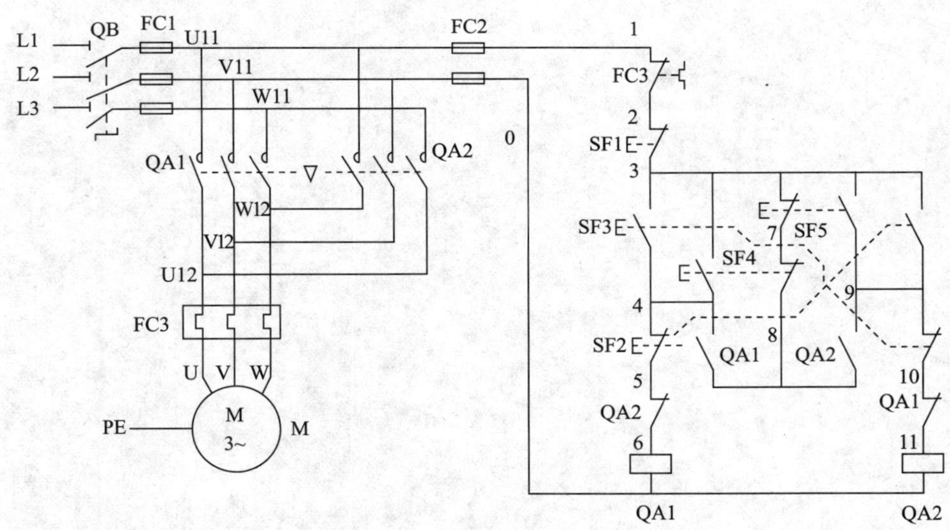

图 2-3-8　正反转点动与连续控制电路

图 2-3-9 所示为双重联锁正反转两地控制电路。

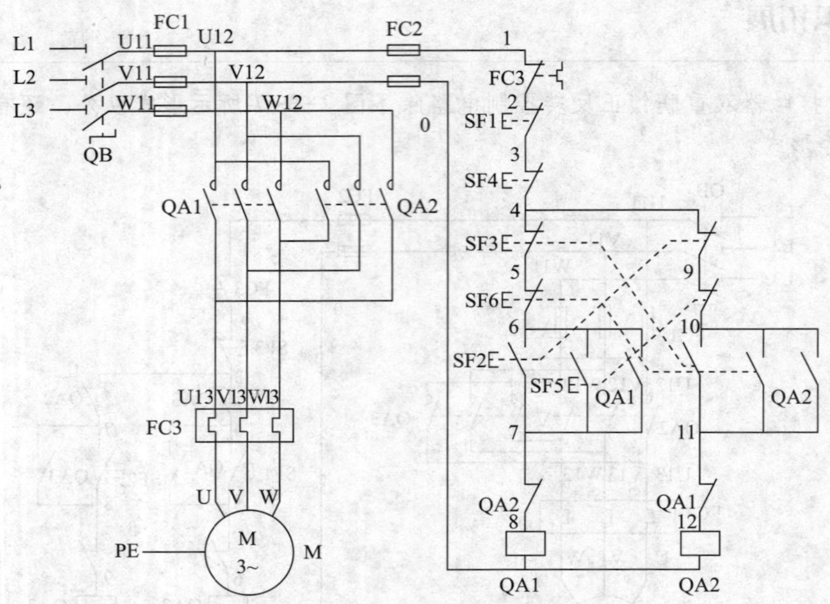

图 2-3-9　双重联锁正反转两地控制电路

自行分析上述电路的工作原理。

课题三
三相异步电动机位置控制和自动往返控制电路的安装与检修

任务 1 位置控制电路的安装与检修

学习目标

1. 能正确理解三相异步电动机位置控制电路的工作原理。
2. 能正确识读三相异步电动机位置控制电路的原理图、接线图和布置图。
3. 能按照工艺要求，正确安装三相异步电动机位置控制电路。
4. 能掌握行程开关的选用与简单检修的方法。
5. 能根据故障现象，检修三相异步电动机位置控制电路。

工作任务

在生产中，一些生产机械运动部件的行程或位置要受到限制，若仅仅依靠设备操作人员进行控制，不仅劳动强度大，而且生产的安全性也得不到保证。如在 M7475B 平面磨床工作台的左右移动和磨头上升控制中设有位置控制，又如万能铣床、镗床、桥式起重机及各种自动或半自动控制机床设备中也用到这种控制。

图 3-1-1 所示的是工厂车间里行车常采用的位置控制电路。

图 3-1-1 的下方是行车运动示意图，在行车运行路线的两头终点处各安装一个行程开关 BG1 和 BG2，它们的常闭触头分别串接在正转控制电路和反转控制电路中。当安装在行车前后的挡铁 1 或挡铁 2 撞击行程开关的滚轮时，行程开关的常闭触头分断，切断控制电路，使行车自动停止。

这种利用生产机械运动部件上的挡铁与行程开关碰撞，使其触头动作来接通或断开电路，以实现对生产机械运动部件的位置或行程的自动控制的方法称为位置控制，又称行程控制或限位控制。实现这种控制要求所依靠的主要电器是行程开关。

本次工作任务是完成用行程开关控制行车极限位置的三相异步电动机位置控制电路的安装与检修。

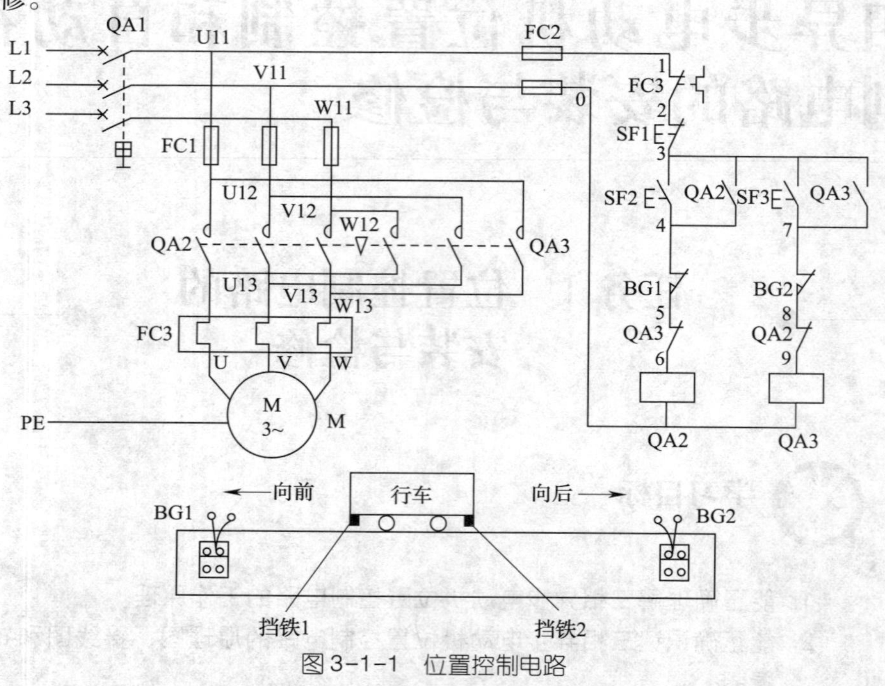

图 3-1-1　位置控制电路

相关理论

一、行程开关

1. 行程开关的功能

行程开关是一种利用生产机械某些运动部件的碰撞来发出控制指令的主令电器，主要用于控制生产机械的运动方向、速度、行程大小或位置，是一种自动控制电器。图 3-1-2 所示为 YBLX-1 系列行程开关。

图 3-1-2　YBLX-1 系列行程开关

行程开关的作用原理与按钮相同，区别在于它不是靠手指的按压，而是利用生产机械运动部件的碰压使其触头动作，从而将机械信号转变为电信号，使运动机械按指定的位置或行程实现自动停止、反向运动、变速运动或自动往返运动等。

2. 行程开关的结构、原理、符号及型号含义

机床中常用的行程开关有 LX19 和 JLXK1 等系列，各系列行程开关的基本结构大体相同，都是由操作机构、触头系统和外壳组成。JLXK1 系列行程开关的结构和动作原理如图 3-1-3a、b 所示，行程开关在电路图中的符号如图 3-1-3c 所示。

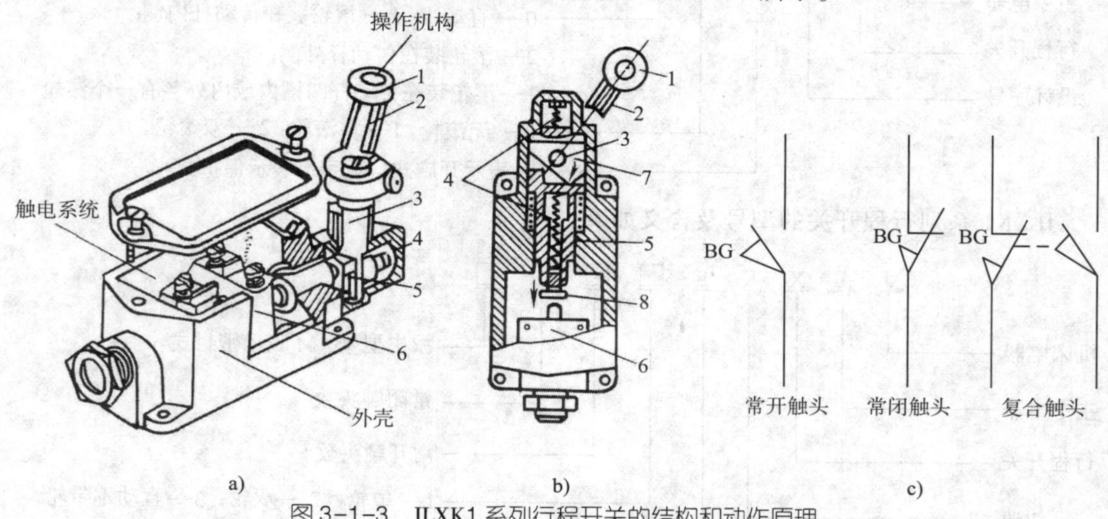

图 3-1-3　JLXK1 系列行程开关的结构和动作原理

a）结构　b）动作原理　c）符号

1—滚轮　2—杠杆　3—转轴　4—复位弹簧　5—撞块　6—微动开关　7—凸轮　8—调节螺钉

JLXK1 系列行程开关的动作原理如图 3-1-3 所示。当运动部件的挡铁碰压行程开关的滚轮 1 时，杠杆 2 连同转轴 3 一起转动，使凸轮 7 推动撞块 5。当撞块 5 被压到一定位置时，推动微动开关 6 快速动作，使其常闭触头断开，常开触头闭合。

用行程开关的基础元件与不同的操作机构组合，可得到各种不同形式的行程开关，常见的是按钮式（直动式）和旋转式（滚轮式）。JLXK1 系列行程开关的外形如图 3-1-4 所示，LX19 系列行程开关的外形与 JLXK1 系列的外形相似。

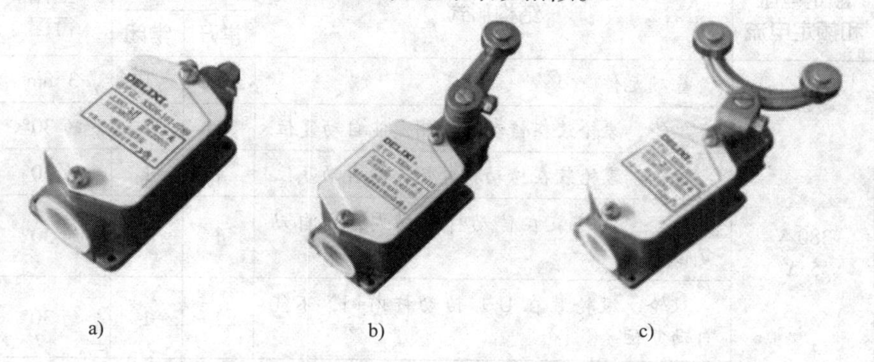

图 3-1-4　JLXK1 系列行程开关

a）按钮式　b）单轮旋转式　c）双轮旋转式

行程开关的触头类型有一常开一常闭、一常开二常闭、二常开一常闭、二常开二常闭等形式，动作方式可分为瞬动式、蠕动式和交叉从动式三种，动作后的复位方式有自动复位和非自动复位两种。

LX19 系列行程开关的型号及含义如下：

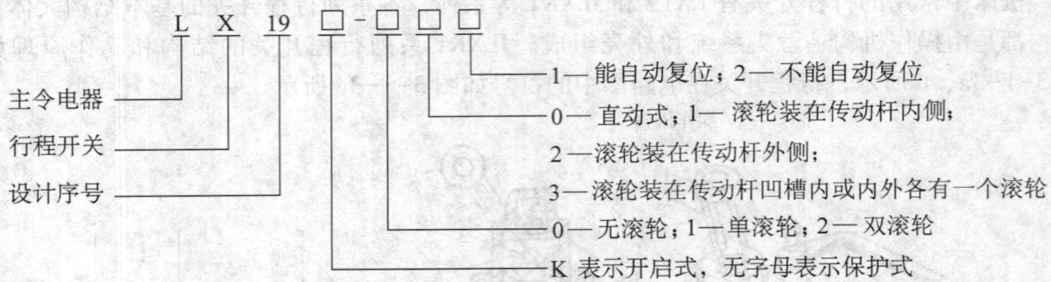

JLXK1 系列行程开关的型号及含义如下：

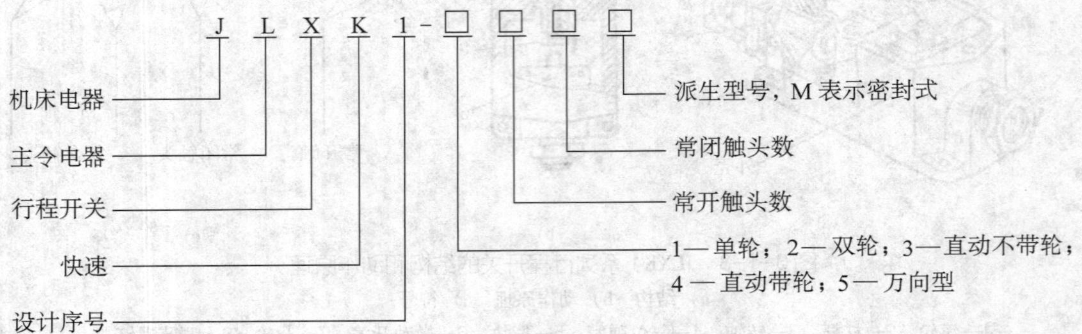

3. 行程开关的选用

行程开关的主要参数是结构形式、工作行程、额定电压及触头的电流容量，在产品说明书中都有详细说明，主要根据动作要求、安装位置及触头数量进行选择。LX19 和 JLXK1 系列行程开关的主要技术数据见表 3-1-1。

表 3-1-1　LX19 和 JLXK1 系列行程开关的主要技术数据

型号	额定电压和额定电流	结构形式	触头数量		工作行程	超行程
			常开	常闭		
LX19	380 V 5 A	基础元件	1	1	3 mm	1 mm
LX19-111		单轮，滚轮装在传动杆内侧，能自动复位	1	1	约 30°	约 20°
LX19-121		单轮，滚轮装在传动杆外侧，能自动复位	1	1	约 30°	约 20°
LX19-131		单轮，滚轮装在传动杆凹槽内，能自动复位	1	1	约 30°	约 20°
LX19-212		双轮，滚轮装在 U 形传动杆内侧，不能自动复位	1	1	约 30°	约 15°
LX19-222		双轮，滚轮装在 U 形传动杆外侧，不能自动复位	1	1	约 30°	约 15°

续表

型号	额定电压和额定电流	结构形式	触头数量		工作行程	超行程
			常开	常闭		
LX19-232	380 V 5 A	双轮，滚轮装在 U 形传动杆内外侧各一个，不能自动复位	1	1	约 30°	约 15°
LX19-001		无滚轮，仅有径向传动杆，能自动复位	1	1	<4 mm	3 mm
JLXK1-111	500 V 5 A	单轮防护式	1	1	12°~15°	≤30°
JLXK1-211		双轮防护式	1	1	约 45°	≤45°
JLXK1-311		直动防护式	1	1	1~3 mm	2~4 mm
JLXK1-411		直动滚轮防护式	1	1	1~3 mm	2~4 mm

在本次任务中，对行程开关的要求是起停止作用，因此，查表可选择 LX19-111 或 JLXK1-111。行程开关的控制机构是机械式的，工作中需要与工作机械进行频繁的接触，如果在室外或环境较差的地方使用较容易损坏，如在户外工作门吊的吊钩上行程限位控制，而行程开关的损坏又会导致一些设备事故的发生。随着技术的发展，在这些场合使用的行程开关逐步被一种不需要接触、密封较好的接近开关取代。

二、位置控制电路

图 3-1-1 所示位置控制电路工作原理分析如下。

先合上电源开关 QA1。

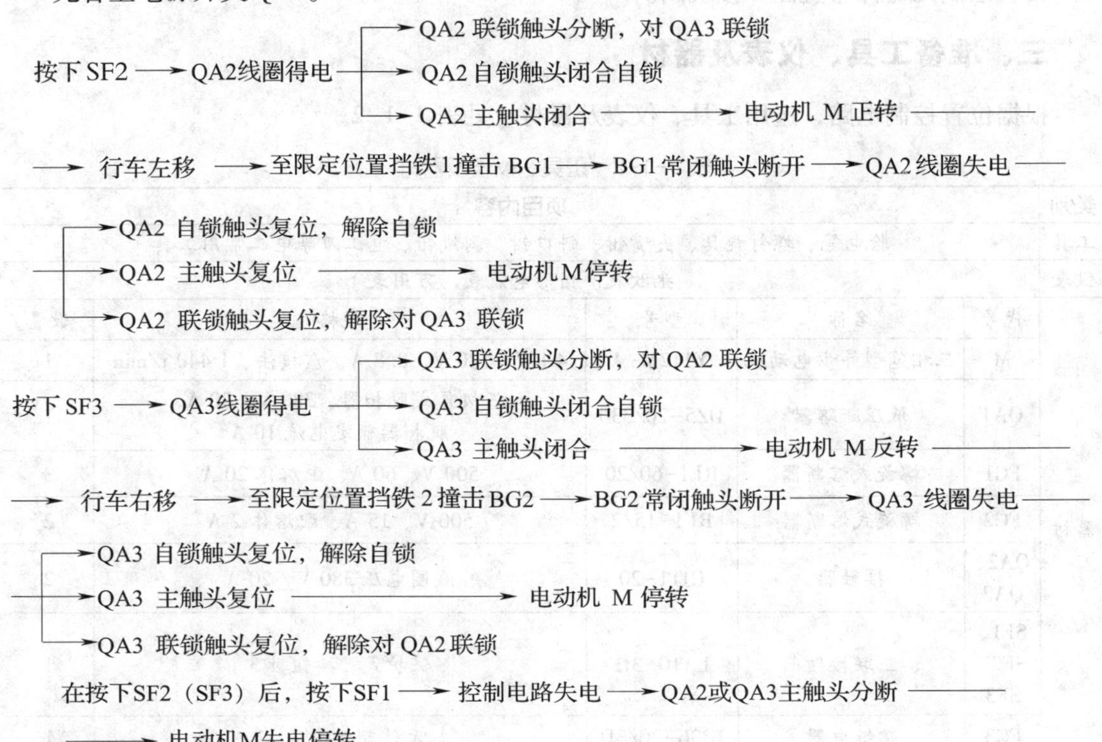

任务实施

一、实施步骤

图 3-1-5 所示为位置控制电路的安装与调试步骤。

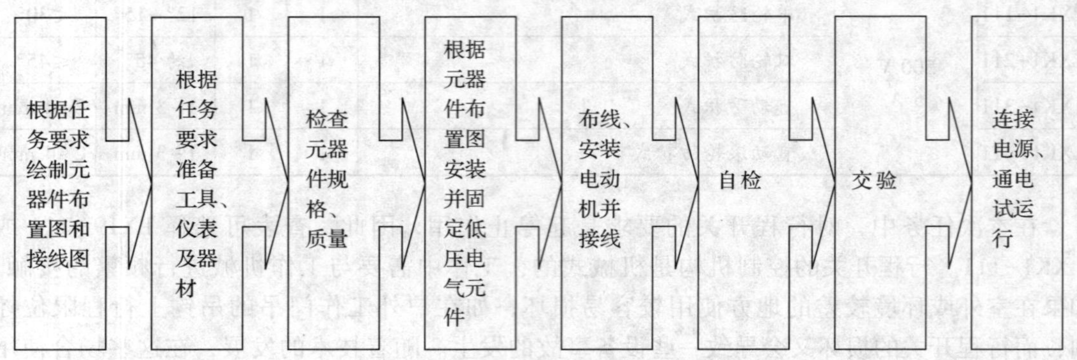

图 3-1-5 位置控制电路的安装与调试步骤

二、绘制元器件布置图和接线图

自行绘制元器件布置图和接线图。

三、准备工具、仪表及器材

根据位置控制电路，选用工具、仪表及器材，见表 3-1-2。

表 3-1-2 工具、仪表及器材

类别	项目内容				
工具	验电笔、螺钉旋具、尖嘴钳、斜口钳、剥线钳、电工刀等电工常用工具				
仪表	兆欧表、钳形电流表、万用表				
器材	代号	名称	型号	规格	数量
	M	三相笼型异步电动机	Y112M-4	4 kW、380 V、8.8 A、△接法、1 440 r/min	1
	QA1	低压断路器	DZ5-20/330	三极复式脱扣器、380 V、20 A、脱扣器额定电流 10 A	1
	FC1	螺旋式熔断器	RL1-60/20	500 V、60 A、配熔体 20 A	3
	FC2	螺旋式熔断器	RL1-15/2	500 V、15 A、配熔体 2 A	2
	QA2、QA3	接触器	CJT1-20	线圈电压 380 V、20 A	2
	SF1、SF2、SF3	三联按钮	LA10-3H	保护式、按钮数 3	1
	FC3	热继电器	JR36-20/3D	热元件额定电流 11 A	1

续表

类别	项目内容				
	代号	名称	型号	规格	数量
器材	BG1、BG2	位置开关	JLXK1-111	单轮防护式	2
		控制板		500 mm×400 mm×20 mm	1
	XD	接线端子排	JX2-1015	500 V、10 A、15 节或配套自定	1
		主电路线		BV 1.5 mm^2（红色或颜色自定）	若干
		控制电路线		BV 1.0 mm^2（白色或颜色自定）	若干
		按钮线		BVR 0.75 mm^2（白色或颜色自定）	若干
		接地线		BVR 1.5 mm^2（黄绿双色）	若干
		四芯电缆线		YHZ 3×1.5 mm^2+1×1.5 mm^2	若干
		螺钉		ϕ5 mm×60 mm	若干
		走线槽		18 mm×25 mm	若干
		紧固体和编码套管			若干

四、检查元器件规格和质量

1. 根据工具、仪表及器材选用表，检查各元器件、耗材与表中的型号和规格是否一致。
2. 检查各元器件的外观是否完好无损，附件、备件是否齐全。
3. 用仪表检查各元器件和电动机的有关技术数据是否符合要求。

五、根据元器件布置图安装并固定低压电气元件

按元器件布置图在控制板上安装电气元件，按位置控制电路的安装要求固定好安装在底板上的电气元件；在设备规定位置上安装行程开关，检查并调整挡块与行程开关滚轮的相对位置，保证控制动作准确可靠，并贴上醒目的文字符号，如图 3-1-6 所示。

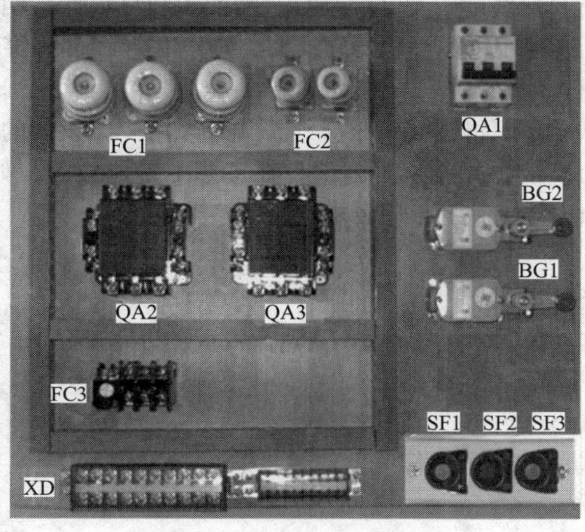

图 3-1-6 元器件布置图

六、布线

采用板前线槽布线。

1. 走线槽安装工艺要求

安装走线槽时，应做到横平竖直、排列整齐匀称、安装牢固和便于走线等。

2. 板前线槽配线工艺要求

（1）所有导线的截面积等于或大于 0.5 mm^2 时，必须采用软线。考虑力学强度的原因，所用导线的最小截面积在控制箱外为 1 mm^2，在控制箱内为 0.75 mm^2。但对控制箱内通过很小电流的电路连线，如电子逻辑电路，可用最小截面积为 0.2 mm^2 的导线，并且可以采用硬线，但只能用于不移动又无振动的场合。

（2）布线时，严禁损伤线芯和导线绝缘。

（3）各电气元件接线端子引出导线的走向以元器件的水平中心线为界限。在水平中心线以上接线端子引出的导线，必须进入元器件上面的走线槽；在水平中心线以下接线端子引出的导线，必须进入元器件下面的走线槽。任何导线都不允许从水平方向进入走线槽内。

（4）各电气元件接线端子上引出或引入的导线，除间距很小和元器件力学强度很差允许直接架空敷设外，其他导线必须经过走线槽进行连接。

（5）进入走线槽内的导线要完全置于走线槽内，并应尽可能避免交叉，装线不要超过其容量的 70%，以便于能盖上线槽盖和方便以后装配及维修。

（6）各电气元件与走线槽之间的外露导线应走线合理，并尽可能做到横平竖直，变换走向要保持垂直。同一个元器件上位置一致的端子和同型号电气元件中位置一致的端子上引出或引入的导线要敷设在同一平面上，并应做到高低一致或前后一致，不得交叉。

（7）所有接线端子、导线线头上都应套有与电路图上相应连接点线号一致的编码套管，并按线号进行连接，连接必须牢固，不得松动。

（8）在任何情况下，接线端子都必须与导线截面积和材料性质相适应。当接线端子不适合连接软线或不适合连接较小截面积的软线时，可以在导线端头穿上针形或叉形轧头并压紧。

（9）一般一个接线端子只能连接一根导线，如果采用专门设计的端子，可以连接两根或多根导线，但导线的连接方式必须是公认且在工艺上是成熟的，如夹紧、压接、焊接、绕接等，并应严格按照连接工艺的工序要求进行。

3. 按钮内接线

与接触器联锁电路基本相同。

4. 行程开关接线

图 3-1-7 所示为行程开关接线图。

5. 接线整体效果

图 3-1-8 所示为位置控制电路接线整体效果。

图 3-1-7　行程开关接线图

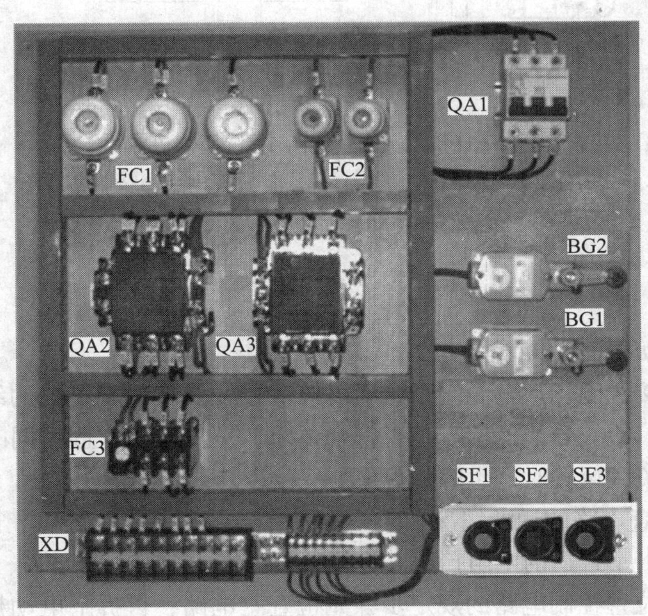

a）

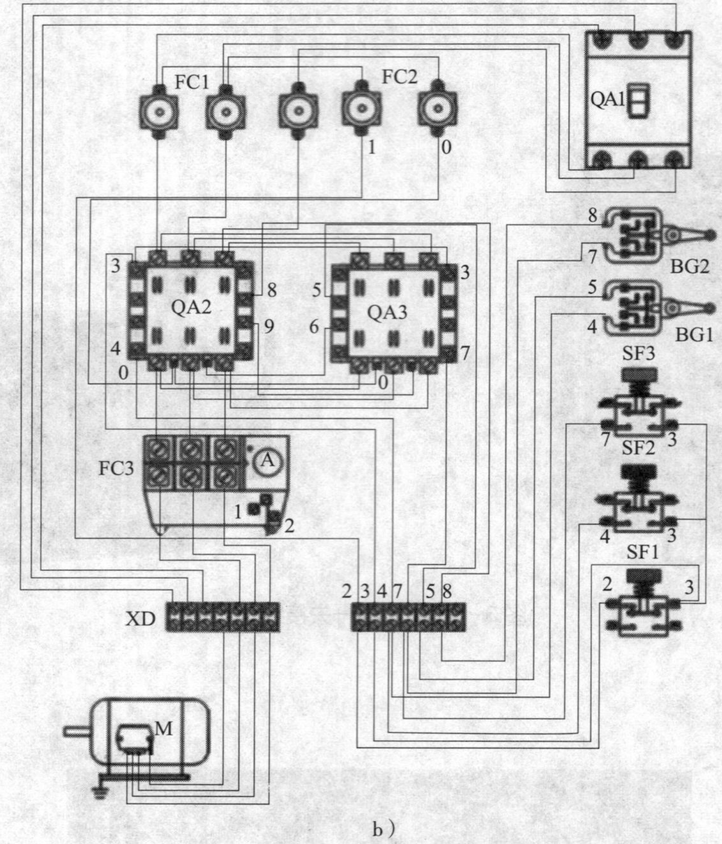

b）

图 3-1-8　位置控制电路接线整体效果

a）位置控制电路实际接线图　b）位置控制电路接线示意图

七、自检

1. 从电源端开始逐段核对接线

根据电路图或接线图，从电源端开始逐段核对接线及接线端子处的线号是否正确，有无漏接、错接之处。检查导线连接点是否符合要求，压接是否牢固。同时注意连接点接触应良好，以避免带负载运转时产生闪弧现象。

2. 用万用表检查电路的通断情况

为万用表选用倍率合适的电阻挡，并进行欧姆校零。

断开 QA1，按位置控制电路的规定步骤先检查主电路；再拆下电动机接线，检查控制电路的正、反向启动，自保，按钮及辅助触头联锁等的控制和保护作用，排除发现的故障。以上的控制、保护动作均正常后，再进行以下检查。

先按下 SF2（或 QA2 触头架），测得 QA2 线圈电阻值后，再按下行程开关 BG1 的滚轮，万用表应显示电路由线圈阻值变为∞。再用同样的办法检查行程开关 BG2 对 QA3 线圈的控制作用。

3. 检查电路安装质量，并进行绝缘电阻测量

用兆欧表检查电路的绝缘电阻，绝缘电阻的阻值应不得小于 1 MΩ。

八、交验

学生提出申请，经教师检查同意后方可通电试运行。

九、连接电源、通电试运行

1. 为保证人身安全，在通电试运行时要认真执行安全操作规程的有关规定，一人监护、一人操作。试运行前，应检查与通电试运行有关的电气设备是否有不安全的因素存在，若查出应立即整改，然后方能试运行。

2. 通电试运行前，必须征得教师的同意，并由指导教师接通三相电源 L1、L2、L3，同时在现场监护。学生合上电源开关 QA1 后，用验电笔检查熔断器出线端，若验电笔氖管亮说明电源接通。

（1）空载操作试验

合上电源开关 QA1，按照位置控制电路的试验步骤检查各控制、保护环节的动作。试验结果表明一切正常后，再按下 SF2 使 QA2 得电动作，然后用绝缘棒按下 BG1 的滚轮，使其触头分断，则 QA2 应失电释放。用同样的方法检查 BG2 对 QA3 的控制作用。反复操作几次，检查限位控制电路动作的可靠性。

（2）带负荷试运行

断开 QA1，接好电动机接线，上好接触器的灭弧罩。合上 QA1，并做好立即停机的准备，之后进行下述试验。

1）检查电动机转向。按下 SF2，电动机启动，拖带设备上的运动部件开始移动，若移动方向为正方向则符合要求；若运动部件向反方向移动，则应立即断电停机，否则限位控制电路不起作用，运动部件在越过规定位置后会继续移动，可能造成机械故障。将 QA1 上端子处的任意两相电源线交换后，再接通电源试运行。待电动机的转向符合要求后，操作 SF3 使电动机拖带设备上的运动部件反向运动，检查 QA3 的改换相序作用。

2）检查行程开关的限位控制作用。做好停机的准备，启动电动机拖带设备上的运动部件正向运动，当部件移动到规定位置附近时，要注意观察挡块与行程开关 BG1 滚轮的相对位置。BG1 被挡块操作后，电动机应立即停机。按下 SF3 时，电动机应能反向拖带部件返回。若有挡块过高、过低或行程开关动作后不能控制电动机等异常情况，应立即断电停机，并进行检查。

3）反复操作几次，观察电路的动作和限位控制动作的可靠性。在部件的运动中可以随时操作按钮改变电动机的转向，以检查按钮的控制作用。

电路常见的故障与双重联锁正反转控制电路类似。限位控制部分故障主要有挡块和行程开关的固定螺钉松动造成动作失灵等，分析、检查不难，这里不再举例。

当电动机运转平稳后，用钳形电流表测量三相电流是否平衡。

3. 出现故障后，若需带电检查，必须在教师现场监护下进行。检修完毕后，若需再次试运行，也应在教师现场监护下进行，并做好时间记录。

4. 通电试运行完毕，停转，切断电源。先拆除三相电源线，再拆除电动机线。

5. 试运行成功后，记录下完成时间及通电试运行次数。

故障检修

在完成试运行的基础上，教师或同组学生按照表 3-1-3 中故障原因分析的元器件或路径，人为地设定一两个故障点进行排故练习。

表 3-1-3 电路的故障现象、原因分析及检查方法

故障现象	原因分析	检查方法
挡铁碰到 BG1 后电动机不能停止	可能故障点：行程开关不动作 行程开关不动作的原因多为行程开关未压合，若行程开关固定螺钉松动，会使传动机构松动或移位，导致行程开关被撞坏，机构动作失灵，杂质进入行程开关内部，使行程开关机械部分卡住等	（1）从外观上检查行程开关固定螺钉是否松动；按压并放开行程开关，查看行程开关机构动作是否失灵 （2）断开电源，将万用表置于电阻挡，用两支表笔接触 BG1 的两端，按压并放开行程开关，检查 BG1 通断情况
挡铁碰到 BG1 后电动机停止，按下按钮 SF3 电动机启动；挡铁碰到 BG2 后电动机停止，再按下 SF2 电动机不启动	可能故障点：行程开关不复位 （1）行程开关不复位的原因多为运动部件或撞块超行程开关太多，造成行程开关机械部分失灵，开关被撞坏，杂质进入行程开关内部，使行程开关机械部分卡住，行程开关复位弹簧失效，弹力不足，使触头不能复位闭合等 （2）行程开关触头表面脏污、有油垢	（1）检查行程开关外观是否因为运动部件或撞块超出行程开关太多而造成机械部分损坏 （2）断开电源，打开行程开关，检查行程开关触头表面是否清洁 （3）断开电源，将万用表置于电阻挡，用两支表笔接触 BG1 的两端，检查 BG1 通断情况
其他故障参考接触器联锁正反转控制电路进行检修		

知识拓展

接近开关又称为无触头行程开关，它能在一定距离内检测有无物体靠近。当物体接近到设定的距离时，接近开关就可以发出“动作”信号。接近开关的核心部分是“感辨头”，它对接近的物体有很高的感知辨别能力。选择合适的接近开关可以取代行程开关。

任务 2 自动往返控制电路的安装与检修

学习目标

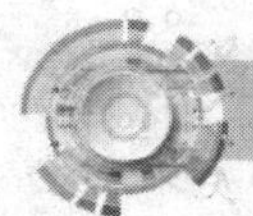

1. 能正确理解三相异步电动机自动往返控制电路的工作原理。
2. 能正确识读三相异步电动机自动往返控制电路的原理图、接线图和布置图。
3. 能按照工艺要求，正确安装三相异步电动机自动往返控制电路。
4. 能根据故障现象，检修三相异步电动机自动往返控制电路。

工作任务

在生产实际中，有些生产机械如 B2012A 型刨床工作台要求在一定行程内自动往返运动，X62W 型铣床工作台在纵向进给中自动往返工作，以便实现对工件的连续加工，提高生产效率。这就需要电气控制电路能对电动机实现自动换接正反转控制。而这种利用机械运动触碰行程开关实现电动机自动换接正反转控制的电路，就是工作台自动往返控制电路，如图 3-2-1 所示。

为了使电动机的正反转控制与工作台的左右运动相配合，在控制电路中设置了四个行程开关 BG1、BG2、BG3 和 BG4，并把它们安装在工作台需限位的地方。其中 BG1、BG2 被用来自动切换电动机正反转控制电路，以实现工作台的自动往返行程控制；BG3 和 BG4 被用作终端保护，以防止 BG1、BG2 失灵，导致工作台越过限定位置而造成事故。在工作台边装有两块挡铁，挡铁 1 只能和 BG1、BG3 相碰撞，挡铁 2 只能和 BG2、BG4 相碰撞。当工作台运动到所限位置时，挡铁碰撞行程开关，使其触头动作，自动切换电动机正反转控制电路，通过机械传动机构使工作台自动往返运动。工作台行程可通过移动挡铁位置来调节，增加两块挡铁间的距离，行程就短；反之则变长。

本次工作任务是完成用行程开关控制的三相异步电动机自动往返控制电路的安装与检修。

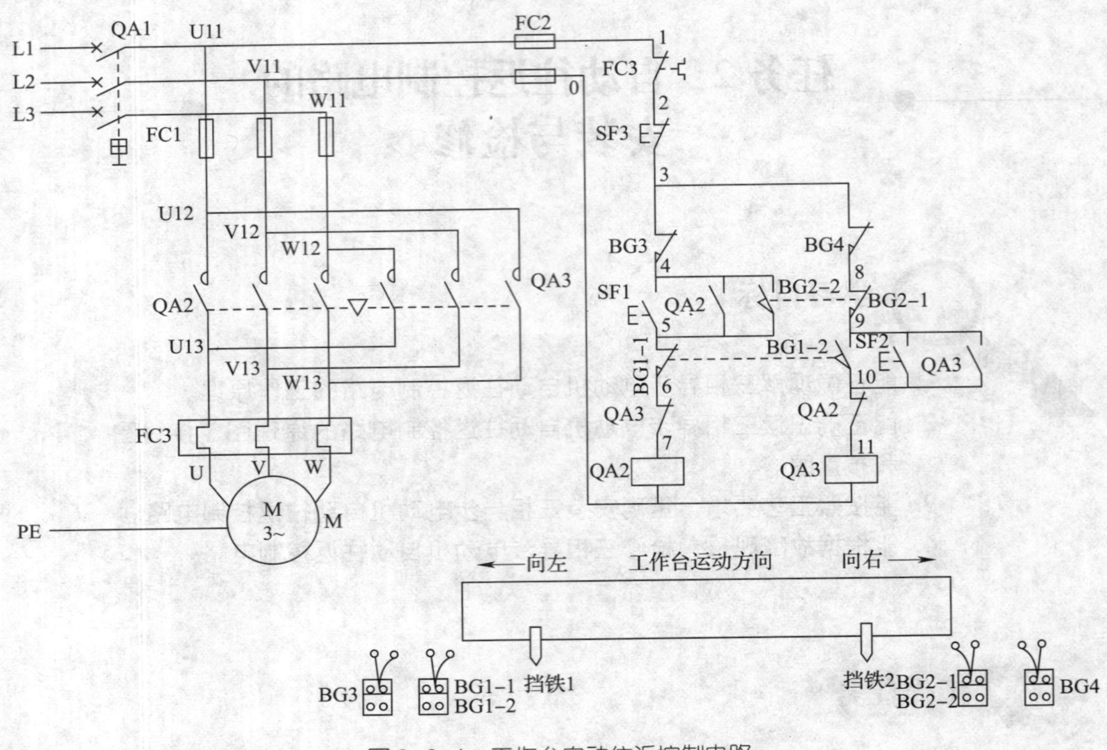

图 3-2-1　工作台自动往返控制电路

工作台自动往返控制电路工作原理分析如下。

先合上电源开关 QA1。

自动往返运动：

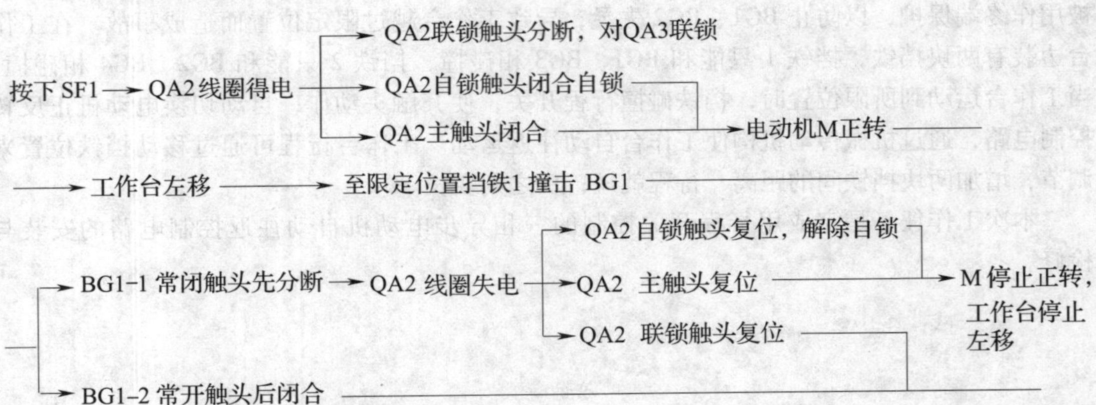

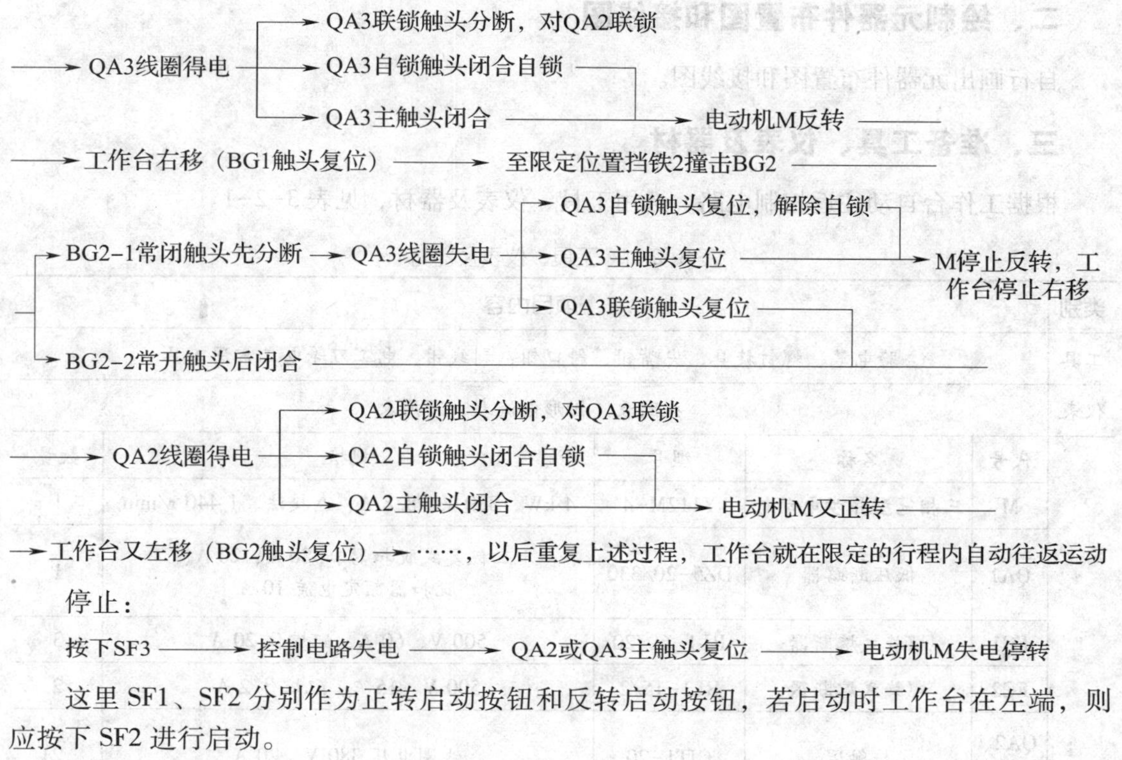

停止：

按下SF3 ⟶ 控制电路失电 ⟶ QA2或QA3主触头复位 ⟶ 电动机M失电停转

这里 SF1、SF2 分别作为正转启动按钮和反转启动按钮，若启动时工作台在左端，则应按下 SF2 进行启动。

一、实施步骤

图 3-2-2 所示为工作台自动往返控制电路的安装与调试步骤。

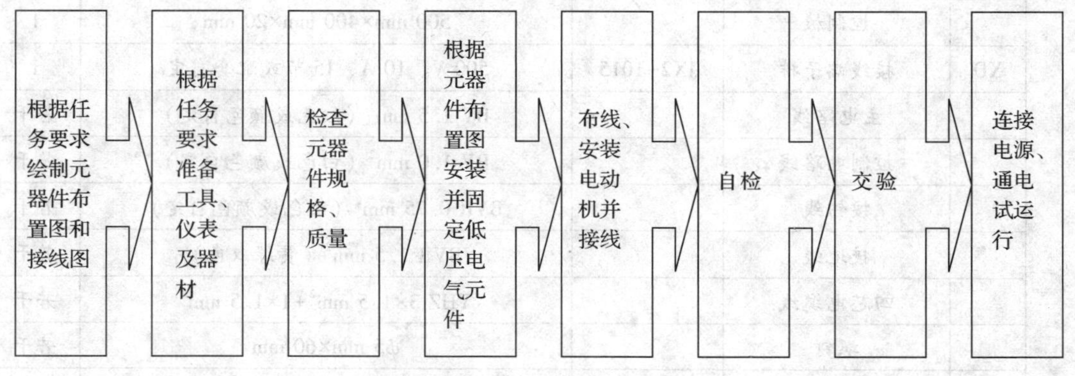

图 3-2-2　工作台自动往返控制电路的安装与调试步骤

二、绘制元器件布置图和接线图

自行画出元器件布置图和接线图。

三、准备工具、仪表及器材

根据工作台自动往返控制电路，选用工具、仪表及器材，见表 3-2-1。

表 3-2-1　工具、仪表及器材

类别	项目内容				
工具	验电笔、螺钉旋具、尖嘴钳、斜口钳、剥线钳、电工刀等电工常用工具				
仪表	兆欧表、钳形电流表、万用表				
器材	代号	名称	型号	规格	数量
	M	三相笼型异步电动机	Y112M-4	4 kW、380 V、8.8 A、△接法、1 440 r/min	1
	QA1	低压断路器	DZ5-20/330	三极复式脱扣器、380 V、20 A、脱扣器额定电流 10 A	1
	FC1	螺旋式熔断器	RL1-60/20	500 V、60 A、配熔体 20 A	3
	FC2	螺旋式熔断器	RL1-15/2	500 V、15 A、配熔体 2 A	2
	QA2、QA3	接触器	CJT1-20	线圈电压 380 V、20 A	2
	SF1、SF2、SF3	三联按钮	LA10-3H	保护式、按钮数 3	1
	FC3	热继电器	JR36-20/3D	热元件额定电流 11 A	1
	BG1~BG4	行程开关	JLXK1-111	单轮防护式	4
		控制板		500 mm×400 mm×20 mm	1
	XD	接线端子排	JX2-1015	500 V、10 A、15 节或配套自定	1
		主电路线		BV 1.5 mm^2（红色或颜色自定）	若干
		控制电路线		BV 1.0 mm^2（白色或颜色自定）	若干
		按钮线		BVR 0.75 mm^2（白色或颜色自定）	若干
		接地线		BVR 1.5 mm^2（黄绿双色）	若干
		四芯电缆线		YHZ 3×1.5 mm^2+1×1.5 mm^2	若干
		螺钉		ϕ5 mm×60 mm	若干
		走线槽		18 mm×25 mm	若干
		紧固体和编码套管			若干

四、检查元器件规格和质量

1. 根据工具、仪表及器材选用表，检查各元器件与表中的型号和规格是否一致。
2. 检查各元器件的外观是否完好无损，附件、备件是否齐全。
3. 用仪表检查各元器件和电动机的有关技术数据是否符合要求。

五、根据元器件布置图安装并固定低压电气元件

按元器件布置图在控制板上安装低压电气元件，按工作台自动往返控制电路的安装要求固定好安装底板上的电气元件；在设备规定位置上安装行程开关，检查并调整挡块与行程开关滚轮的相对位置，保证控制动作准确可靠，并贴上醒目的文字符号，如图 3-2-3 所示。

提示

BG1 和 BG2 的作用是行程控制，而 BG3 和 BG4 的作用是限位保护，这两组开关不可装反，否则会引起错误动作。

六、布线

按接线图进行板前线槽配线，并在导线端部套编码套管和冷压接线头，如图 3-2-4 所示。

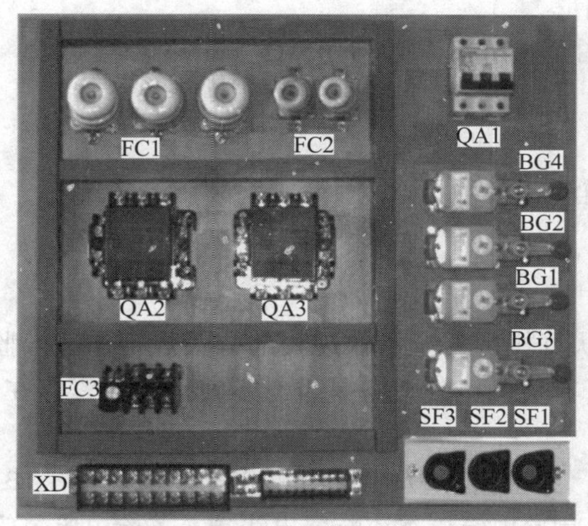

图 3-2-3　元器件布置图

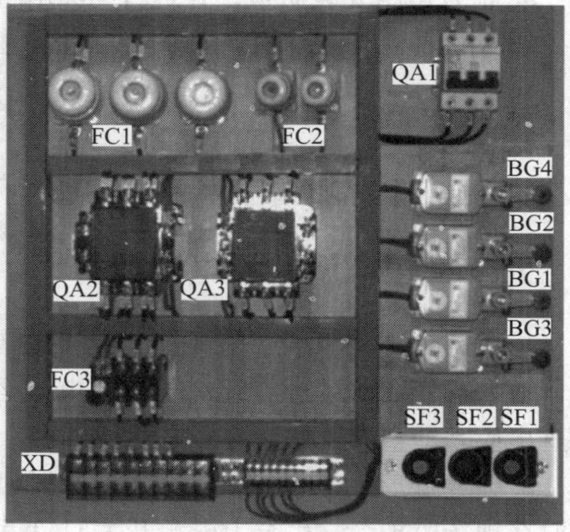

图 3-2-4　接线图

七、自检

1. 从电源端开始逐段核对接线

根据电路图或接线图从电源端开始逐段核对接线及接线端子处的线号是否正确，有无漏接、错接之处。检查导线连接点是否符合要求，压接是否牢固。同时注意连接点接触应良好，以避免带负载运转时产生闪弧现象。

2. 用万用表检查电路的通断情况

为万用表选用倍率合适的电阻挡，并进行欧姆校零。

断开 QA1，先检查主电路；拆下电动机接线，按辅助触头联锁正反向控制电路的步骤和方法检查控制电路的正反向启动控制作用、自保及联锁作用。以上各项正常无误再做下述各项检查。

（1）检查正向行程控制。按下 SF1 不放，应测得 QA2 线圈的电阻值；再轻轻按下 BG1 的滚轮，使其常闭触头分断，万用表应显示电路由线圈阻值变为∞；将 BG1 的滚轮按到底，则应测得 QA3 线圈的电阻值。

（2）检查反向行程控制。按下 SF2 不放，应测得 QA3 线圈的电阻值；再轻轻按下 BG2 的滚轮，使其常闭触头分断，万用表应显示电路由线圈阻值变为∞；将 BG2 的滚轮按到底，则应测得 QA2 线圈的电阻值。

（3）检查正、反向限位控制。按下 SF1，在测得 QA2 线圈的直流电阻值后，再按下 BG3 的滚轮，也应测出电路由线圈阻值变为∞。

按下 SF2，在测得 QA3 线圈的直流电阻值后，再按下 BG4 的滚轮，也应测出电路由线圈阻值变为∞。

（4）检查行程开关的联锁作用。同时按下 BG1 和 BG2 的滚轮，测量结果应为断路。

3. 检查电路安装质量，并进行绝缘电阻测量

用兆欧表检查电路的绝缘电阻，绝缘电阻的阻值应不得小于 1 MΩ。

八、交验

学生提出申请，经教师检查同意后方可通电试运行。

九、连接电源、通电试运行

1. 为保证人身安全，在通电试运行时要认真执行安全操作规程的有关规定，一人监护、一人操作。试运行前应检查与通电试运行有关的电气设备是否有不安全的因素存在，若查出应立即整改，然后方能试运行。

2. 通电试运行前，必须征得教师的同意，并由指导教师接通三相电源 L1、L2、L3，同时在现场监护。学生合上电源开关 QA1 后，用验电笔检查熔断器出线端，若验电笔氖管亮说明电源接通。

（1）空载操作试验

检查 SF1、SF2 及 SF3 对 QA2、QA3 的启动及停止控制作用，检查接触器自锁、联锁电路的作用。反复操作几次检查电路动作的可靠性。上述各项操作试验正常后，再做以下检查。

1）行程控制试验。按下 SF1 使 QA2 得电动作后，用绝缘棒轻按 BG1 的滚轮，使其常闭触头分断，QA2 应释放，将 BG1 滚轮继续按到底，QA3 得电动作；再用绝缘棒缓慢按下 BG2 的滚轮，应先后看到 QA3 释放、QA2 得电动作（总之，BG1 及 BG2 对电路的控制作用与正反转控制电路中的 SF1 及 SF2 类似）。反复试验几次以后检查行程控制动作的可靠性。

2）限位保护试验。按下 SF1 使 QA2 得电动作后，用绝缘棒按下 BG3 的滚轮，QA2 应失电释放；再按下 SF2 使 QA3 得电动作，按下 BG4 滚轮，QA3 应失电释放。反复试验几次，检查限位保护动作的可靠性。

（2）带负荷试运行

断开 QA1，接好电动机接线，装好接触器的灭弧罩，做好立即停机的准备，合上 QA1 进行以下几项试验。

1）检查电动机转动方向。操作 SF1 启动电动机，若所拖动的部件向 BG1 的方向移动，则电动机转向符合要求。如果电动机转向不符合要求，应断电后将 QA1 下端的电源相线任意两根交换位置后接好，重新试运行检查电动机转向。

2）正反向控制试验。交替操作 SF1、SF3 和 SF2、SF3，检查电动机转向是否受控制。

3）行程控制试验。做好立即停机的准备。启动电动机，观察设备上运动部件在正、反两个方向规定位置之间往返的情况，试验行程开关及电路动作的可靠性。如果部件到达行程开关，挡块已将开关滚轮压下而电动机不能停机，应立即断电停机进行检查。重点检查这个方向上行程开关的接线、触头及有关接触器的触头动作，排除故障后重新试运行。

4）限位控制试验。启动电动机，在设备运行中用绝缘棒按压该方向上的限位保护行程开关，电动机应断电停机。否则应检查限位保护行程开关的接线及其触头动作情况，排除故障后重新试运行。

当电动机运转平稳后，用钳形电流表测量三相电流是否平衡。

3. 出现故障后，若需带电检查，必须在教师现场监护下进行。检修完毕后，若需再次试运行，也应在教师现场监护下进行，并做好时间记录。

4. 通电试运行完毕，停转，切断电源。先拆除三相电源线，再拆除电动机线。

5. 试运行成功后，记录完成时间及通电试运行次数。

故障检修

在完成试运行的基础上，教师或同组学生按照表 3-2-2 中故障原因分析的元器件或路径，人为地设定一两个故障点进行排故练习。

表 3-2-2　电路的故障现象、原因分析及检查方法

故障现象	原因分析	检查方法
挡铁 1 碰到 BG1 后电动机就停机，工作台左右运动不往返	可能故障是：BG1 的开关损坏，BG1-2 不能闭合；接触器 QA2 的常闭触头接触不良，或者是接触器 QA3 线圈或机械部分有故障 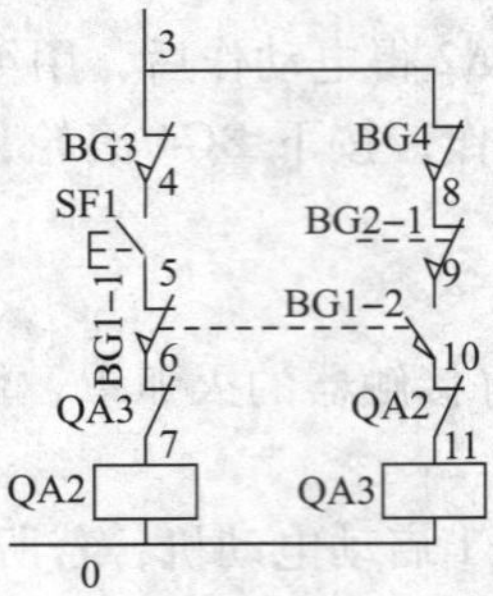	断开电源，按下 BG1，将万用表置于电阻挡，用一支表笔固定在 SF3 的下端头，用另一支表笔依次检查 BG4、BG2-1、BG1-2、QA2、QA3 上下端头的通断情况
挡铁 1 越过 BG1，碰到 BG3 电动机才停机，工作台左右运动不往返	可能故障是：BG1 安装位置不对，或使用时其位置移动，挡铁碰不到行程开关的滚轮；BG1-1 的开关损坏，不能分断；BG1-2 不能闭合 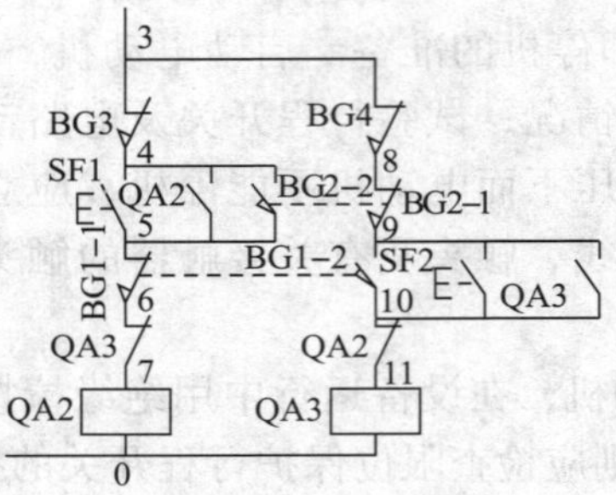	（1）检查 BG1 的安装位置，查看挡铁是否能碰到 BG1 （2）断开电源，按下 BG1，用万用表的电阻挡检查 BG1-2 上下端头的通断情况
工作台刚开始返回电动机就停机	可能故障是： （1）接触器辅助常开触头接触不良 （2）自锁回路断线 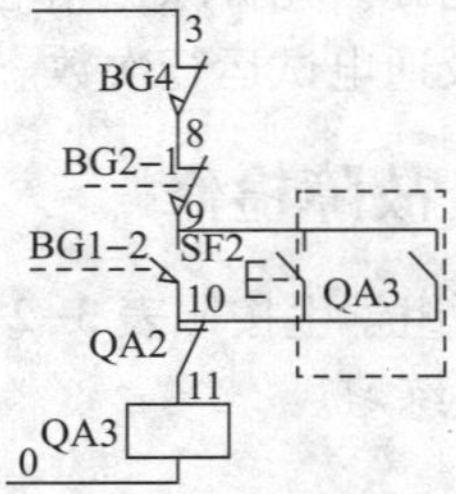	参照接触器联锁正反转控制电路故障检查方法
其他故障参见接触器联锁正反转控制电路		

知识拓展

图 3-2-5 所示为按钮、接触器双重联锁自动往返控制电路。

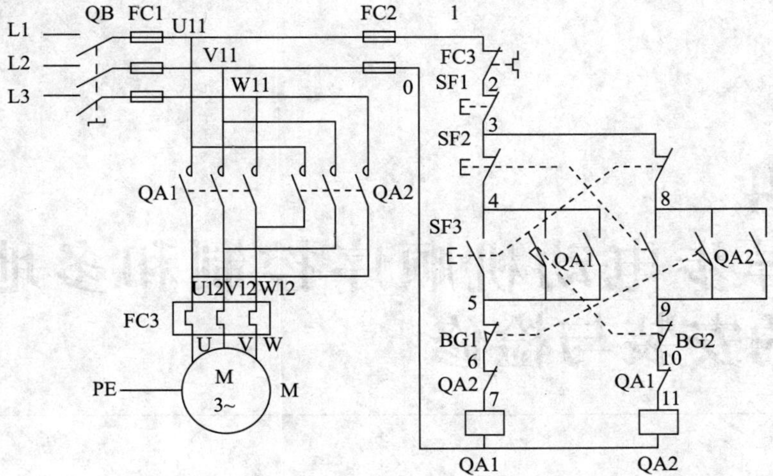

图 3-2-5　按钮、接触器双重联锁自动往返控制电路

可以自行分析该电路的工作原理。

课题四 三相异步电动机顺序控制和多地控制电路的安装与检修

任务1 三相异步电动机顺序控制电路的安装与检修

学习目标

1. 能正确理解三相异步电动机顺序控制电路的工作原理。
2. 能正确识读三相异步电动机顺序控制电路的原理图、接线图和布置图。
3. 能按照工艺要求，正确安装三相异步电动机顺序控制电路。
4. 能根据故障现象，检修三相异步电动机顺序控制电路。

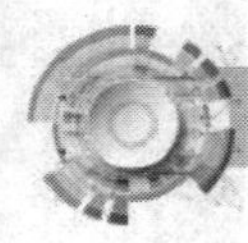

工作任务

在生产中，有些生产机械上有多台电动机，而每一台电动机的工作任务又是不同的，有时需要按一定的顺序启动或停止，才能保证操作过程的合理和工作的安全可靠。如在X62W型万能铣床上，主轴电动机和冷却泵电动机采用的就是顺序控制，即只有在主轴电动机启动后冷却泵电动机才能启动。这种要求几台电动机的启动和停止必须按一定的先后顺序来完成的控制方式，称为电动机的顺序控制。能实现这种顺序控制的方法很多，常见的主要有两大类：一类是通过在主电路上的控制来实现，如图 4-1-1 所示；另一类是通过控制电路来实现，如图 4-1-2 所示。

图 4-1-1 所示电路的特点是电动机 M2 的主电路接在 QA2 主触头的下面。电动机 M2 通过插接器 X 接在接触器 QA2 主触头的下面，因此，只有当 QA2 主触头闭合，电动机 M1 启动运转后，电动机 M2 才可能接通电源运转。

图 4-1-2 所示电路中 M1、M2 的顺序控制是通过控制电路控制 QA2、QA3 的动作顺序来实现的。

本次工作任务是完成利用控制电路实现两台电动机顺序启动逆序停止电路的安装与检修。

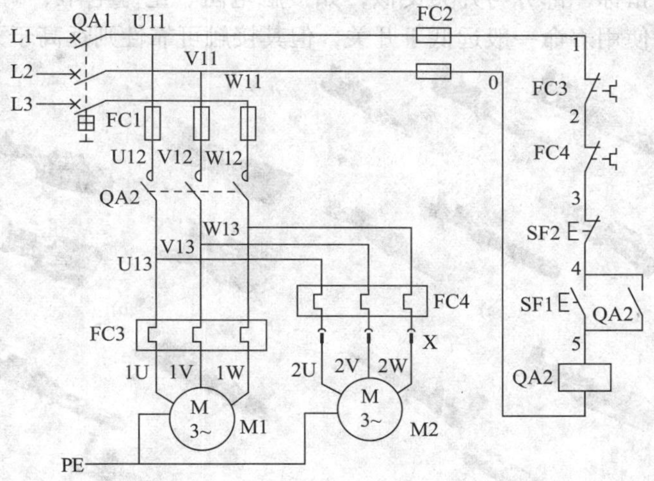

图 4-1-1　主电路实现顺序控制的电路图

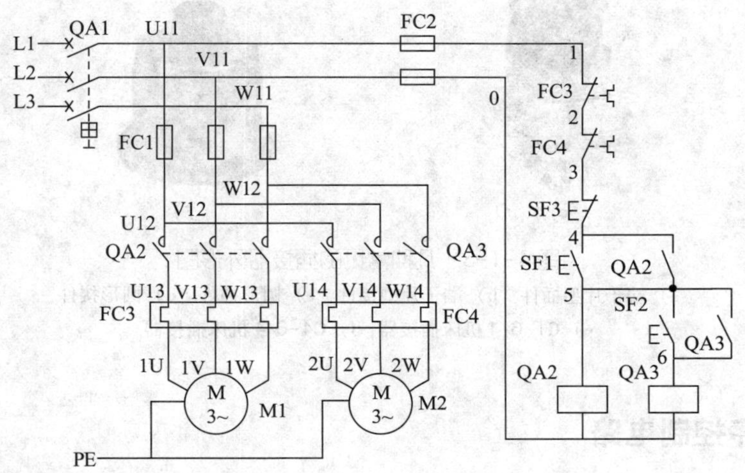

图 4-1-2　控制电路实现顺序控制的电路图

相关理论

一、插接器

图 4-1-1 中的 X 称为插接器，在机床中用于连接电动机的插接器也称为机床插销。插接器由插件和接件构成，一般状态下是可以完全分离的，开关和插接器的相同之处在于通过其接触对接触状态的改变，实现其所连电路的转换，而其本质区别在于开关可以在其本体上实现电路的转换，而插接器不能实现在本体上的转换，只有插入、拔除两种状态，插接器的接触存在固定的对应关系。因此，插接器也可以叫作连接器，如图 4-1-3 所示。

插接器的技术指标一部分与开关类似，如接触电阻、绝缘电阻、耐压、力矩以及使用寿命等。插接器的使用寿命一般远低于开关，但其接触可靠性则远高于开关。

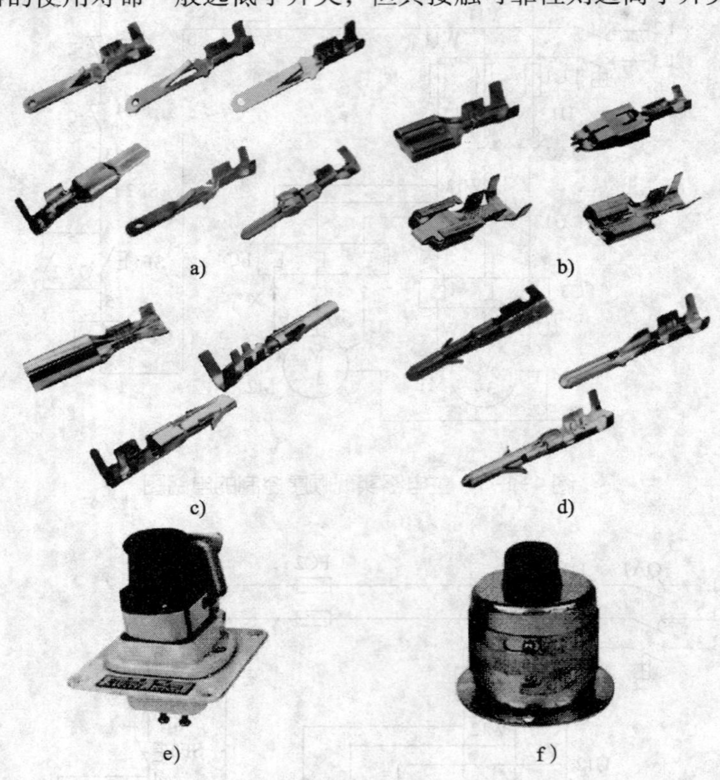

图 4-1-3　几种常见的插接器外形图

a）端子片型插件　b）端子片型接件　c）圆形插件　d）圆形接件

e）C1-6/4 机床插接器　f）C4-6/4 机床插接器

二、顺序控制电路

1. 主电路实现顺序控制的电路

图 4-1-1 和图 4-1-4 是主电路实现顺序控制的常见电路。电路的特点是电动机 M2 的

主电路接在 M1 主电路中 QA2 的主触头下面。M7130 型平面磨床的砂轮电动机和冷却泵电动机就采用了这种顺序控制电路。

图 4-1-4 所示主电路实现顺序控制工作原理分析如下。

先合上电源开关 QA1。

M1 启动后 M2 才能启动：

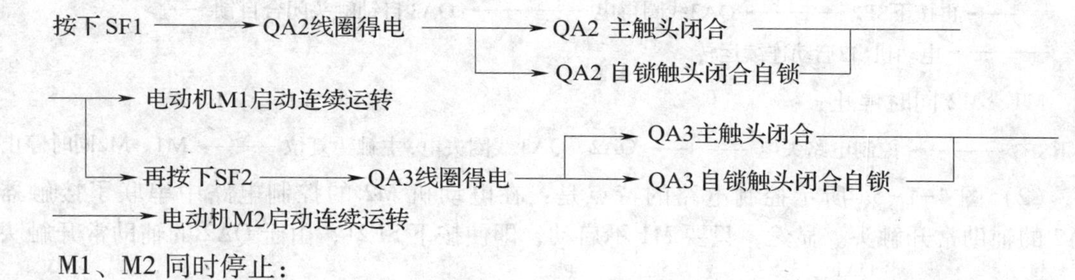

M1、M2 同时停止：

按下SF3 ——→ 控制电路失电 ——→ QA2、QA3 线圈失电，主触头复位 ——→ M1、M2同时停止

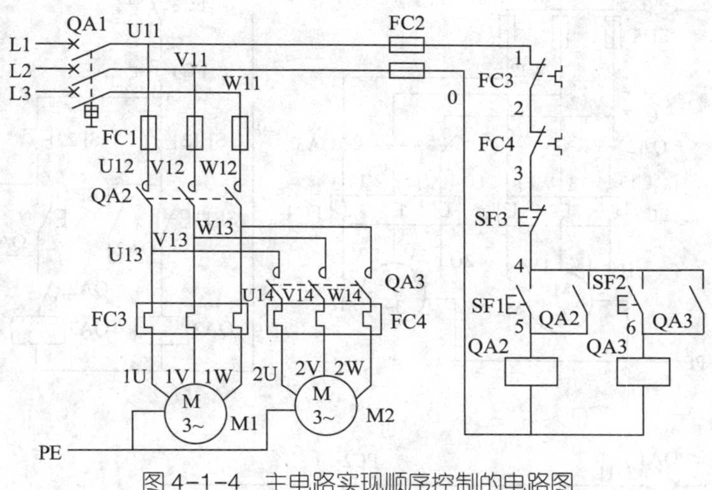

图 4-1-4　主电路实现顺序控制的电路图

在图 4-1-4 所示控制电路中，电动机 M1 和 M2 分别通过接触器 QA2 和 QA3 来控制，接触器 QA3 的主触头接在接触器 QA2 主触头的下面，这样就保证了当 QA2 主触头闭合，电动机 M1 启动运转后，电动机 M2 才可能接通电源运转。

2. 控制电路实现顺序控制的电路

控制电路实现顺序控制的常用电路有图 4-1-2 和图 4-1-5 所示的几种。主电路中的 M1 和 M2 处于相同的状态。

（1）图 4-1-2 所示控制电路的特点是：电动机 M2 控制电路的启动是在 M1 的启动按钮下面，显然，只要 M1 不启动，即使按下 SF2，由于 QA2 的辅助常开触头未闭合，QA3 线圈也不能得电，从而保证了 M1 启动后 M2 才能启动的控制要求。电路中停止按钮 SF3 控制两台电动机同时停止，而不能控制 M2 的单独停止或逆序停止，即 M1、M2 是顺序启动、同时停止。

图 4-1-2 所示电路工作原理分析如下。

M1、M2 的顺序启动：

按下 SF1 ⟶ QA2线圈得电 ⟶ QA2 主触头闭合 ⟶ QA2 自锁触头闭合自锁

⟶ 电动机M1启动连续运转

⟶ 再按下SF2 ⟶ QA3线圈得电 ⟶ QA3主触头闭合 ⟶ QA3 自锁触头闭合自锁

⟶ 电动机M2启动连续运转

M1、M2 同时停止：

按下SF3 ⟶ 控制电路失电 ⟶ QA2、QA3 线圈失电，主触头复位 ⟶ M1、M2同时停止

（2）图 4-1-5a 所示控制电路的特点是：在电动机 M2 的控制电路中串联了接触器 QA2 的辅助常开触头。显然，只要 M1 不启动，即使按下 SF21，由于 QA2 的辅助常开触头

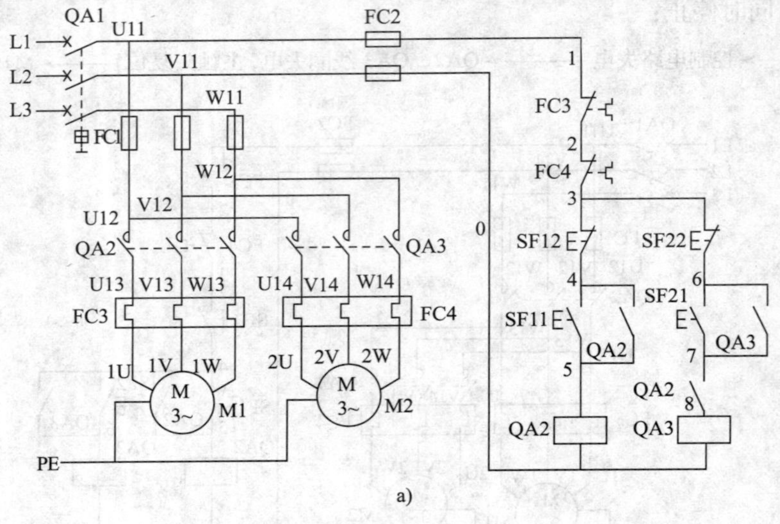

a)

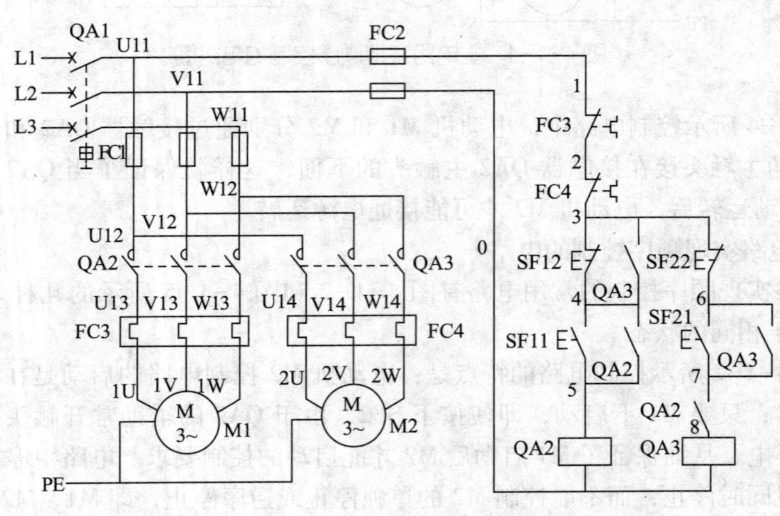

b)

图 4-1-5　控制电路实现顺序控制的电路图

未闭合，QA3 线圈也不能得电，从而保证了 M1 启动后，M2 才能启动的控制要求。电路中停止按钮 SF12 控制两台电动机同时停止，SF22 控制 M2 的单独停止，但不能实现完全的逆序停止要求，即 M1、M2 顺序启动，可单独停止。

图 4-1-5a 所示电路工作原理分析如下。

M1、M2 的顺序启动：

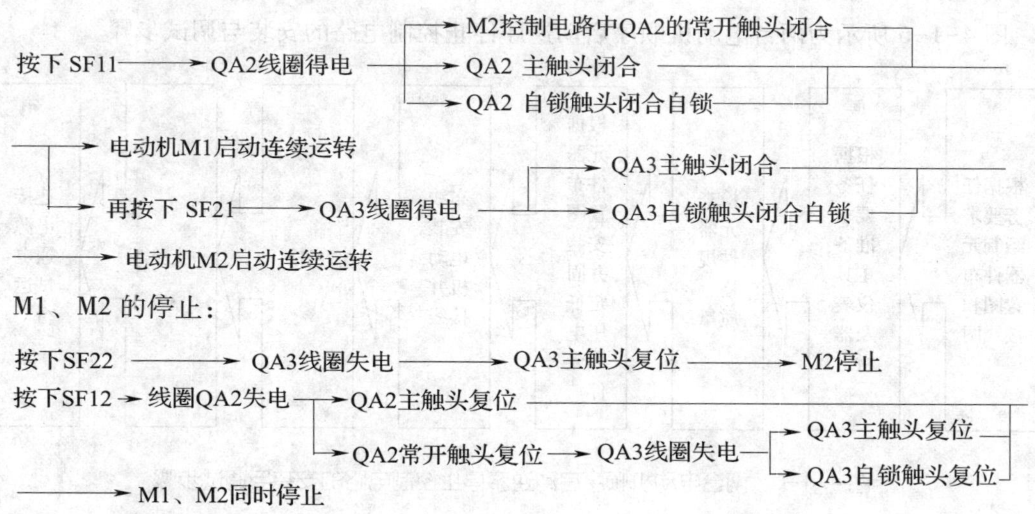

（3）图 4-1-5b 所示的控制电路，是在图 4-1-5a 所示电路中 SF12 的两端并联了接触器 QA3 的辅助常开触头，从而实现了 M1 启动后，M2 才能启动；而 M2 停止后，M1 才能停止的控制要求，即 M1、M2 顺序启动、逆序停止。

图 4-1-5b 所示电路工作原理分析如下。

M1、M2 的顺序启动：

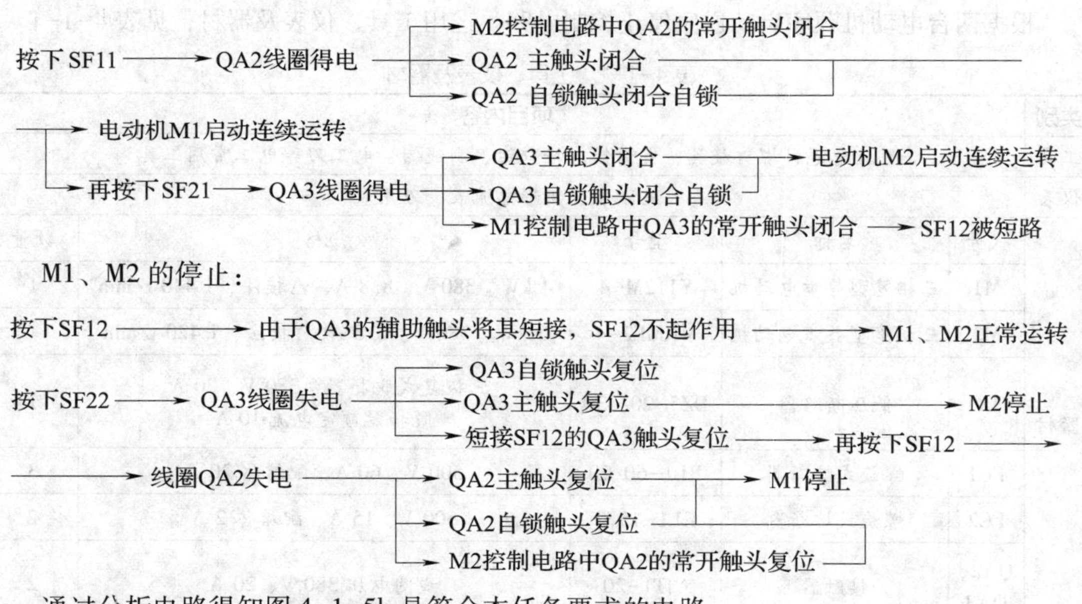

通过分析电路得知图 4-1-5b 是符合本任务要求的电路。

任务实施

一、实施步骤

图 4-1-6 所示为两台电动机顺序启动逆序停止控制电路的安装与调试步骤。

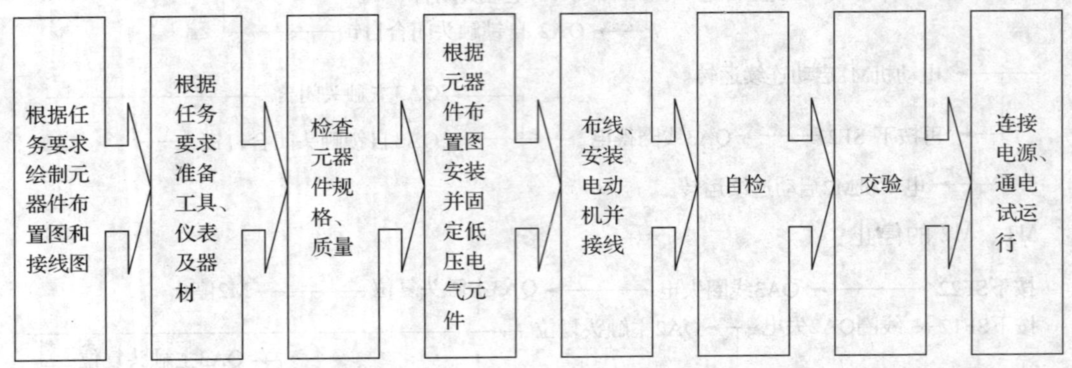

图 4-1-6　两台电动机顺序启动逆序停止控制电路的安装与调试步骤

二、绘制元器件布置图和接线图

元器件布置图和接线图由读者自行绘制。

三、准备工具、仪表及器材

根据两台电动机顺序启动逆序停止控制电路，选用工具、仪表及器材，见表 4-1-1。

表 4-1-1　工具、仪表及器材

类别	项目内容				
工具	验电笔、螺钉旋具、尖嘴钳、斜口钳、剥线钳、电工刀等电工常用工具				
仪表	兆欧表、钳形电流表、万用表				
器材	代号	名称	型号	规格	数量
	M1	三相笼型异步电动机	Y112M-4	4 kW、380 V、8.8 A、△接法、1 440 r/min	1
	M2	三相笼型异步电动机	Y100L2-4	3 kW、380 V、6.8 A、Y接法、1 420 r/min	1
	QA1	低压断路器	DZ5-20/330	三极复式脱扣器、380 V、20 A、脱扣器额定电流 10 A	1
	FC1	螺旋式熔断器	RL1-60/20	500 V、60 A、配熔体 20 A	3
	FC2	螺旋式熔断器	RL1-15/2	500 V、15 A、配熔体 2 A	2
	QA2、QA3	接触器	CJT1-20	线圈电压 380 V、20 A	2

续表

类别	项目内容				
	代号	名称	型号	规格	数量
器材	SF11、SF12、SF21、SF22	双联按钮	LA10-2H	保护式、按钮数 2	2
	FC3、FC4	热继电器	JR36-20/3D	热元件额定电流 11 A	2
		控制板		500 mm×400 mm×20 mm	1
	XD	接线端子排	JX2-1015	500 V、10 A、15 节或配套自定	1
		主电路线		BV 1.5 mm^2（红色或颜色自定）	若干
		控制电路线		BV 1.0 mm^2（白色或颜色自定）	若干
		按钮线		BVR 0.75 mm^2（白色或颜色自定）	若干
		接地线		BVR 1.5 mm^2（黄绿双色）	若干
		四芯电缆线		YHZ 3×1.5 mm^2+1×1.5 mm^2	若干
		螺钉		ϕ5 mm×60 mm	若干
		走线槽		18 mm×25 mm	若干
		紧固体和编码套管			若干

四、检查元器件规格和质量

1. 根据工具、仪表及器材选用表，检查各元器件、耗材与表中的型号和规格是否一致。
2. 检查各元器件的外观是否完好无损，附件、备件是否齐全。
3. 用仪表检查各元器件和电动机的有关技术数据是否符合要求。

五、根据元器件布置图安装并固定低压电气元件

按元器件布置图在控制板上安装低压电气元件，按两台电动机顺序启动逆序停止控制电路的安装要求，固定好安装底板上的电气元件，并贴上醒目的文字符号。

六、布线

采用板前线槽布线，要求同前。

提示

操作中，易错误地将 QA2 的常闭辅助触头而不是将 QA2 的常开辅助触头用作顺序控制。要注意的是电路中所用的辅助触头全部是常开的。

控制电路板如图 4-1-7 所示。

图 4-1-7　控制电路板

七、自检

1. 从电源端开始逐段核对接线

根据电路图或接线图，从电源端开始逐段核对接线及接线端子处的线号是否正确，有无漏接、错接之处。检查导线连接点是否符合要求，压接是否牢固。同时注意连接点接触应良好，以避免带负载运转时产生闪弧现象。

2. 用万用表检查电路的通断情况

为万用表选用倍率合适的电阻挡，并进行欧姆校零。

断开 QA1，先检查主电路，正常无误时再进行下述各项检查。

（1）检查 M1 启动控制：按下 SF11 不放，应测得 QA2 线圈电阻值；再按下 SF12，万用表应显示电路由线圈阻值变为∞。

（2）检查 M2 启动控制：按下 SF21，万用表应显示电路是断开的；再按下 QA2 的触头架和 SF21 不放，应测得 QA3 线圈电阻值；同时再按下 SF22，万用表应显示电路由线圈阻值变为∞。松开 SF22 后，再放开 QA2 的触头架，万用表应显示电路由线圈阻值变为∞。

（3）M1、M2 自锁检查：按下 QA2 的触头架，应测得 QA2 线圈电阻值；再按下 QA3 的触头架，阻值减半（QA2、QA3 线圈并联）。

3. 检查电路安装质量，并进行绝缘电阻测量

用兆欧表检查电路的绝缘电阻，绝缘电阻阻值应不得小于 1 MΩ。

八、交验

学生提出申请，经教师检查同意后方可进行通电试运行。

九、连接电源、通电试运行

1. 为保证人身安全，在通电试运行时要认真执行安全操作规程的有关规定，一人监护、一人操作。试运行前，应检查与通电试运行有关的电气设备是否有不安全的因素存在，若查出应立即整改，然后方能试运行。

2. 通电试运行前，必须征得教师的同意，并由指导教师接通三相电源 L1、L2、L3，同时在现场监护。学生合上电源开关 QA1 后，用验电笔检查熔断器出线端，若验电笔氖管亮说明电源接通。

断开 QA1，接好电动机接线，装好接触器的灭弧罩，做好立即停机的准备，合上 QA1 进行以下几项试验。

检查 SF11、SF12 及 SF21、SF22 对 QA2、QA3 的顺序启动及逆序停止控制作用，检查接触器的自锁、联锁电路的作用。反复操作几次检查电路动作的可靠性。上述各项操作试验正常后，再做以下检查。

3. 出现故障后，若需带电检查，必须在教师现场监护下进行。检修完毕后，若需再次试运行，也应有教师在现场监护，并做好时间记录。

4. 通电试运行完毕，停转，切断电源。先拆除三相电源线，再拆除电动机线。

5. 试运行成功后，记录完成时间及通电试运行次数。

故障检修

在完成试运行的基础上，教师或同组学生按照表 4-1-2 中的故障原因分析的元器件或路径，人为地设定一两个故障点进行排故练习。

表 4-1-2　电路的故障现象、原因分析及检查方法

故障现象	原因分析	检查方法
在 M1 顺利启动后，M2 不能启动	（1）按下 SF21 后 QA3 不动作，可能故障是： 1）SF22 接触不良 2）6 号线断路 3）SF21 接触不良 4）7 号线断路 5）QA2 常开触头接触不良 6）8 号线断路 7）QA3 线圈断路 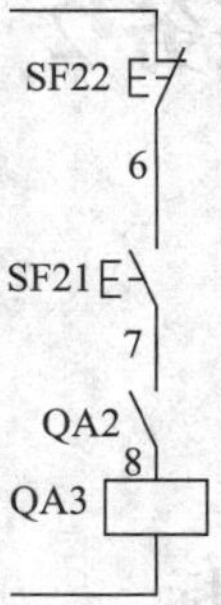 （2）按下 SF21 后 QA3 动作，但电动机 M2 不能启动，可能故障是： 1）QA3 主触头故障 2）FC4 热元件故障 3）连接导线断路故障 4）电动机 M2 故障 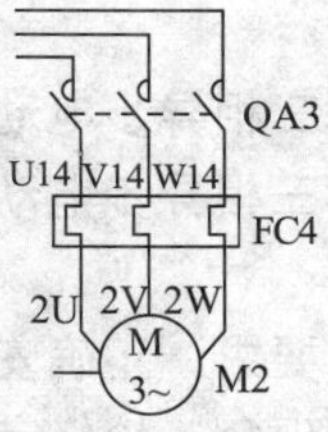 （图中标注：SF22、6、SF21、7、QA2、8、QA3；QA3、U14、V14、W14、FC4、2U、2V、2W、M 3~、M2）	（1）按下 SF21 后 QA3 不动作的检查方法是：按下 SF21 后，用验电笔逐点测量 SF22、SF21、QA2、QA3 的上下端头，故障点在有电点与无电点之间 （2）按下 SF21 后 QA3 动作，但电动机 M2 不能启动的检查方法同自锁控制电路中主电路的检查方法

续表

故障现象	原因分析	检查方法
在M1没有启动的情况下，按下SF21，M2启动	可能故障是：虚线框中的QA2常开触头短接	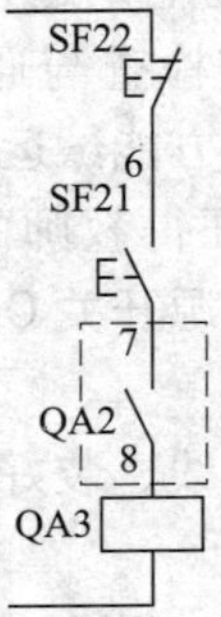 断开电源，将万用表置于电阻挡，按下QA2的触头架，用两表笔接QA2常开触头的上下端头，检查其通断情况
在M1、M2两台电动机启动后，按下SF12，两台电动机同时停止，即没有逆序停止控制	可能故障是：虚线框中的QA3常开辅助触头接触不良	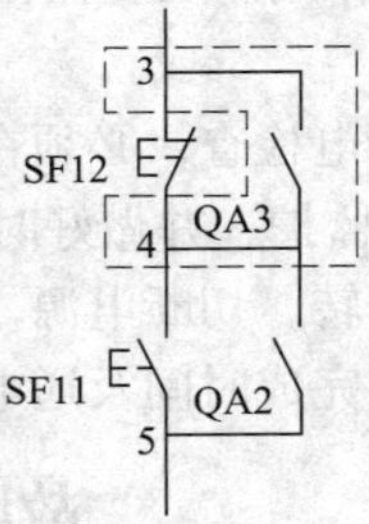 断开电源，将万用表置于电阻挡，按下SF12，其余检查方法与自锁控制电路的检查方法一致
其他检查方法参见前面内容		

任务2　三相异步电动机多地控制电路的安装与检修

学习目标

1. 能正确理解三相异步电动机多地控制电路的工作原理。
2. 能正确识读三相异步电动机多地控制电路的原理图、接线图和布置图。
3. 能按照工艺要求，正确安装三相异步电动机多地控制电路。
4. 能根据故障现象，检修三相异步电动机多地控制电路。

工作任务

在生产中，为了操作控制的方便，有些生产机械在对一台电动机的控制方式上采用两个或两个以上的地点进行控制。如 X62W 型铣床的主轴电动机的控制，为了方便操作，采用两地控制方式，将一组控制机构安装在工作台上；将另一组控制机构安装在铣床床身上。能在两地或两地以上的地点控制同一台电动机的控制方式，称为电动机的多地控制。图 4-2-1 所示就是一个两地控制的具有过载保护接触器自锁正转控制电路图。

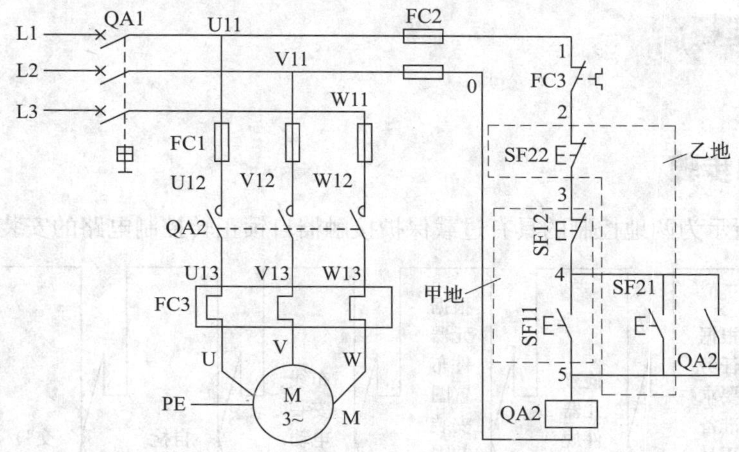

图 4-2-1　两地控制的具有过载保护接触器自锁正转控制电路图

其中 SF11、SF12 为安装在甲地的启动按钮和停止按钮；SF21、SF22 为安装在乙地的启动按钮和停止按钮。该电路的特点是：两地的启动按钮 SF11、SF21 并联在一起；停止按钮 SF12、SF22 串联在一起。这样就可以分别在甲、乙两地启动和停止同一台电动机，达到操作方便的目的。

本次工作任务是完成三相异步电动机多地控制电路的安装与检修。

相关理论

图 4-2-1 所示两地控制的具有过载保护接触器自锁正转控制电路工作原理分析如下。

甲地控制：

启动

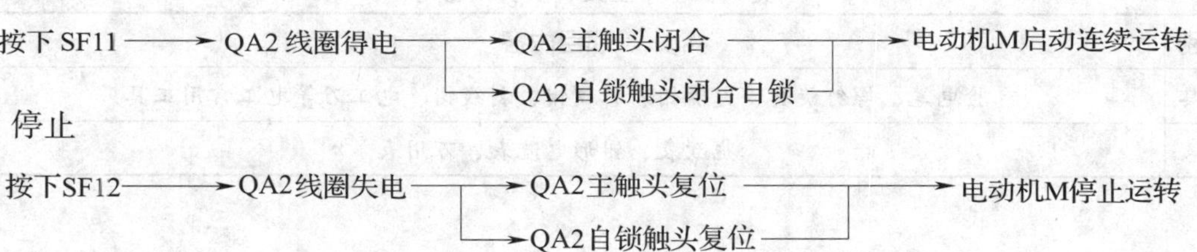

乙地控制：

启动

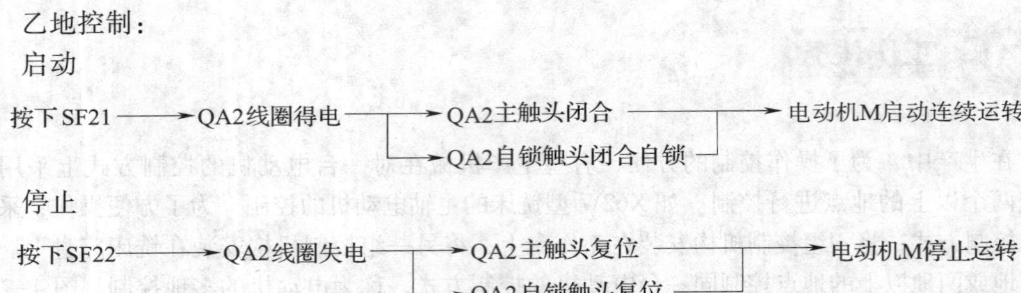

一、实施步骤

图 4-2-2 所示为两地控制的具有过载保护接触器自锁正转控制电路的安装与调试步骤。

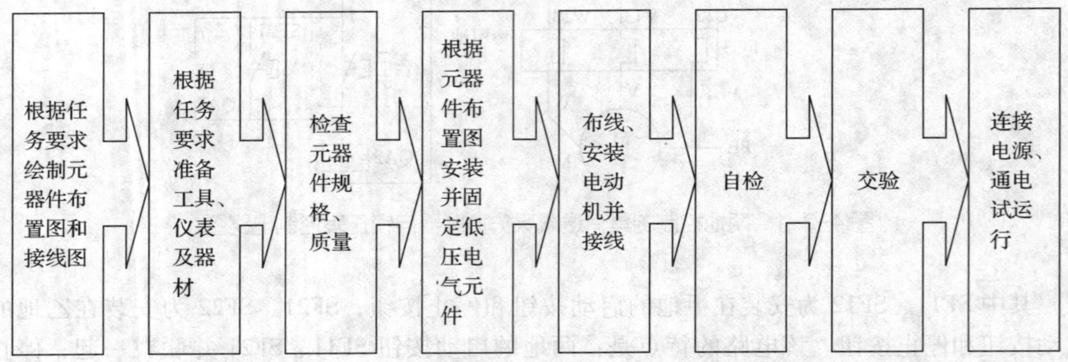

图 4-2-2　两地控制的具有过载保护接触器自锁正转控制电路的安装与调试步骤

二、绘制元器件布置图和接线图

元器件布置图和接线图由读者自行绘制。

三、准备工具、仪表及器材

根据两地控制的具有过载保护接触器自锁正转控制电路，选用工具、仪表及器材见表 4-2-1。

表 4-2-1　工具、仪表及器材

类别	项目内容
工具	验电笔、螺钉旋具、尖嘴钳、斜口钳、剥线钳、电工刀等电工常用工具
仪表	兆欧表、钳形电流表、万用表

续表

类别	项目内容				
	代号	名称	型号	规格	数量
器材	M	三相笼型异步电动机	Y112M-4	4 kW、380 V、8.8 A、△接法、1 440 r/min	1
	QA1	低压断路器	DZ5-20/330	三极复式脱扣器、380 V、20 A、脱扣器额定电流 10 A	1
	FC1	螺旋式熔断器	RL1-60/20	500 V、60 A、配熔体 20 A	3
	FC2	螺旋式熔断器	RL1-15/2	500 V、15 A、配熔体 2 A	2
	QA2	接触器	CJT1-20	线圈电压 380 V、20 A	1
	SF11、SF12、SF21、SF22	两联按钮	LA10-2H	保护式、按钮数 2	2
	FC3	热继电器	JR36-20/3D	热元件额定电流 11 A	1
		控制板		500 mm×400 mm×20 mm	1
	XD	接线端子排	JX2-1015	500 V、10 A、15 节或配套自定	1
		主电路线		BV 1.5 mm^2（红色或颜色自定）	若干
		控制电路线		BV 1.0 mm^2（白色或颜色自定）	若干
		按钮线		BVR 0.75 mm^2（白色或颜色自定）	若干
		接地线		BVR 1.5 mm^2（黄绿双色）	若干
		四芯电缆线		YHZ 3×1.5 mm^2+1×1.5 mm^2	若干
		螺钉		ϕ5 mm×60 mm	若干
		走线槽		18 mm×25 mm	若干
		紧固体和编码套管			若干

四、检查元器件规格和质量

1. 根据工具、仪表及器材选用表，检查各元器件、耗材与表中的型号和规格是否一致。

2. 检查各元器件的外观是否完好无损，附件、备件是否齐全。

3. 用仪表检查各元器件和电动机的有关技术数据是否符合要求。

五、根据元器件布置图安装并固定低压电气元件

按元器件布置图在控制板上安装低压电气元件，按具有过载保护接触器自锁正转控制电路的安装要求固定好安装底板上的电气元件，并贴上醒目的文字符号。

六、布线

按具有过载保护接触器自锁正转控制电路的布线要求布线。

提示

各按钮的关系是：启动按钮并联，停止按钮串联。

按钮内接线如图 4-2-3 所示。

图 4-2-3　按钮内接线

七、自检

1. 从电源端开始逐段核对接线

根据电路图或接线图，从电源端开始逐段核对接线及接线端子处的线号是否正确，有无漏接、错接之处。检查导线连接点是否符合要求，压接是否牢固。同时注意连接点接触应良好，以避免带负载运转时产生闪弧现象。

2. 用万用表检查电路的通断情况

为万用表选用倍率合适的电阻挡，并进行欧姆校零。断开 QA1，先检查主电路；控制电路的检查也与具有过载保护接触器自锁正转控制电路的检查方法基本相同，不同点在于按钮分两处，检查也要分两次进行。

3. 检查电路安装质量，并进行绝缘电阻测量

用兆欧表检查电路的绝缘电阻，绝缘电阻阻值应不得小于 1 MΩ。

八、交验

学生提出申请，经教师检查同意后方可通电试运行。

九、连接电源、通电试运行

1. 为保证人身安全，在通电试运行时要认真执行安全操作规程的有关规定，一人监护、一人操作。试运行前，首先应检查与通电试运行有关的电气设备是否有不安全的因素存在，若查出应立即整改，然后方能试运行。

2. 通电试运行前，必须征得教师的同意，并由指导教师接通三相电源 L1、L2、L3，同时在现场监护。学生合上电源开关 QA1 后，用验电笔检查熔断器出线端，若验电笔氖管亮说明电源接通。按具有过载保护接触器自锁正转控制电路的方法进行通电试运行。

3. 出现故障后，若需带电检查时，必须在教师现场监护下进行。检修完毕后，若需再次试运行，也应有教师在现场监护，并做好时间记录。

4. 通电试运行完毕，停转，切断电源。先拆除三相电源线，再拆除电动机线。

5. 试运行成功后，记录完成时间及通电试运行次数。

故障检修

在完成试运行的基础上，教师或同组学生按照表 4-2-2 中故障原因分析的元器件或路径，人为地设定一两个故障点进行排故练习。

表 4-2-2　电路的故障现象、原因分析及检查方法

故障现象	原因分析	检查方法
按下 SF11 电动机能正常启动，按下 SF21 电动机不能正常启动	如右图所示虚线所圈的部分就是故障部分。可能故障是： （1）4 号或 5 号线松脱或断线 （2）SF21 接触不良 （图：4、5、SF11、SF21）	断开电源后，打开按钮盖，用电阻测量法找出故障点
按下 SF12 电动机能正常停止，按下 SF22 电动机不能正常停止	如右图所示虚线所圈的部分就是故障部分。可能故障是：按钮 SF22 内部短路 （图：SF22、SF12）	参见按钮故障检修方法
其他故障参见具有过载保护接触器自锁正转控制电路		

课题五 三相笼型异步电动机降压启动控制电路的安装与检修

启动时加在电动机定子绕组上的电压为电动机的额定电压，属于全压启动，也称直接启动。全压启动的优点是所用电气设备少，电路简单，维修量较小。但全压启动时的启动电流较大，一般为额定电流的 4~7 倍。在电源变压器容量不够大而电动机功率较大的情况下，全压启动将导致电源变压器输出电压下降，不仅会减小电动机本身的启动转矩，而且会影响同一供电电路中其他电气设备的正常工作。因此，较大容量的电动机在启动时需要采用降压启动的方法。

三相笼型异步电动机通过采用降压、补偿或变频等技术手段，实现电动机及机械负载的平滑启动，可以减少启动电流对电网的影响程度，使电网和机械系统得以保护。这种在电动机定子回路串入有限流作用的电力器件实现启动的方式，叫作降压或限流软启动。

软启动可分为有级和无级两类，常见的有级软启动主要有三种：定子绕组串电阻降压启动、自耦变压器降压启动、Y-△降压启动等；常见的无级软启动主要有三种：以电解液限流的液阻软启动、以晶闸管（SCR）为限流器件的晶闸管软启动、以磁饱和电抗器（SR）为限流器件的磁控软启动。

有级软启动又称降压启动。降压启动是指利用启动设备将电压适当降低后，加到电动机的定子绕组上进行启动，待电动机启动运转后，再使其电压恢复到额定电压正常运转。

在什么情况下需要进行三相笼型异步电动机降压启动呢？通常规定：电源容量在 180 kV · A 以上，电动机容量在 7 kW 以下的三相异步电动机可采用全压启动。否则，则需要进行降压启动。判断一台电动机能否直接启动，还可以通过下面的经验公式来确定：

$$\frac{I_{st}}{I_N} \leqslant \frac{3}{4} + \frac{S}{4P}$$

式中 I_{st}——电动机全压启动电流，A；

I_N——电动机额定电流，A；

S——电源变压器容量，kV·A；

P——电动机功率，kW。

凡不满足直接启动条件的，均须采用软启动。

由电动机的工作原理可知，电动机的电流随电压的降低而减小，所以降压启动达到了减小启动电流的目的。但是，由于电动机的转矩与电压的平方成正比，所以降压启动也将导致电动机的启动转矩大为降低。因此，降压启动需要在空载或轻载下进行。

任务 1　定子绕组串电阻降压启动控制电路的安装与检修

学习目标

1. 能正确理解三相异步电动机定子绕组串电阻降压启动控制电路的工作原理。
2. 能正确识读定子绕组串电阻降压启动控制电路的原理图、接线图和布置图。
3. 能按照工艺要求，正确安装三相异步电动机定子绕组串电阻降压启动控制电路。
4. 能掌握时间继电器的选用与简单检修的方法。
5. 能根据故障现象，检修三相异步电动机定子绕组串电阻降压启动控制电路。

工作任务

定子绕组串电阻降压启动是指在电动机启动时，把电阻串在电动机定子绕组与电源之间，通过电阻的分压作用来降低定子绕组上的电压，待电动机启动后，再将电阻短接，使电动机在额定电压下正常运行。要实现定子绕组串电阻降压启动，常见的控制电路有手动控制、按钮与接触器控制和时间继电器自动控制等几种形式。图 5-1-1 所示的是手动控制串电阻降压启动电路，图 5-1-2 所示为按钮与接触器控制串电阻降压启动电路。

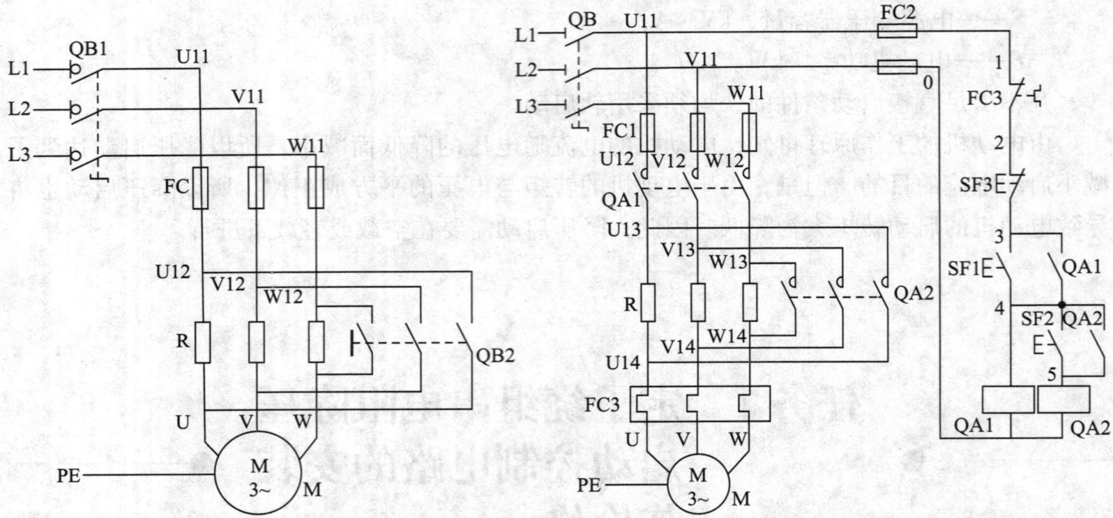

图 5-1-1　手动控制串电阻降压启动电路　　图 5-1-2　按钮与接触器控制串电阻降压启动电路

由于在手动控制和按钮与接触器控制电路中电动机从降压启动到全压运行是由操作人员操作转换开关或按钮来实现的，工作既不方便又不可靠，一般很少采用，因此，本任务对手动控制、按钮与接触器控制电路只进行简单的介绍，不进行实际的安装练习。

在 C650 型卧式车床的主轴电动机降压启动控制电路中就采用了图 5-1-3 所示的时间继电器自动控制定子绕组串电阻降压启动控制电路。

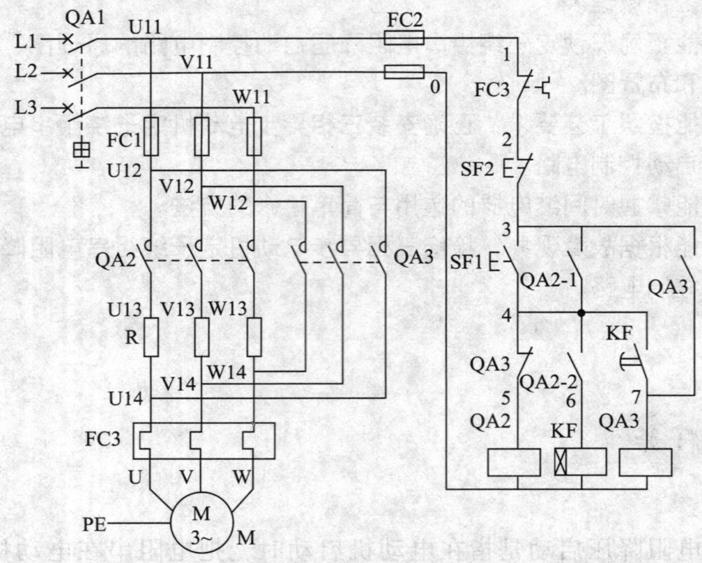

图 5-1-3　时间继电器自动控制定子绕组串电阻降压启动控制电路

这个电路中用接触器 QA3 的主触头短接电阻 R，用时间继电器 KF 控制电动机降压启动的时间，从而实现了自动控制。

本任务是完成时间继电器自动控制定子绕组串电阻降压启动控制电路的安装与检修。

相关理论

一、时间继电器

在得到动作信号后，能按照设定的时间要求控制其触头动作的继电器，称为时间继电器。

时间继电器的种类很多，常用的主要有电磁式、电动式、空气阻尼式、晶体管式、单片机控制式等类型。其中，电磁式时间继电器的结构简单，价格低廉，但体积和质量大，延时时间较短，且只能用于直流断电延时；电动式时间继电器是利用同步微电动机与特殊的电磁传动机构来产生延时的，延时精度高，延时可调范围大，但结构复杂，价格贵；空气阻尼式时间继电器的延时精度不高，体积大，已逐步被晶体管式时间继电器所取代；单片机控制式时间继电器是为了适应工业自动化控制水平越来越高而生产的，如 DHC6 多制式时间继电器采用单片机控制、LCD 显示，具有 9 种工作制式，正计时、倒计时任意设定，8 种延时时段，延时范围从 0.01 s~999.9 h 任意设定，进行键盘设定时，设定完成之后可以锁定键盘，以防止误操作。可以按要求任意选择控制模式，使控制电路简单可靠。目前在电力拖动控制电路中应用较多的是晶体管式时间继电器，图 5-1-4 所示为几款时间继电器的外形图。

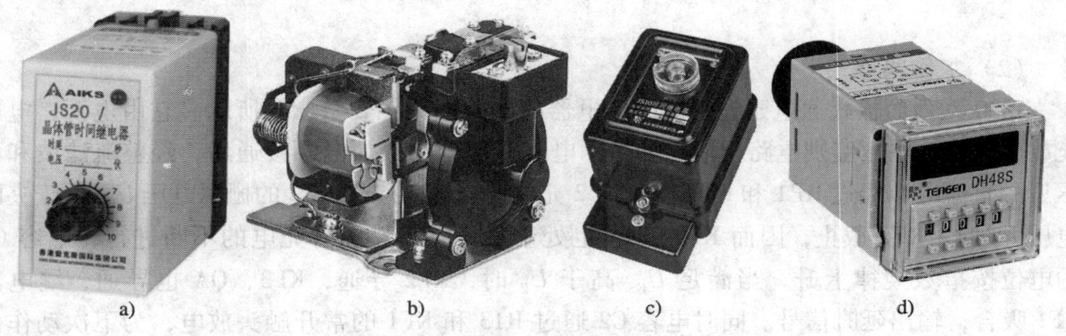

图 5-1-4　几款时间继电器的外形图

a）晶体管式　b）空气阻尼式　c）电动式　d）单片机控制式

1. JS20 系列晶体管式时间继电器

晶体管式时间继电器也称为半导体时间继电器或电子式时间继电器，具有机械结构简单、延时范围宽、整定精度高、体积小、耐冲击、耐振动、消耗功率小、调整方便及使用寿命长等优点，所以发展迅速，已成为时间继电器的主流产品，应用越来越广泛。

晶体管式时间继电器按结构可分为阻容式和数字式两类；按延时方式可分为通电延时型、断电延时型及带瞬动触头的通电延时型三类。

JS20 系列晶体管式时间继电器是全国推广的统一设计产品，适用于交流 50 Hz、电压 380 V 及以下或直流电压 110 V 及以下的控制电路中作延时元件，按预定的时间接通或分断电路。它具有体积小、质量轻、精度高、使用寿命长、通用性强等优点。

（1）结构

JS20 系列晶体管式时间继电器的外形如图 5-1-4a 所示，它具有保护外壳，其内部结

构采用印制电路组件。安装和接线采用专用的插接座，并配有带插脚标记的下标牌作为接线指示，上标盘上还带有发光二极管作为动作指示。结构形式有外接式、装置式和面板式三种。外接式的整定电位器可通过插座用导线接到所需的控制板上；装置式具有带接线端子的胶木底座；面板式采用通用八大脚插座，可直接安装在控制台的面板上，另外还带有延时刻度和延时旋钮供整定延时时间用。JS20 系列面板式通电延时型时间继电器的接线示意图如图 5-1-5a 所示。

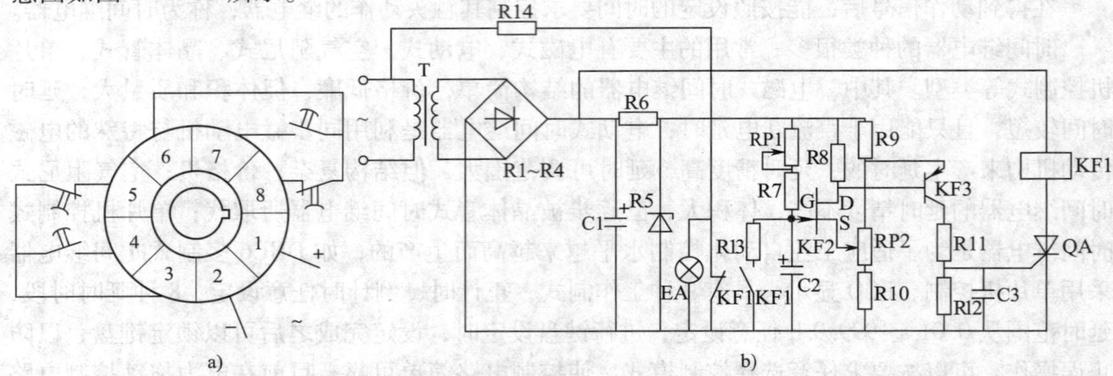

图 5-1-5　JS20 系列面板式通电延时型时间继电器的接线示意图和电路图

a）接线示意图　b）电路图

（2）工作原理

JS20 系列面板式通电延时型时间继电器的电路图如图 5-1-5b 所示。它由电源、电容充放电电路、电压鉴别电路、输出和指示电路五部分组成。电源接通后，经整流滤波和稳压后的直流电，经过 RP1 和 R7 向电容 C2 充电。当场效应管 KF2 的栅源电压 U_{GS} 低于夹断电压 U_P 时，KF2 截止，因而 KF3、QA 也处于截止状态。随着充电的不断进行，电容 C2 的电位按指数规律上升，当满足 U_{GS} 高于 U_P 时，KF2 导通，KF3、QA 也导通，继电器 KF1 吸合，输出延时信号。同时电容 C2 通过 R13 和 KF1 的常开触头放电，为下次动作做好准备。当切断电源时，继电器 KF1 释放，电路恢复原始状态，等待下次动作。调节 RP1 和 RP2 即可调整延时时间。

（3）型号含义及技术数据

JS20 系列晶体管式时间继电器的型号含义如下。

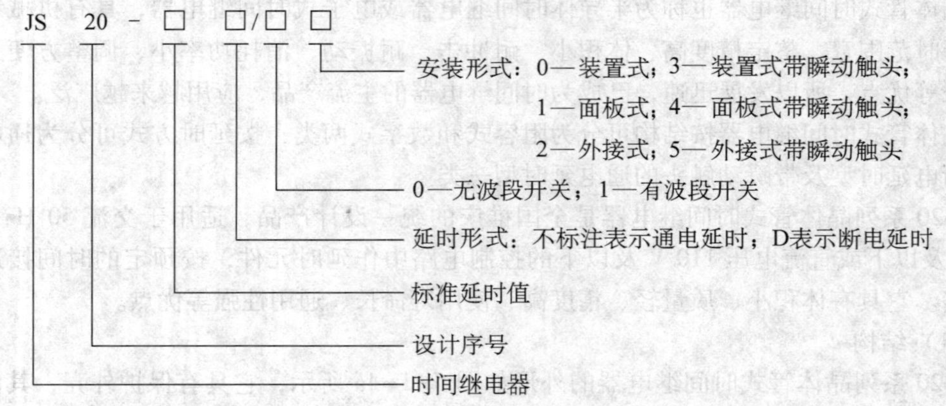

JS20 系列晶体管式时间继电器的主要技术数据见表 5-1-1。

表 5-1-1 JS20 系列晶体管式时间继电器的主要技术数据

型号	结构形式	延时整定元件位置	延时范围/s	延时触头对数				不延时触头对数		误差/%		环境温度/℃	工作电压/V		功率消耗/W
				通电延时		断电延时									
				常开	常闭	常开	常闭	常开	常闭	重复	综合		交流	直流	
JS20-□/00	装置式	内接	0.1~300	2	2	—	—	—	—	±3	±10	−10~40	36、110、127、220、380	24、48、110	≤5
JS20-□/01	面板式	内接		2	2										
JS20-□/02	外接式	外接		2	2										
JS20-□/03	装置式	内接		1	1	—	—	1	1						
JS20-□/04	面板式	内接		1	1			1	1						
JS20-□/05	外接式	外接		1	1			1	1						
JS20-□/10	装置式	内接	0.1~3 600	2	2	—	—	—	—						
JS20-□/11	面板式	内接		2	2										
JS20-□/12	外接式	外接		2	2										
JS20-□/13	装置式	内接		1	1	—	—	1	1						
JS20-□/14	面板式	内接		1	1			1	1						
JS20-□/15	外接式	外接		1	1			1	1						
JS20-□D/00	装置式	内接	0.1~180	—	—	2	2	—	—						
JS20-□D/01	面板式	内接				2	2								
JS20-□D/02	外接式	外接				2	2								

(4) 时间继电器在电路图中的符号

时间继电器在电路图中的符号如图 5-1-6 所示。

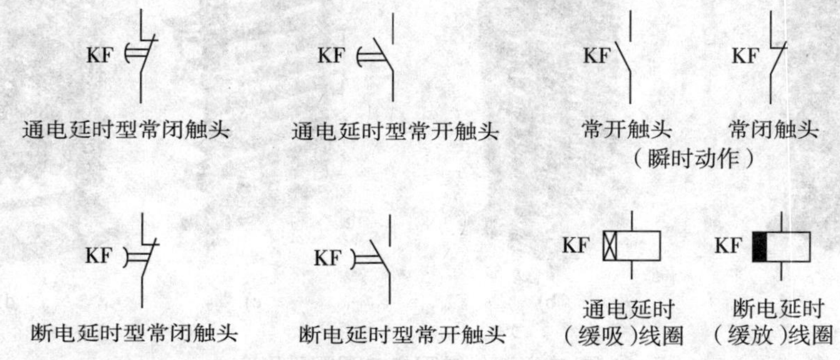

图 5-1-6 时间继电器在电路图中的符号

（5）适用场合

晶体管式时间继电器适用于当电磁式时间继电器不能满足要求时，或者当要求的延时精度较高时，或者控制回路相互协调需要无触头输出时等情况。

2. 时间继电器的选用

（1）根据系统的延时范围和精度选择时间继电器的类型和系列。目前电力拖动控制电路中一般选用晶体管式时间继电器，可供选择的时间继电器很多，除了选用本教材介绍的JS20系列，也可选择常用的JSZ3系列等。

（2）根据控制电路的要求选择时间继电器的延时方式（通电延时或断电延时）。同时，还必须考虑电路对瞬时动作触头的要求。

（3）根据控制电路电压选择时间继电器吸引线圈的电压。

（4）本任务时间继电器的选用。本任务只要求使用一个通电延时型常开触头，控制电路的工作电压为380 V。若选择JS20系列晶体管式时间继电器，查表5-1-1可选择JS20-0/00型、工作电压为380 V的时间继电器；也可选择JSZ3A-A型，读者可以去查有关技术参数。

二、电阻器

电阻器是具有一定电阻值的电气元件，当电流通过电阻器时，在它上面将产生电压降。利用电阻器这一特性，可控制电动机的启动、制动及调速。用于控制电动机启动、制动及调速的电阻器与电子产品中的电阻器在用途上有较大的区别，电子产品中用到的电阻器功率较小，发热量较小，一般不需要专门的散热设计；而用于控制电动机启动、制动及调速的电阻器的功率较大，一般为千瓦级，工作时发热量较大，需要有良好的散热性能，因此，在外形结构上与电子产品中常用的电阻器有较大的差异。常用于控制电动机启动、制动及调速的电阻器有铸铁电阻器、板形（框架式）电阻器、铁铬铝合金电阻器和管形电阻器，外形如图5-1-7所示，其分类见表5-1-2。

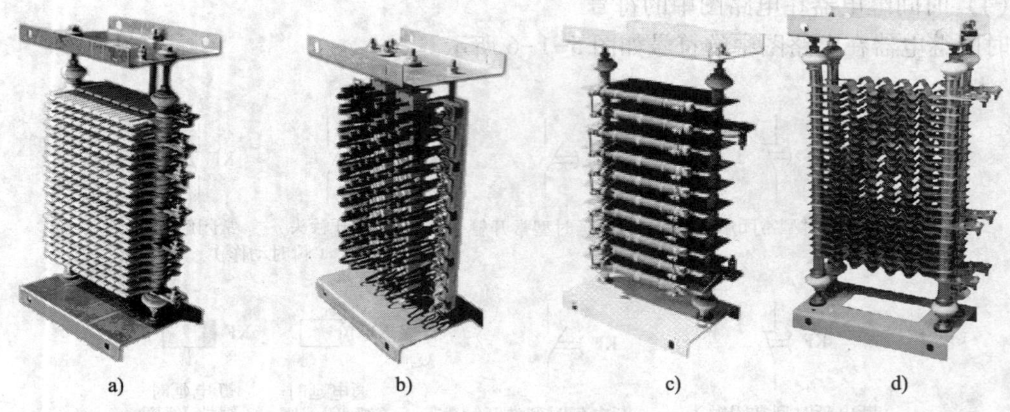

a)　b)　c)　d)

图5-1-7　常用的电阻器外形

a）ZX1型铸铁电阻器　b）ZX15型铁铬铝合金电阻器

c）ZX2型板形电阻器　d）ZX9型铁铬铝合金电阻器

表 5-1-2 电阻器的分类

类型	型号	结构及特点	适用场合
铸铁电阻器	ZX1	由自浇铸或冲压成形的电阻片选装而成，取材方便，价格低廉，有良好的耐腐蚀性和较大的发热时间常数，但性脆易断，电阻值较小，温度系数较大，体积大而笨重	适用于交直流低压电路中，供电动机启动、调速、制动及放电等用
板形电阻器	ZX2	在板形瓷质绝缘件上绕制的线状或带状康铜电阻元件，其特点是耐振动，具有较大的力学强度	同上，但较适用于要求耐振的场合
铁铬铝合金电阻器	ZX9	由铁、铬、铝合金电阻带轧成波浪形式，电阻为敞开式，功率约为 4.6 kW	适用于大中容量电动机的启动、制动和调速，可取代 ZX1 系列电阻器
	ZX15	由铁、铬、铝合金带制成的螺旋式管状电阻元件装配而成，功率约为 4.6 kW	
管形电阻器	ZG11	在陶瓷管上绕单层镍铜或镍铬合金电阻丝，表面经高温处理涂珐琅质保护层，电阻丝两端用电焊法连接多股绞合软铜线或连接纯铜导片作为引出端头 可调式管形电阻器在珐琅表面开有使电阻丝裸露的窄槽，并装有供移动调节夹	适用于电压不超过 500 V 的低压电气设备的电路中，供降低电压、电流用

启动电阻 R 一般采用 ZX1、ZX2 系列铸铁电阻器。铸铁电阻器能够通过较大电流，功率大。启动电阻 R 可按下列近似公式确定：

$$R = 190 \times \frac{I_{st} - I'_{st}}{I_{st} I'_{st}}$$

式中 R——电动机每相串接的启动电阻值，Ω；

I_{st}——电动机全压启动电流，A，一般 I_{st} = （4~7）I_N，I_N 为电动机额定电流；

I'_{st}——串电阻后的启动电流，A，一般 I'_{st} = （2~3）I_N。

需要特别指出的是，这是个近似公式，只是用这几个电流数值代入计算，并不代入电流单位。

电阻功率可用公式 $P = I_N^2 R$ 计算。由于启动电阻 R 仅在启动过程中接入，且启动时间很短，所以实际选用的电阻功率可比计算值减小 3~4 倍。

本次任务电动机的参数为：Y132M-4、7.5 kW、15 A、380 V、△接法，应选择启动电阻值为：

$$I_{st} = 6I_N = 6\times15\ \text{A} = 90\ \text{A}$$

选取

$$I'_{st} = 2I_N = 2\times15\ \text{A} = 30\ \text{A}$$

启动电阻阻值为：

$$R = 190 \times \frac{I_{st} - I'_{st}}{I_{st}I'_{st}} = 190 \times \frac{90 - 30}{90 \times 30}\ \Omega \approx 4.22\ \Omega$$

启动电阻功率为：

$$P = \frac{1}{3}I_N^2 R = \frac{1}{3} \times (15\ \text{A})^2 \times 4.22\ \Omega = 316.5\ \text{W}$$

三、时间继电器自动控制定子绕组串电阻降压启动控制电路

图 5-1-3 所示时间继电器自动控制定子绕组串电阻降压启动控制电路的工作原理分析如下。

先合上电源开关 QA1。

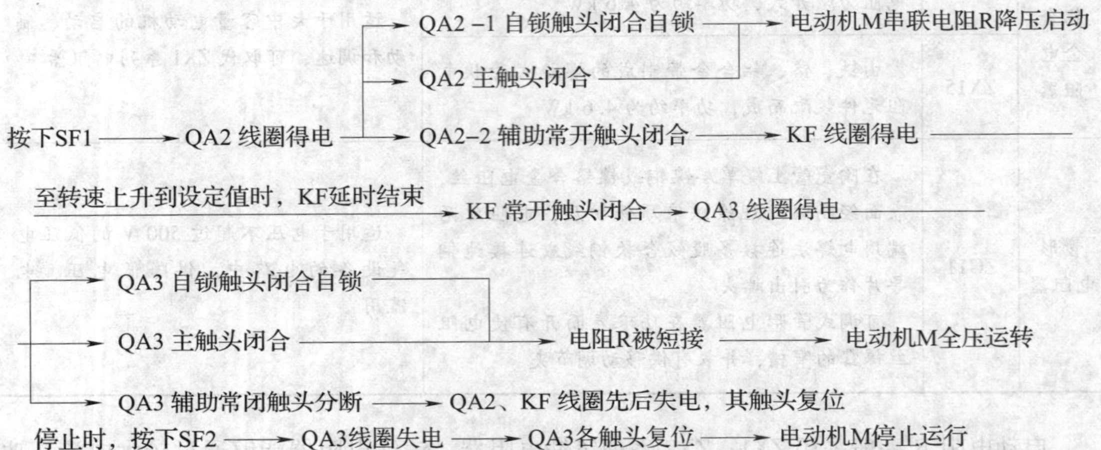

由以上分析可见，只要调整好时间继电器 KF 触头的动作时间，电动机由降压启动切换成全压运行就能准确可靠地自动完成。

串电阻降压启动的缺点是减小了电动机的启动转矩，同时启动时在电阻上的功率消耗也较大。如果启动频繁，则电阻的温度很高，对于精密的机床会产生一定的影响，故目前这种降压启动的方法在生产实际中的应用正在逐步减小。

任务实施

一、实施步骤

图 5-1-8 所示为时间继电器自动控制定子绕组串电阻降压启动控制电路的安装与调试步骤。

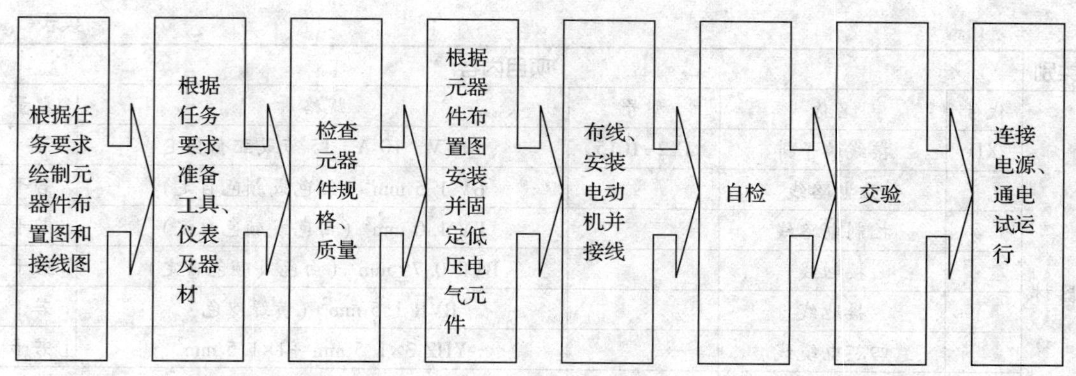

图 5-1-8　时间继电器自动控制定子绕组串电阻降压启动控制电路的安装与调试步骤

二、绘制元器件布置图和接线图

元器件布置图和接线图由读者自行绘制。

三、准备工具、仪表及器材

根据时间继电器自动控制定子绕组串电阻降压启动控制电路，选用工具、仪表及器材，见表 5-1-3。

表 5-1-3　工具、仪表及器材

类别	项目内容				
工具	验电笔、螺钉旋具（一字形和十字形）、尖嘴钳、钢丝钳、剥线钳、电工刀、活扳手、剥线钳等冲击钻、弯管器、套螺纹扳手等电路安装工具				
仪表	兆欧表、钳形电流表、万用表				
器材	代号	名称	型号	规格	数量
	M	三相笼型异步电动机	Y112M-4	4 kW、380 V、△接法、1 440 r/min	1
	QA1	低压断路器	DZ5-20/330	三极复式脱扣器、380 V、20 A、脱扣器额定电流 10 A	1
	FC1	螺旋式熔断器	RL1-60/20	500 V、60 A、配熔体 20 A	3
	FC2	螺旋式熔断器	RL1-15/2	500 V、15 A、配熔体 2 A	2
	QA2、QA3	接触器	CJT1-20	线圈电压 380 V、20 A	2
	SF1、SF2	双联按钮	LA10-2H	保护式、按钮数 2	1
	FC3	热继电器	JR36-20/3D	热元件额定电流 11 A	1
	R	电阻器	ZX2-2/0.7	22.3 A、7 Ω	3
	KF	时间继电器	JS20-0/00 或 JSZ3A-A	380 V	1
		控制板		500 mm×400 mm×20 mm	1

续表

类别	项目内容				
	代号	名称	型号	规格	数量
器材	XD	接线端子排	JX2-1015	500 V、10 A、15 节或配套自定	1
		主电路线		BV 1.5 mm^2（红色或颜色自定）	若干
		控制电路线		BV 1.0 mm^2（白色或颜色自定）	若干
		按钮线		BVR 0.75 mm^2（白色或颜色自定）	若干
		接地线		BVR 1.5 mm^2（黄绿双色）	若干
		四芯电缆线		YHZ 3×1.5 mm^2+1×1.5 mm^2	若干
		螺钉		ϕ5 mm×60 mm	若干
		走线槽		18 mm×25 mm	若干
		紧固体和编码套管			若干

四、检查元器件规格和质量

1. 根据工具、仪表及器材选用表，检查各元器件、耗材与表中的型号和规格是否一致。
2. 检查各元器件的外观是否完好无损，附件、备件是否齐全。
3. 用仪表检查各元器件和电动机的有关技术数据是否符合要求。

五、根据元器件布置图安装并固定低压电气元件

按照元器件布置图在控制板上安装低压电气元件，并贴上醒目的文字符号。

时间继电器的安装与使用要求如下。

1. 时间继电器应按说明书规定的方向安装。
2. 时间继电器的整定值应预先在不通电时整定好，并在试运行时校正。
3. 需注意时间继电器的插接座缺口方向，确保时间继电器插接柱不会接错。
4. 底座有卡扣的，在插上时间继电器后要卡紧卡扣。

JS20 型时间继电器如图 5-1-9 所示。

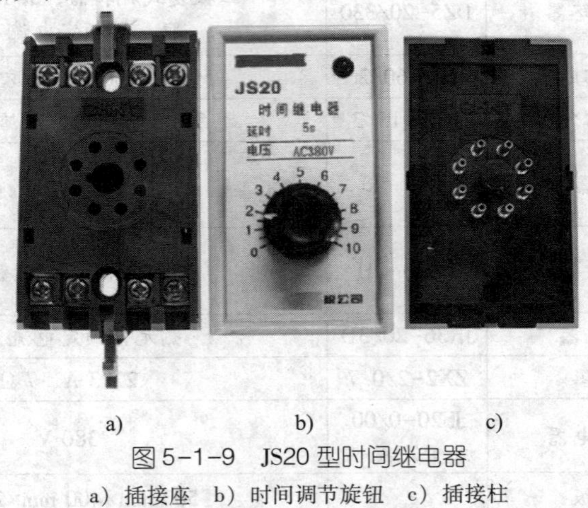

a)　　b)　　c)

图 5-1-9　JS20 型时间继电器

a）插接座　b）时间调节旋钮　c）插接柱

JSZ3A-A 型时间继电器如图 5-1-10 所示。

a)　　　b)　　　c)

图 5-1-10 JSZ3A-A 型时间继电器

a）插接座 b）时间调节旋钮 c）插接柱

提示

（1）电阻器要安装在箱体内，并且要考虑其产生的热量对其他电器的影响。若将电阻器置于箱外，必须采取遮护或隔离措施，以防止发生触电事故。

（2）若无启动电阻，也可用灯箱替代电动机进行模拟试验，但三相灯泡的规格必须相同并符合要求。

六、布线

接线的顺序、要求与接触器联锁控制电路基本相同，但应注意以下几个问题。

1. 主电路

要注意短接电阻器的接触器 QA3 在主电路中的接线不能接错，否则会由于相序接反而造成电动机反转，起不到降压启动的作用。

2. 控制电路

晶体管式时间继电器接线时，要注意时间继电器的插接座是有方向的，不要接反。时间继电器的安装如图 5-1-11 所示。

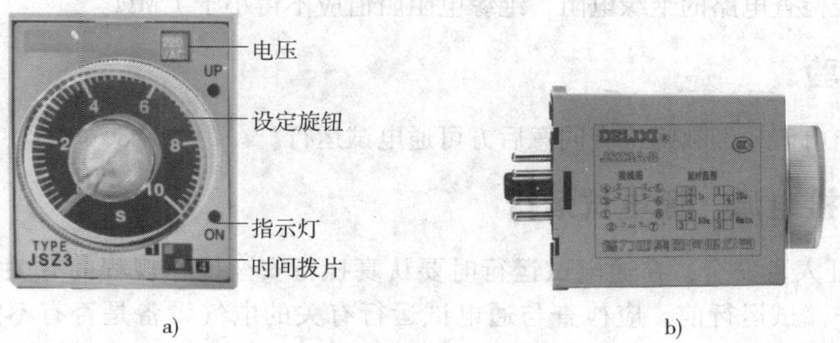

a)　　　b)

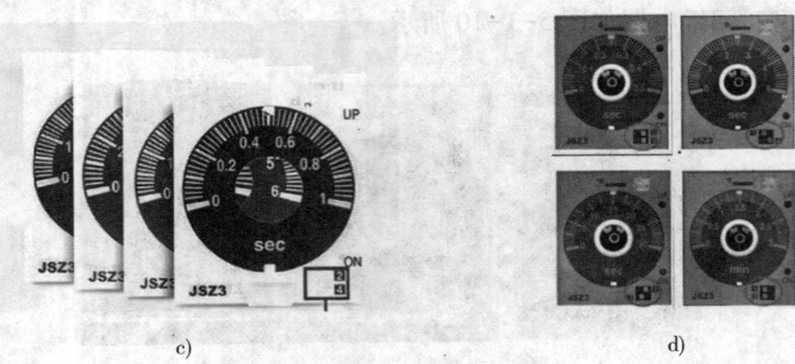

c) d)

图5-1-11 时间继电器的安装

a）时间继电器操作面板 b）查看延时范围拨片位置 c）选定时间表盘 d）将拨片拨到相应位置

七、自检

1. 从电源端开始逐段核对接线

根据电路图或接线图，从电源端开始逐段核对接线及接线端子处的线号是否正确，有无漏接、错接之处。检查导线连接点是否符合要求，压接是否牢固。同时注意连接点接触应良好，以避免带负载运转时产生闪弧现象。

2. 用万用表检查电路的通断情况

为万用表选用倍率合适的电阻挡，并进行欧姆校零。

断开 QA1，摘下接触器灭弧罩。

（1）检查主电路

将万用表表笔跨接在 QA1 下端子 U11 和 U14 处，应测得断路，按下 QA2 的触头架，应测得 R 的电阻值；放开 QA2 的触头架，再按下 QA3 的触头架，万用表会显示通路。在 V11、V14 和 W11、W14 上重复进行检测。

（2）检查控制电路

断开主电路，将万用表表笔跨接在 QA1 下端子 U11 和 V11 处，应测得断路；按下 SF1 不放，应测得 QA2 线圈的电阻值。同时按下 SF2，应测出控制电路由线圈阻值变为∞。放开 SF1、SF2 后，再按下 QA3 的触头架，应测得 QA3 线圈的电阻值。断开“5”和“7”号线，按下 QA2 的触头架，应测得 KF 线圈的电阻值，测量无误后，恢复“5”和“7”号线。

3. 检查电路安装质量，并进行绝缘电阻测量

用兆欧表检查电路的绝缘电阻，绝缘电阻阻值应不得小于 1 MΩ。

八、交验

学生提出申请，经教师检查同意后方可通电试运行。

九、连接电源、通电试运行

1. 为保证人身安全，在通电试运行时要认真执行安全操作规程的有关规定，一人监护、一人操作。试运行前，应检查与通电试运行有关的电气设备是否有不安全的因素存在，若查出应立即整改，然后方能试运行。

2. 通电试运行前，必须征得教师的同意，并由指导教师接通三相电源 L1、L2、L3，同时在现场监护。学生合上电源开关 QA1 后，用验电笔检查熔断器出线端，若验电笔氖管亮说明电源已接通。

（1）空载操作试验

合上电源开关 QA1，按下 SF1，使 QA2 线圈得电动作，几秒钟后，QA3 线圈得电动作，QA2 线圈失电，触头复位。按下 SF2，控制电路失电，QA3 触头复位。

（2）带负荷试运行

1）断开 QA1，接好电动机接线，断开时间继电器。合上 QA1，做好立即停机的准备。

按下 SF1，电动机运行后，用万用表检查 U14、V14、W14 之间的电压是否小于 380 V。若用灯箱来进行模拟试验，则看灯箱是否正常发光。按下 SF2，主电路 QA2 主触头复位，电动机停转或灯箱停止发光。正常后再进行下一步操作。

提示

时间继电器的控制时间不要设置得太长，应根据三相笼型异步电动机功率的大小确定延时的时间。

2）断开 QA1，接好电动机接线，连接好时间继电器，设定好动作时间。合上 QA1，做好立即停机的准备。按下 SF1，QA2 线圈得电动作，电动机降压启动；几秒钟后，QA3 线圈得电动作，电动机全压运转。当电动机运转平稳后，用钳形电流表测量三相电流是否平衡。按下 SF2，电动机停转。

反复操作几次，观察电路动作的可靠性。

3. 出现故障后，若需带电检查，必须在教师现场监护下进行。检修完毕后，若需再次试运行，也应有教师在现场监护，并做好时间记录。

4. 通电试运行完毕，停转，切断电源。先拆除三相电源线，再拆除电动机线。

5. 试运行成功后，记录完成时间及通电试运行次数。

故障检修

在完成试运行的基础上，教师或同组学生按照表 5-1-4 中故障原因分析的元器件或路径，人为地设定一两个故障点进行排故练习。

表 5-1-4 电路的故障现象、原因分析及检查方法

故障现象	原因分析	检查方法
电动机不能降压启动	（1）从主电路分析 可能存在的故障点有熔断器 FC1 断路、接触器 QA2 主触头接触不良、降压启动电阻 R 断路、热继电器 FC3 主通路有断点、电动机 M 的绕组有故障	故障检查的步骤及方法如下： （1）按下电动机 M 的启动按钮 SF1，观察接触器 QA2 是否吸合。若接触器 QA2 吸合，则为主电路的问题，重点检查熔断器 FC1、接触器 QA2 主触头、启动电阻器、热继电器、电动机 M 的绕组等

续表

故障现象	原因分析	检查方法
电动机不能降压启动	（2）从控制电路分析 可能存在的故障点有1号线至2号线热继电器FC3常闭触头接触不良、2号线至3号线按钮SF2常闭触头接触不良、3号线至4号线SF1按钮损坏、4号线和5号线QA3常闭触头接触不好、QA2线圈损坏、0号线断开、FC2断开等	（2）若接触器QA2不闭合，则重点检查熔断器FC2、1号线至2号线热继电器FC3的常闭触头、2号线至3号线按钮SF2的常闭触头、4号线至5号线QA3的常闭触头及QA2线圈
电动机能降压启动，但不能转换成全压运转	电动机能启动，主电路中除QA3不能确定外，其余正常。控制电路中可能存在的故障点有4号线和6号线间的QA2-2常开触头接触不好、KF线圈损坏、4号线和7号线间的KF通电延时型常开触头不能闭合、QA3线圈损坏，见图中虚线所框部分	故障检查的步骤及方法如下：电动机启动后，观察时间继电器是否动作。若时间继电器没有动作，检查4号线和6号线间的QA2-2常开触头和时间继电器的好坏。若时间继电器有动作，检查4号线和7号线间的KF通电延时型常开触头和QA3线圈
电动机降压启动后，在转入全压运行时停转	（1）从主电路分析 可能存在的故障点有接触器QA3主触头接触不良 （2）从控制电路分析 可能存在的故障点有3号线和7号线间的QA3常开触头接触不好，见图中虚线所框部分	故障检查的步骤及方法如下： （1）接触器QA3主触头的检查参见前面的描述 （2）断开电源，用电阻法检查3号线和7号线及其间的QA3常开触头的接触是否良好
其他故障参见前面的处理方法描述		

知识拓展

图5-1-12和图5-1-13所示为两种常见的手动、自动串电阻降压启动控制电路。

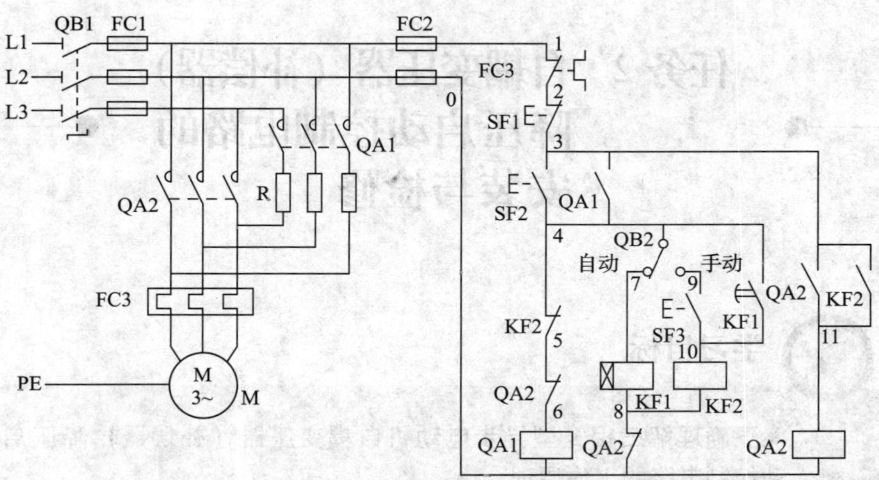

图 5-1-12 手动、自动串电阻降压启动控制电路一

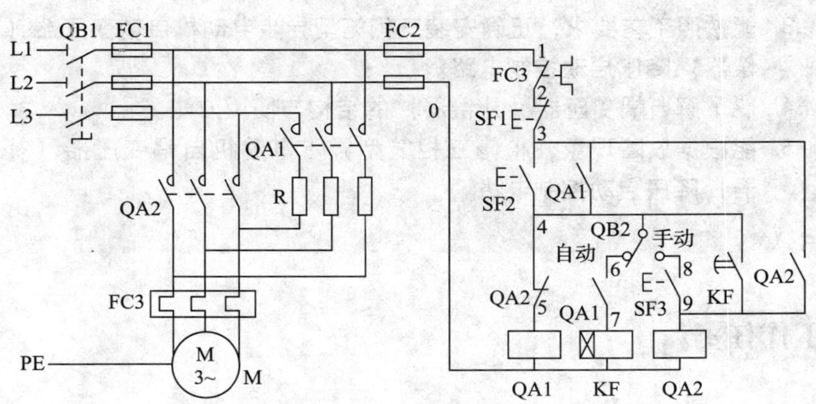

图 5-1-13 手动、自动串电阻降压启动控制电路二

可自行分析其工作原理。

任务2 自耦变压器（补偿器）降压启动控制电路的安装与检修

学习目标

1. 能正确理解三相笼型异步电动机自耦变压器（补偿器）降压启动控制电路的工作原理。
2. 能正确识读三相笼型异步电动机自耦变压器（补偿器）降压启动控制电路的原理图、接线图和布置图。
3. 能按照工艺要求，正确安装三相笼型异步电动机自耦变压器（补偿器）降压启动控制电路。
4. 能了解自耦变压器（补偿器）的结构与使用方法。
5. 能根据故障现象，检修三相笼型异步电动机自耦变压器（补偿器）降压启动控制电路。

工作任务

任务1中定子绕组串电阻降压启动利用的是串联电阻分压的原理，降低电动机定子绕组上的电压。这种方法将使大量的电能在电动机启动过程中通过电阻器转化为热能白白地消耗掉。如果电动机启动频繁，不仅会在电阻器上产生很高的温度，对机床的加工精度产生影响，而且这种能量消耗也不利于环保。因此，电动机定子绕组串电阻降压启动方式在生产中正逐步被淘汰。自耦变压器（补偿器）降压启动是在启动时利用自耦变压器降低定子绕组上的启动电压，达到限制启动电流的目的。启动完成后，再将自耦变压器切除，电动机直接与电源连接而全压运行。常见的自耦降压启动器有QJD3、QJ10系列手动自耦降压启动器和XJ01系列自动自耦降压启动箱。由于XJ01系列自动自耦降压启动箱是定型产品，安装较为简单，因此，本次工作任务要求完成与XJ01相接近的图5-2-1所示时间继电器自动控制自耦变压器（补偿器）降压启动控制电路的安装与检修。

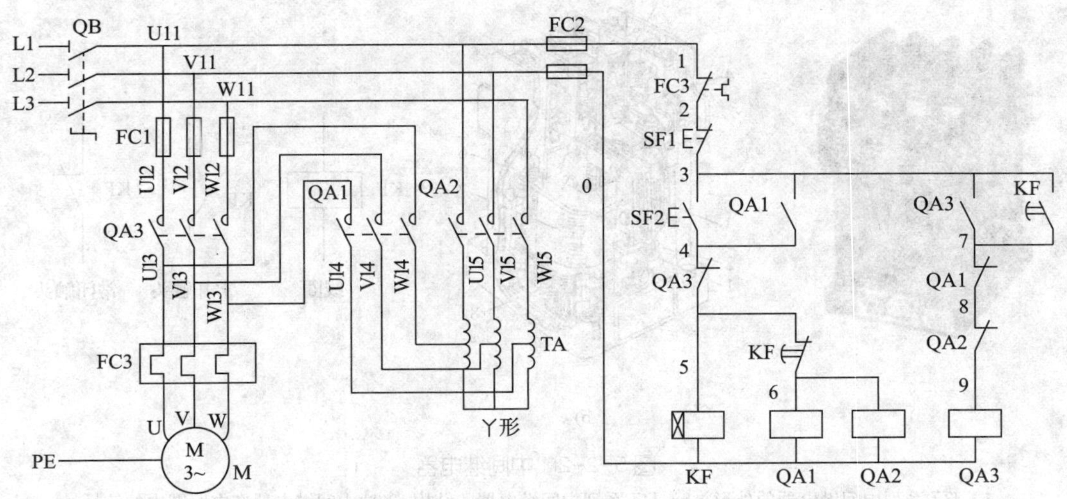

图 5-2-1　时间继电器自动控制自耦变压器（补偿器）降压启动控制电路

相关理论

一、中间继电器

1. 功能

中间继电器是用来增加控制电路中的信号数量的继电器。其输入信号控制线圈的通电和断电，输出信号控制触头的动作。由于触头的数量较多，所以当其他电器的触头数或触头容量不够时，可借助中间继电器作中间转换用，来控制多个元件或回路。

2. 结构原理、符号及型号含义

中间继电器的结构及工作原理与接触器基本相同，因而中间继电器又称接触器式继电器。但中间继电器的触头对数多，且没有主、辅触头之分，各对触头允许通过的电流大小相同，多数为 5 A。因此，对于工作电流小于 5 A 的电气控制电路，可用中间继电器代替接触器来控制。

图 5-2-2a、图 5-2-2b 所示为 JZ7 系列中间继电器的外形和结构，中间继电器在电路图中的符号如图 5-2-2c 所示。

JZ14 系列中间继电器有交流操作和直流操作两种，采用螺管式电磁系统和双断点式桥式触头，其基本结构为交直流通用，只是交流铁芯为平顶形，直流铁芯与衔铁为圆锥形接触面，触头采用直列式分布，对数达 8 对，可按 6 常开、2 常闭，4 常开、4 常闭或 2 常开、6 常闭组合。该系列继电器带有透明外罩，可防止尘埃进入内部而影响工作的可靠性。常见中间继电器的外形如图 5-2-3 所示。

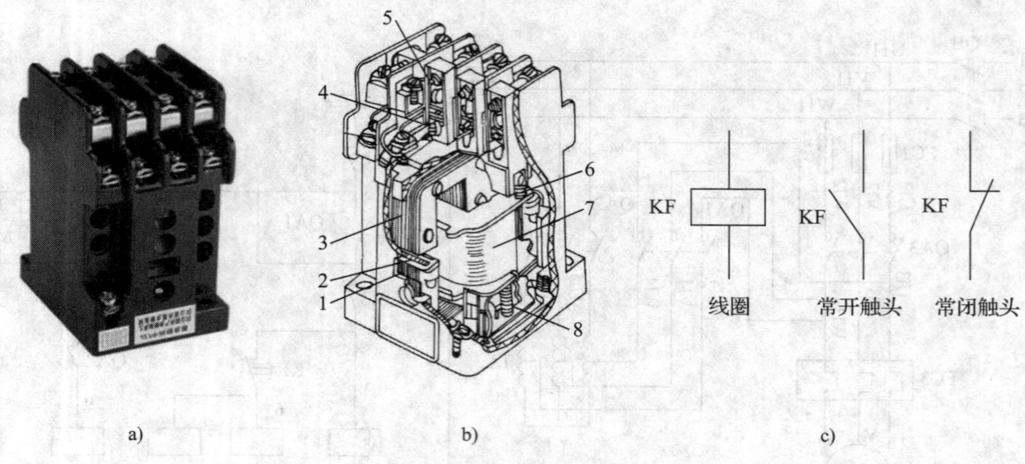

图 5-2-2　中间继电器

a）JZ7 系列中间继电器的外形　b）JZ7 系列中间继电器的结构　c）中间继电器在电路图中的符号

1—静铁芯　2—短路环　3—衔铁　4—常开触头　5—常闭触头　6—反作用弹簧　7—线圈　8—缓冲弹簧

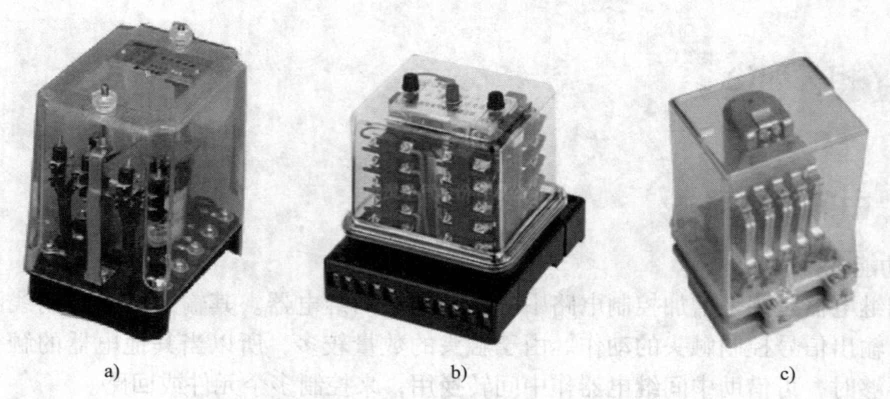

图 5-2-3　常见中间继电器的外形

a）JZ15 系列　b）JZ14 系列　c）ZJ6E 系列

中间继电器的型号含义如下。

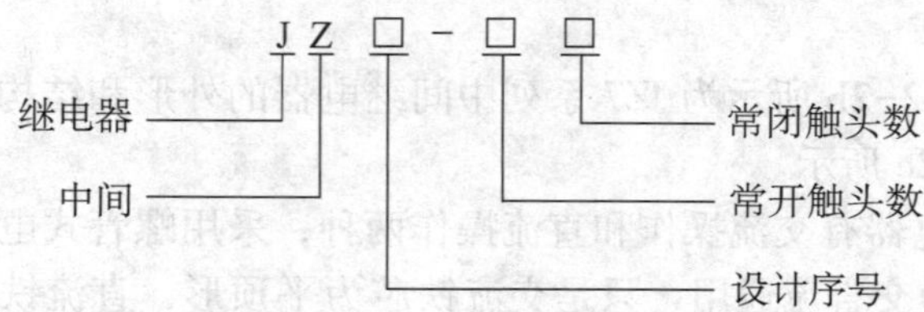

3. 选用

中间继电器主要依据被控制电路的电压等级、所需触头的数量、种类、容量等要求来选择。常用中间继电器的技术数据见表 5-2-1。中间继电器的安装、使用、常见故障及处理方法与接触器类似，可参看课题一的有关内容。

表 5-2-1 常用中间继电器的技术数据

型号	电压种类	触头额定电压/V	触头额定电流/A	触头组合		通电持续率/%	吸引线圈电压/V	吸引线圈消耗功率	额定操作频率/(次/h)
				常开	常闭				
JZ7-44	交流	380	5	4	4	40	12、24、36、48、110、127、380、420、440、500	12 V · A	1 200
JZ7-62				6	2				
JZ7-80				8	0				
JZ14-□□J/□	交流	380	5	6	2	40	110、127、220、380	10 V · A	2 000
				4	4				
JZ14-□□Z/□	直流	220		2	6		24、48、110、220	7 W	
JZ15-□□J/□	交流	380	10	6	2	40	36、127、220、380	11 V · A	1 200
				4	4				
JZ15-□□Z/□	直流	220		2	6		24、48、110、220	11 W	

二、手动自耦降压启动器

图 5-2-4 是 QJD3 系列油浸式手动自耦降压启动器的外形和电路。常用的手动自耦降压启动器有 QJD3 系列油浸式和 QJ10 系列空气式两种。

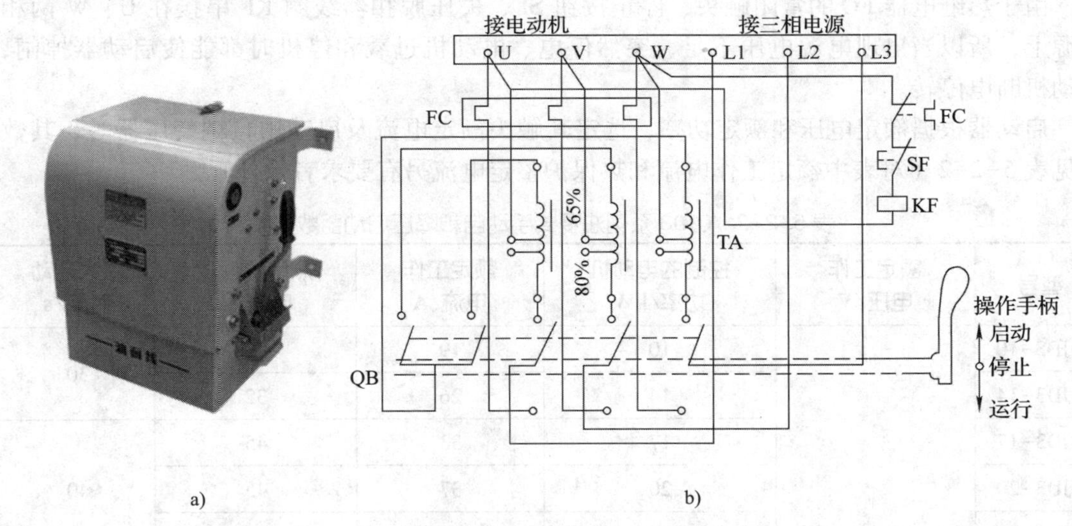

图 5-2-4 QJD3 系列油浸式手动自耦降压启动器

a）外形 b）电路

QJD3 系列油浸式手动自耦降压启动器的外形如图 5-2-4a 所示，主要由薄钢板制成的防护式外壳、自耦变压器、接触系统（触头浸在油中）、操作机构及保护系统五部分组成，具有过载和失压保护功能。

其适用于一般工业用交流 50 Hz 或 60 Hz、额定电压 380 V、功率 10~75 kW 的三相笼型异步电动机，作不频繁降压启动和停止用。型号及其含义如下。

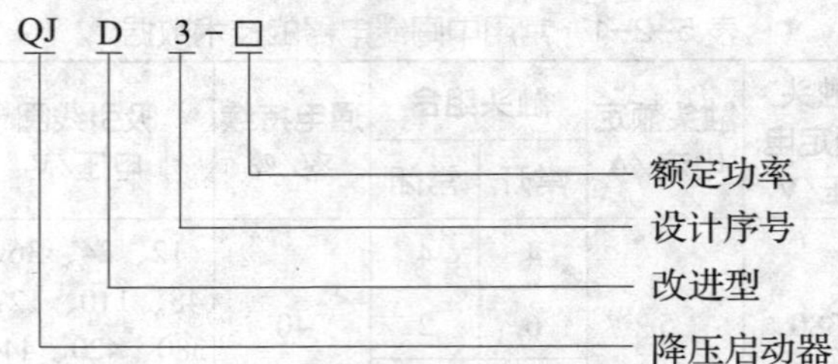

QJD3 系列油浸式手动自耦降压启动器的电路图如图 5-2-4b 所示，其动作原理如下。

当操作手柄扳到“停止”位置时，装在主轴上的动触头与上、下两排静触头都不接触，电动机处于断电停止状态。

当操作手柄向前推到“启动”位置时，装在主轴上的动触头与上面一排启动静触头接触，三相电源 L1、L2、L3 通过右边三个动、静触头接入自耦变压器，又经自耦变压器的三个（65%或 80%）抽头接入电动机进行降压启动；左边两个动、静触头接触则把自耦变压器接成了Y形。

当电动机的转速上升到一定值时，将操作手柄向后迅速扳到“运行”位置，使右边三个动触头与下面一排的三个运行静触头接触，这时自耦变压器脱离，电动机与三相电源 L1、L2、L3 直接相接而全压运行。

停止时，只要按下停止按钮 SF，失压脱扣器 KF 线圈失电，衔铁下落释放，通过机械操作机构使启动器掉闸，操作手柄便自动回到“停止”位置，电动机断电停转。

由于热继电器 FC 的常闭触头、停止按钮 SF、失压脱扣器线圈 KF 串接在 U、W 两相电源上，所以当出现电源电压不足、突然停电、电动机过载和停机时都能使启动器掉闸，电动机断电停转。

启动器根据额定电压和额定功率，选定其触头额定电流及启动用自耦变压器等，其数据见表 5-2-2（对表中额定工作电流和热保护整定电流另有要求者除外）。

表 5-2-2　QJD3 系列油浸式手动自耦降压启动器数据

型号	额定工作电压/V	控制的电动机功率/kW	额定工作电流/A	热保护额定电流/A	最大启动时间/s
QJD3-10	380	10	19	22	30
QJD3-14		14	26	32	
QJD3-17		17	33	45	40
QJD3-20		20	37	45	
QJD3-22		22	42	45	
QJD3-28		28	51	63	40
QJD3-30		30	56	63	
QJD3-40		40	74	85	60
QJD3-45		45	86	120	
QJD3-55		55	104	160	
QJD3-75		75	125	160	

三、XJ01 系列自耦降压启动箱

XJ01 系列自耦降压启动箱是自耦变压器降压启动自动控制设备，广泛用于频率 50 Hz、电压 380 V、功率 14~300 kW 的三相笼型异步电动机作不频繁的降压启动用。XJ01 系列自耦降压启动箱的外形及内部结构如图 5-2-5a 所示。

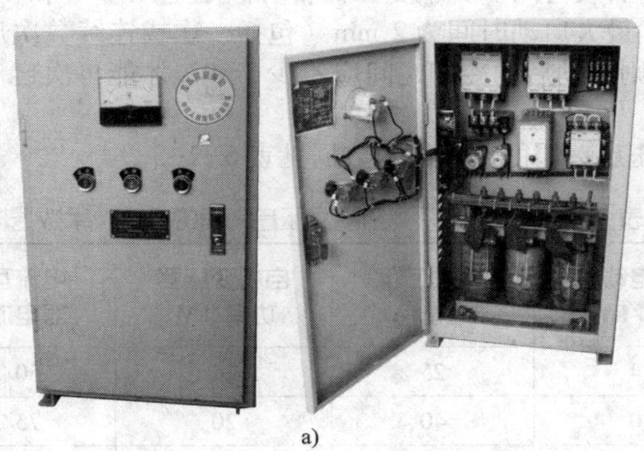

a)

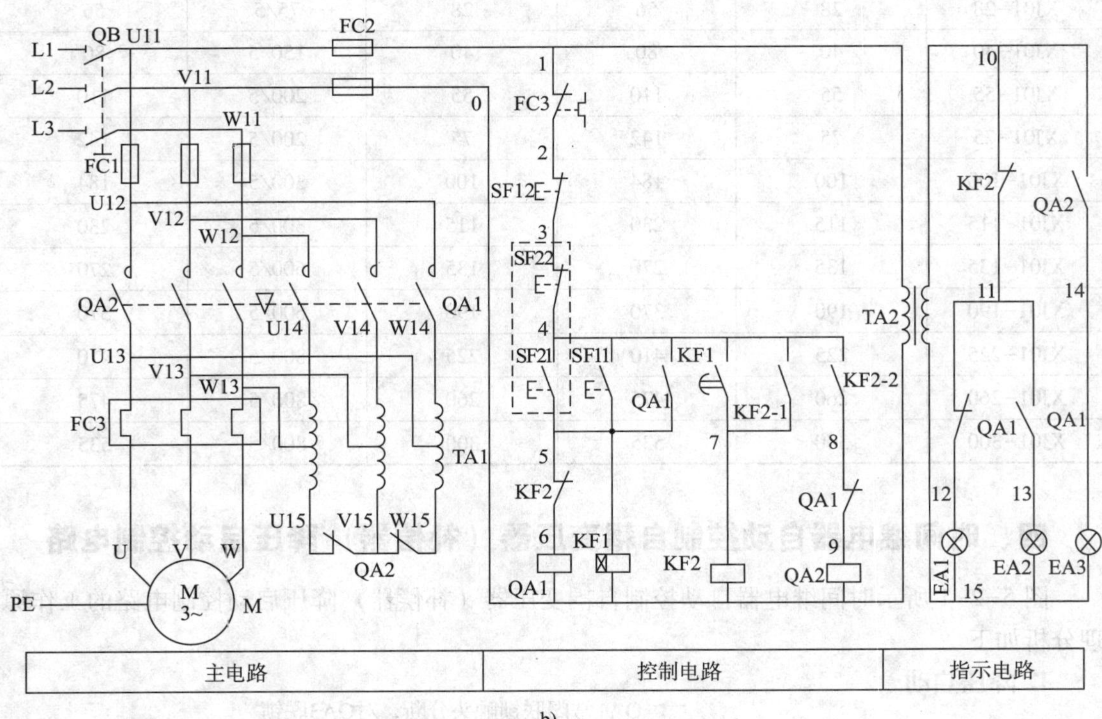

b)

图 5-2-5　XJ01 系列自耦降压启动箱

a）外形及内部结构　b）电路

XJ01 系列自耦降压启动箱减压启动电路如图 5-2-5b 所示。虚线框内的按钮是异地控制按钮。整个电路分为三部分：主电路、控制电路和指示电路。

电路工作原理请自行分析。

自耦变压器降压启动的优点是启动转矩和启动电流可以调节；缺点是设备庞大，成本较高。因此，这种降压启动方法适用于额定电压为 220 V/380 V、接法为△/Y形、容量较大的三相异步电动机的降压启动。

对于功率为 14～75 kW 的产品，采用自动控制方式；对于功率为 100～300 kW 的产品，具有手动和自动两种控制方式，由转换开关进行切换。时间继电器为可调式，在 5～120 s 内可以自由调节，控制启动时间。自耦变压器备有额定电压 60% 和 80% 两挡抽头。补偿器具有过载和失压保护，最大启动时间为 2 min（包括一次或连续数次启动时间的总和），若启动时间超过 2 min，则启动后的冷却时间应不少于 4 h 才能再次启动。由于是定型产品，其安装相对容易。

XJ01 系列自耦降压启动箱的主要技术数据见表 5-2-3。

表 5-2-3　XJ01 系列自耦降压启动箱的主要技术数据

型号	控制电动机功率/kW	最大工作电流/A	自耦变压器功率/kW	电流互感器电流比	热继电器整定电流参考值/A
XJ01-14	14	25	14	50/5	28
XJ01-20	20	40	20	75/5	40
XJ01-28	28	56	28	75/5	56
XJ01-40	40	80	40	150/5	80
XJ01-55	55	110	55	200/5	110
XJ01-75	75	142	75	200/5	142
XJ01-100	100	184	100	300/5	184
XJ01-115	115	230	115	300/5	230
XJ01-135	135	270	135	600/5	270
XJ01-190	190	370	190	600/5	370
XJ01-225	225	410	225	800/5	410
XJ01-260	260	475	260	800/5	475
XJ01-300	300	535	300	800/5	535

四、时间继电器自动控制自耦变压器（补偿器）降压启动控制电路

图 5-2-1 所示时间继电器自动控制自耦变压器（补偿器）降压启动控制电路的工作原理分析如下。

1. 降压启动

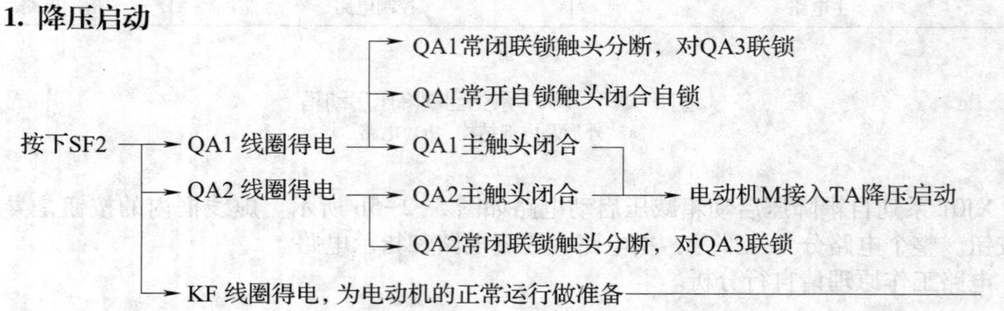

2. 全压运转

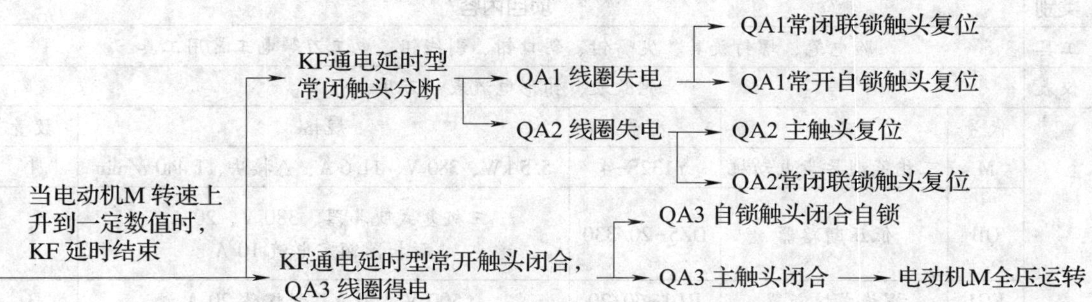

3. 停止

按下停止按钮 SF1，控制电路失电，电动机停转。

一、实施步骤

图 5-2-6 所示为时间继电器自动控制自耦变压器（补偿器）降压启动控制电路的安装与调试步骤。

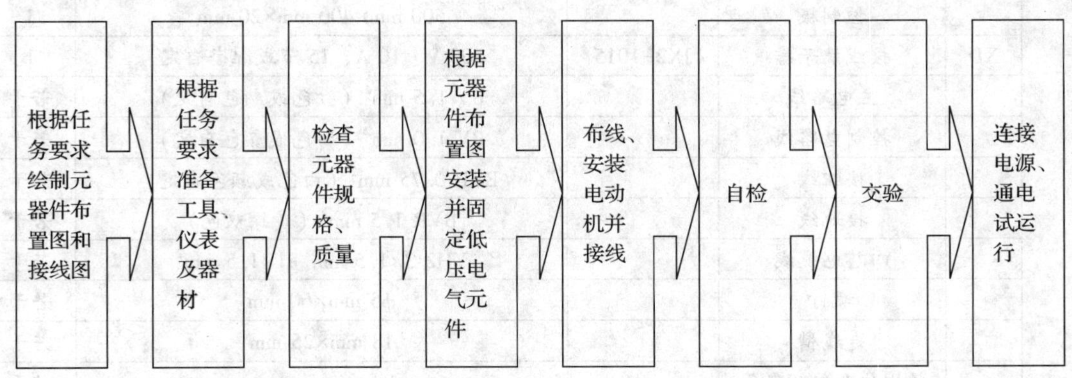

图 5-2-6　时间继电器自动控制自耦变压器（补偿器）降压启动控制电路的安装与调试步骤

二、绘制元器件布置图和接线图

自行绘制元器件布置图和接线图。

三、准备工具、仪表及器材

根据时间继电器自动控制自耦变压器（补偿器）降压启动控制电路，选用工具、仪表及器材，见表 5-2-4。

表5-2-4　工具、仪表及器材

类别	项目内容				
工具	验电笔、螺钉旋具、尖嘴钳、斜口钳、剥线钳、电工刀等电工常用工具				
仪表	兆欧表、钳形电流表、万用表				
器材	代号	名称	型号	规格	数量
	M	三相笼型异步电动机	Y132S-4	5.5 kW、380 V、11.6 A、△接法、1 440 r/min	1
	QB	低压断路器	DZ5-20/330	三极复式脱扣器、380 V、20 A、脱扣器额定电流 10 A	1
	FC1	螺旋式熔断器	RL1-60/20	500 V、60 A、配熔体 20 A	3
	FC2	螺旋式熔断器	RL1-15/2	500 V、15 A、配熔体 2 A	2
	QA1、QA2、QA3	接触器	CJT1-20	线圈电压 380 V、20 A	3
	SF1、SF2	双联按钮	LA10-2H	保护式、按钮数 2	1
	FC3	热继电器	JR36-20/3D	热元件额定电流 11 A	1
	TA	自耦变压器	GTZ	定制抽头电压 65%U_N	1
	KF	时间继电器	JS20-0/00 或 JSZ3A-A	380 V	1
		控制板		500 mm×400 mm×20 mm	1
	XD	接线端子排	JX2-1015	500 V、10 A、15 节或配套自定	1
		主电路线		BV 1.5 mm^2（红色或颜色自定）	若干
		控制电路线		BV 1.0 mm^2（白色或颜色自定）	若干
		按钮线		BVR 0.75 mm^2（白色或颜色自定）	若干
		接地线		BVR 1.5 mm^2（黄绿双色）	若干
		四芯电缆线		YHZ 3×1.5 mm^2+1×1.5 mm^2	若干
		螺钉		ϕ5 mm×60 mm	若干
		走线槽		18 mm×25 mm	若干
		紧固体和编码套管			若干

四、检查元器件规格和质量

1. 根据工具、仪表及器材选用表，检查各元器件、耗材与表中的型号和规格是否一致。
2. 检查各元器件的外观是否完好无损，附件、备件是否齐全。
3. 用仪表检查各元器件和电动机的有关技术数据是否符合要求。

五、根据元器件布置图安装并固定低压电气元件

按照元器件布置图在控制板上安装低压电气元件，并贴上醒目的文字符号。

提示

(1) 自耦变压器要安装在箱体内，否则应采取遮护或隔离措施，并在进、出线的端子上进行绝缘处理，以防止发生触电事故。

(2) 若无自耦变压器时，可采用两组灯箱来分别代替电动机和自耦变压器进行模拟试验，但三相规格必须相同，如图 5-2-7 所示。

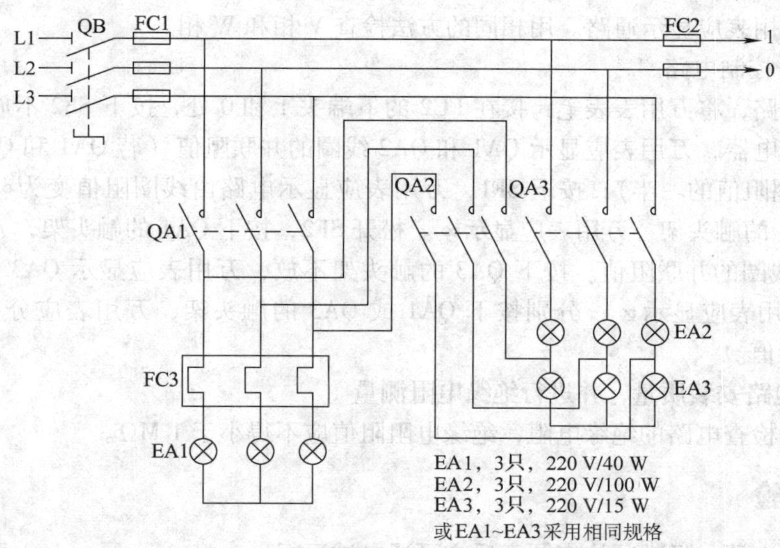

图 5-2-7　用灯箱进行模拟试验电路图

六、布线

采用板前线槽布线，布线工艺要求在前面已有介绍。

提示

(1) 布线时要注意主电路中 QA2 与 QA3 的相序不能接错，否则会使电动机工作时的转向与启动时相反。

(2) 电动机和自耦变压器的金属外壳及时间继电器的金属底板必须可靠接地，并应将接地线接到指定的接地螺钉上。

七、自检

1. 从电源端开始逐段核对接线

根据电路图或接线图，从电源端开始逐段核对接线及接线端子处的线号是否正确，有无漏接、错接之处。检查导线连接点是否符合要求，压接是否牢固。同时注意连接点接触应良好，以避免带负载运转时产生闪弧现象。

2. 用万用表检查电路的通断情况

为万用表选用倍率合适的电阻挡，并进行欧姆校零。

断开 QB，摘下接触器灭弧罩。

（1）检查主电路

测量 U 相的通断情况，将万用表表笔跨接在 QB 下端子 U11 和端子排 U 处，应测得断路；按下 QA3 的触头架，万用表应显示通路；放开 QA3 的触头架，同时按下 QA1、QA2 的触头架，万用表应显示通路。用相同的方法检查 V 相和 W 相。

（2）检查控制电路

断开主电路，将万用表表笔跨接在 FC2 的下端头 1 和 0 处，按下 SF2 不放，若采用晶体管式时间继电器，万用表应显示 QA1 和 QA2 线圈的并联阻值（若 QA1 和 QA2 相同，则显示 QA1 线圈阻值的一半）；按下 SF1，万用表应显示电路由线圈阻值变为∞；断开 7 号线，按下 QA3 的触头架，万用表应显示∞。松开 SF2，按下 QA1 的触头架，万用表应显示 QA1 和 QA2 线圈的并联阻值。按下 QA3 的触头架不放，万用表应显示 QA3 线圈的阻值；按下 SF1，万用表应显示∞；分别按下 QA1 或 QA3 的触头架，万用表应分别显示 QA1、QA3 线圈的阻值。

3. 检查电路安装质量，并进行绝缘电阻测量

用兆欧表检查电路的绝缘电阻，绝缘电阻阻值应不得小于 1 MΩ。

八、交验

学生提出申请，经教师检查同意后方可通电试运行。

九、连接电源、通电试运行

1. 为保证人身安全，在通电试运行时要认真执行安全操作规程的有关规定，一人监护、一人操作。试运行前，应检查与通电试运行有关的电气设备是否有不安全的因素存在，若查出应立即整改，然后方能试运行。

2. 通电试运行前，必须征得教师的同意，并由指导教师接通三相电源 L1、L2、L3，同时在现场监护。学生合上电源开关 QB 后，用验电笔检查熔断器出线端，若验电笔氖管亮则说明电源接通。

（1）空载操作试验

合上电源开关 QB，按下 SF2，QA1、QA2 线圈得电动作，几秒后，QA1、QA2 线圈失电，触头复位，同时 QA3 得电动作。按下 SF1，控制电路失电，QA3 触头复位。反复操作几次，观察电路动作的可靠性。

提示

时间继电器的时间一般设定为 3~5 s。

（2）带负荷试运行

断开 QB，接好电动机接线，连接好时间继电器，设定好动作时间。合上 QB，做好立即停机的准备。

按下 SF2，电动机启动后，用万用表检查 U13、V13、W13 之间的电压是否小于 380 V。若用灯箱来进行模拟试验，则看灯箱是否正常发光。几秒后，KF 动作，同时 QA3 得电，电动机正常运行。按下 SF1，主电路失电，电动机停转或灯箱停止发光。正常后再进行下一步。若用灯箱来进行模拟试验，则看灯箱 EA2、EA3 是否熄灭。反复操作几次，观察电路动作的可靠性。

3. 出现故障后，若需带电检查时，必须在教师现场监护下进行。检修完毕后，若需再次试运行，也应有教师在现场监护，并做好时间记录。

4. 通电试运行完毕，停转，切断电源。先拆除三相电源线，再拆除电动机线。

5. 试运行成功后，记录完成时间及通电试运行次数。

故障检修

在完成试运行的基础上，教师或同组学生按照表 5-2-5 中故障原因分析的元器件或路径，人为地设定一两个故障点进行排故练习。

故障分析：以 XJ01 系列自耦减压启动箱控制电路为例。

表 5-2-5 电路的故障现象、原因分析及检查方法

故障现象	原因分析	检查方法
分别按下 SF21 和 SF11，电动机都不能启动	（1）从主电路分析 可能存在的故障点有： 1）电源无电压或熔断器熔断 2）接触器 QA1 本身有故障 3）电动机故障 4）变压器电压抽头选得过低 （2）从控制电路分析 可能存在的故障点有：热继电器 FC3 常闭触头接触不良，继电器 KF2 常闭触头不能正常闭合，QA1 线圈断路，SF21 或 SF22 接触不良，相关导线断路 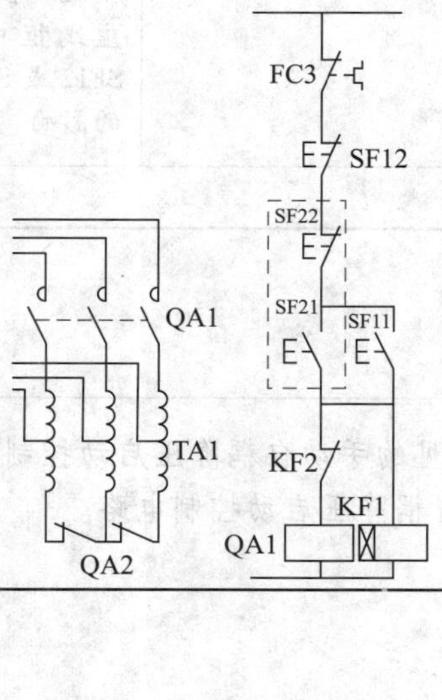	按下启动按钮，观察接触器 QA1 是否吸合，根据 QA1 的动作情况，按以下两种现象分析故障原因 （1）接触器 QA1 不吸合，可能原因有： 1）看电源指示灯 EA1 亮不亮，若不亮，检查电源有无电压或熔断器是否熔断 2）若电源指示灯 EA1 不亮，时间继电器不吸合，用万用表检查热继电器 FC3 常闭触头、SF12、SF22、SF21、继电器 KF2 常闭触头是否导通 3）检查接触器 QA1 线圈是否断路 （2）如果 QA1 动作，电动机不转但发出“嗡嗡”声，可能原因有： 1）电动机负载过大，机械部分故障，造成反转矩过大等 2）电源电压过低 3）接触器 QA1 的主触头接触不良 4）自耦变压器电压抽头选得过低 5）电动机本身有故障

续表

故障现象	原因分析	检查方法
自耦变压器发出“嗡嗡”声	变压器铁芯松动、过载等；变压器绕组接地；电动机短路或其他原因使启动电流过大	断电后检查变压器铁芯的压紧螺钉是否松动；用兆欧表检查变压器线圈接地电阻；检查电动机
自耦变压器过热	（1）自耦变压器短路、接地 （2）电动机启动时间过长或电路不能切换成全压运行 1）时间继电器延时时间过长、线圈短路、机械受阻等原因造成通电延时型常开触头不能吸合 2）时间继电器 KF1 的通电延时型常开触头不能闭合或接触不良 3）中间继电器 KF2 本身故障不能吸合 4）电动机启动过于频繁	当发现这种故障时，应立即停机，不然会将自耦变压器烧毁（因电动机启动时间很短，自耦变压器也是按短时通电设计的，只允许连续启动两次） （1）断电后用兆欧表检查变压器绕组接地电阻、匝间电阻 （2）切断主电路，通电检查时间继电器延时时间是否过长、触头是否动作和中间继电器 KF2 是否动作
接触器 QA1 释放后电动机停转	可能故障点是： （1）QA1 常闭触头接触不良，使接触器 QA2 无法通电 （2）中间继电器 KF2 在 QA2 电路上的常开触头 KF2-2 接触不良 （3）接触器 QA2 本身有故障不能吸合 （4）切换时间太短。其原因是 KF1 整定时间太短，造成电动机启动状态还没结束，使转为工作状态 （5）较长时间的大电流通过热继电器的感温元件；热继电器辅助触头跳开，电动机停转	断电后检查：由于控制电路中使用了变压器 TA2，因此，在使用电阻法或校验灯法时，应注意变压器回路的影响 （1）使用电阻法检查常开触头 KF2-2 好坏，按下 SF12 或 SF22 不松开（或拆掉 1 号线），断开 TA2 线圈的影响；将万用表两表笔分别接在 4 号线和 0 号线的端头上，按下 KF2 的触头架，若万用表显示 QA2 与 KF2 线圈并联阻值，说明 KF2-2 正常；在按下 KF2 触头架的同时按下 QA1 的触头架，若万用表显示 KF2 线圈阻值，说明除 KF1 通电延时型常开触头以外都正常 （2）使用电阻法或校验灯法检查虚线框中的其他元件时，按下 SF12 或 SF22 可以防止变压器回路的影响
其他故障参见前文中的处理方法描述		

知识拓展

图 5-2-8、图 5-2-9 所示为两种常见的手动自耦降压启动控制电路。

图 5-2-10 所示为时间继电器控制自耦降压启动控制电路。

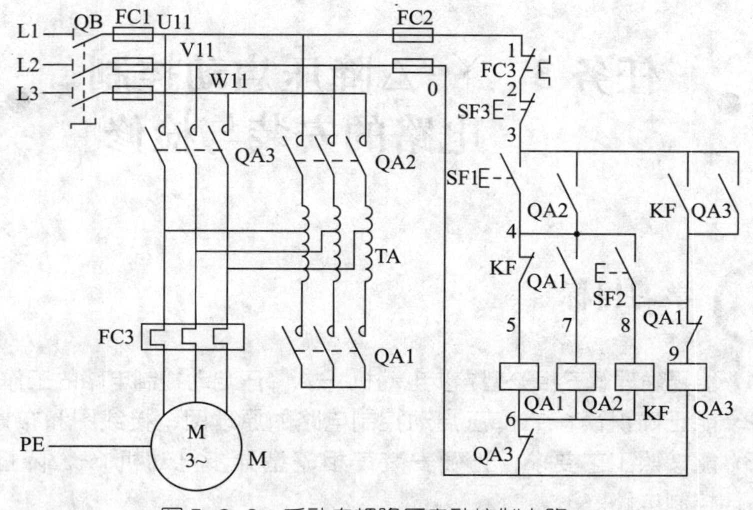

图 5-2-8 手动自耦降压启动控制电路一

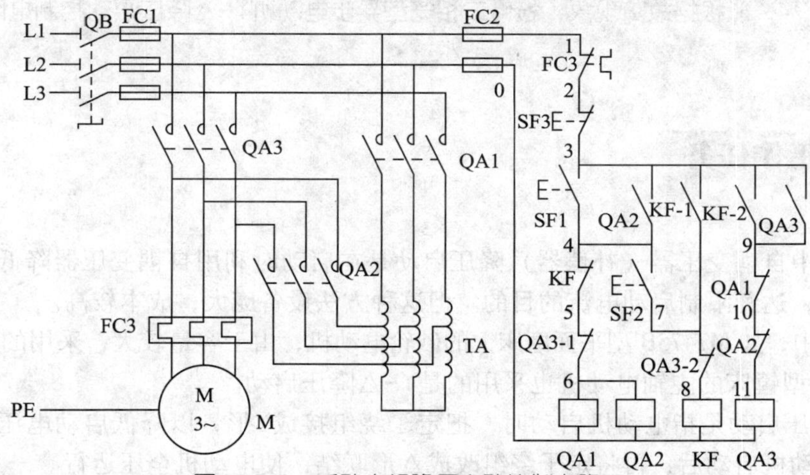

图 5-2-9 手动自耦降压启动控制电路二

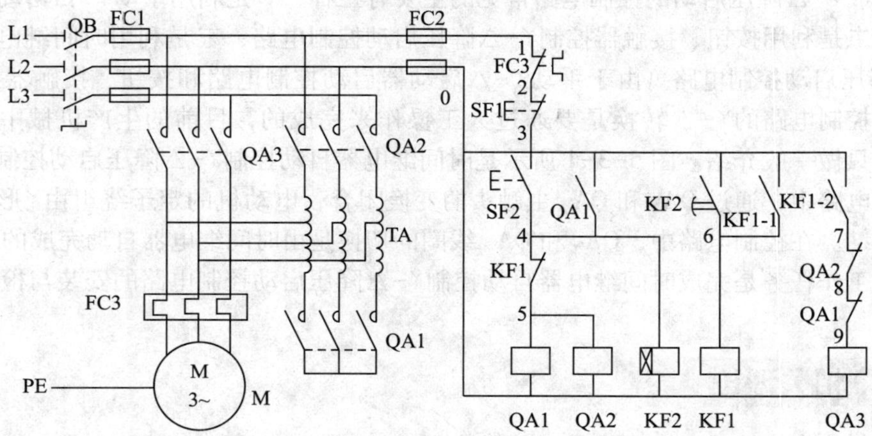

图 5-2-10 时间继电器控制自耦降压启动控制电路

可自行分析其工作原理。

任务 3　Y-△降压启动控制电路的安装与检修

学习目标

1. 能正确理解三相笼型异步电动机Y-△降压启动控制电路的工作原理。
2. 能正确识读Y-△降压启动控制电路的原理图、接线图和布置图。
3. 能按照工艺要求，正确安装三相笼型异步电动机Y-△降压启动控制电路。
4. 能根据故障现象，检修三相笼型异步电动机Y-△降压启动控制电路。

工作任务

任务 2 中自耦变压器（补偿器）降压启动是在启动时利用自耦变压器降低定子绕组上的启动电压，达到限制启动电流的目的。但这种方法设备庞大，成本较高。

在生产中，如 M7475B 型平面磨床上的砂轮电动机，由于容量较大，采用的是Y-△降压启动；T610 型镗床的主轴电动机也采用的是Y-△降压启动。

Y-△降压启动是指电动机启动时，把定子绕组接成Y形，以降低启动电压，限制启动电流。待电动机启动后，再将定子绕组改成△形联结，使电动机全压运行。

能完成Y-△降压启动的控制电路常见的主要有三种，一是利用手动Y-△启动器启动控制电路；二是利用按钮、接触器控制Y-△降压启动控制电路；三是利用时间继电器自动控制Y-△降压启动控制电路。由于手动Y-△启动器启动控制电路和按钮、接触器控制Y-△降压启动控制电路的Y-△转换是要通过人工操作来完成的，目前的生产机械中使用得较少，因此只做一般介绍。图 5-3-1 所示是时间继电器自动控制Y-△降压启动控制电路。

在主电路中，通过 QA_Y 和 $QA_\triangle$ 主触头的变换闭合，电动机的定子绕组由Y形联结变化为△形联结。在控制电路中，QA_Y 和 $QA_\triangle$ 线圈的切换是由时间继电器自动完成的。

本次工作任务是完成时间继电器自动控制Y-△降压启动控制电路的安装与检修。

相关理论

电动机启动时定子绕组接成Y形，加在每相定子绕组上的启动电压只有△形接法的 $1/\sqrt{3}$，启动电流为△形接法的 1/3，启动转矩也只有△形接法的 1/3，所以这种降压启动方法只适用于轻载或空载启动。凡是在正常运行时定子绕组作△形联结的异步电动机，均可采用这种降压启动方法。

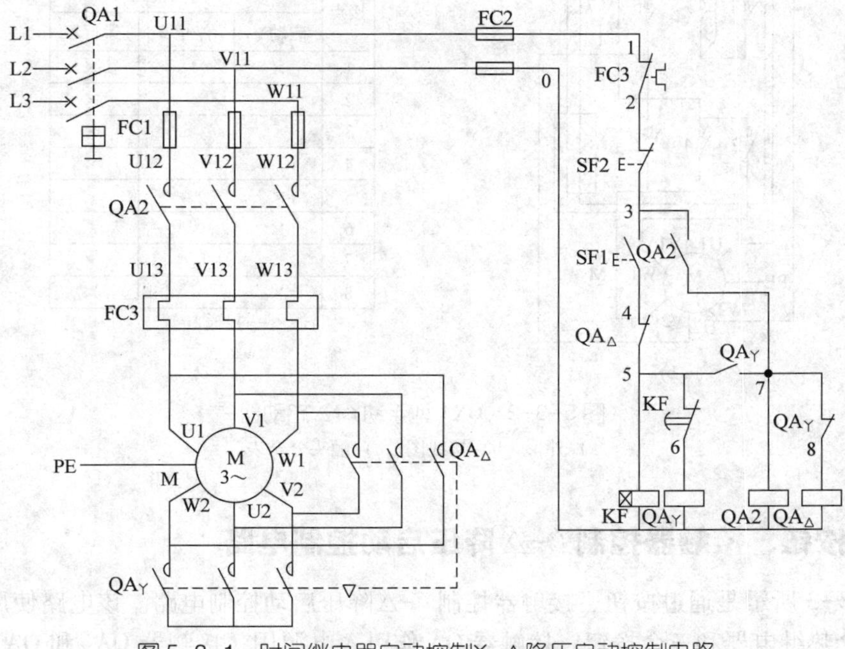

图 5-3-1 时间继电器自动控制Y-△降压启动控制电路

一、手动控制Y-△降压启动控制电路

手动控制Y-△降压启动控制电路中的关键低压电器是手动Y-△启动器。手动Y-△启动器有 QX1 和 QX2 系列，按控制电动机的容量分为 13 kW 和 30 kW 两种，启动器的正常操作频率为 30 次/h。其外形、接线图和触头分合表如图 5-3-2 所示。

如图 5-3-2 所示，启动器有启动（Y）、停止（0）和运行（△）三个位置，当手柄扳到“0”位置时，八对触头都分断，电动机脱离电源停转；当手柄扳到“Y”位置时，1、2、5、6、8 触头闭合接通，3、4、7 触头分断，定子绕组的末端 W2、U2、V2 通过触头 5 和 6 接成Y形，始端 U1、V1、W1 则分别通过触头 1、8、2 接入三相电源 L1、L2、L3，电动机进行Y形降压启动；当电动机转速上升并接近额定转速时，将手柄扳到“△”位置，1、2、3、4、7、8 触头闭合，5、6 触头分断，定子绕组按 U1→触头 1→触头 3→W2、V1→触头 8→触头 7→U2、W1→触头 2→触头 4→V2 接成△形全压正常运转。

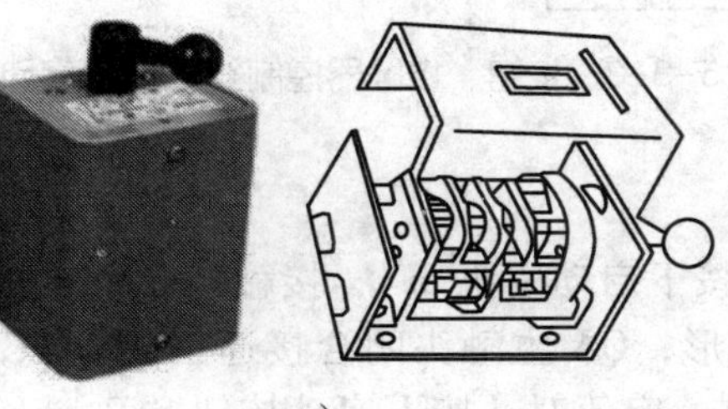

a)

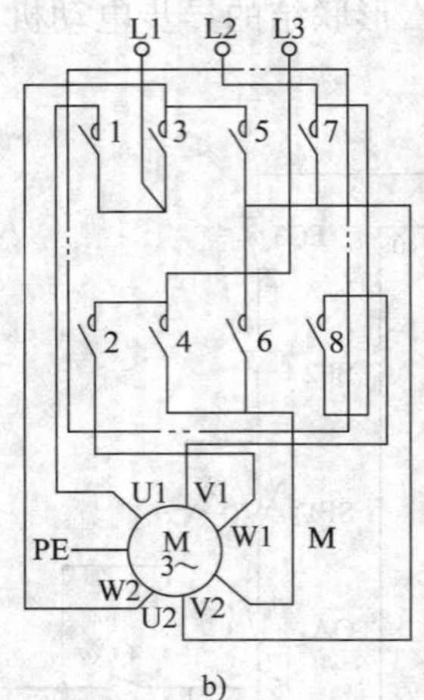

b)

接点	手柄位置		
	启动Y	停止 0	运行△
1	×		×
2	×		×
3			×
4			×
5	×		
6	×		
7			×
8	×		×

注：×—接通

c)

图 5-3-2　QX1 型手动Y-△启动器

a）外形　b）接线图　c）触头分合表

二、按钮、接触器控制Y-△降压启动控制电路

图 5-3-3 所示是通过按钮、接触器控制Y-△降压启动控制电路。该电路使用了三个接触器、一个热继电器和三个按钮。接触器 QA 作引入电源用，接触器 QA_{Y}和 $QA_{\triangle}$分别用作Y形启动和△形运行，SF1 是启动按钮，SF2 是Y-△换接按钮，SF3 是停止按钮，FC1 作为主电路的短路保护，FC2 作为控制电路的短路保护，FC3 作为过载保护。

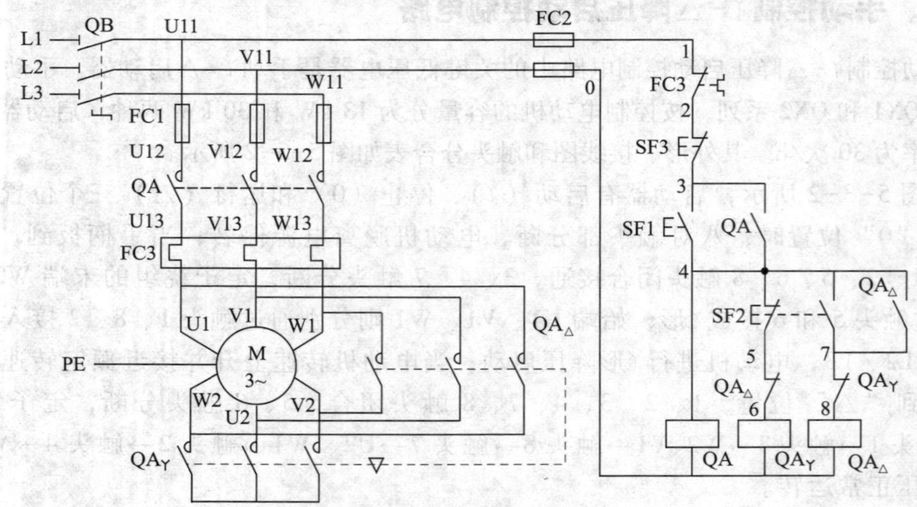

图 5-3-3　按钮、接触器控制Y-△降压启动控制电路

电路工作原理如下。

合上电源开关 QB，按下启动按钮 SF1，接触器 QA 和 QA_{Y}线圈同时得电，QA_{Y}主触头闭合，电动机绕组接成Y形，QA 主触头闭合接通三相电源，使电动机 M 接成Y形降压启动。当电动机转速上升到一定值时，按下启动按钮 SF2，SF2 常闭触头先分断，切断 QA_{Y}

线圈回路，SF2 常开触头后闭合，使 $QA_{\triangle}$ 线圈得电，$QA_{\triangle}$ 主触头闭合，电动机 M 接成△形全压运行。当需要电动机停转时，按下停止按钮 SF3 即可。

三、时间继电器自动控制丫-△降压启动控制电路

1. JS7-A 系列空气阻尼式时间继电器

（1）结构和原理

空气阻尼式时间继电器又称气囊式时间继电器，其外形和结构如图 5-3-4 所示，主要由电磁系统、延时机构和触头系统三部分组成，电磁系统为直动式双 E 形电磁铁，延时机构采用气囊式阻尼器，触头系统借用 LX5 型微动开关，包括两对瞬时触头（1 常开 1 常闭）和两对延时触头（1 常开 1 常闭）。根据触头延时的特点，空气阻尼式时间继电器可分为通电延时型和断电延时型两种。

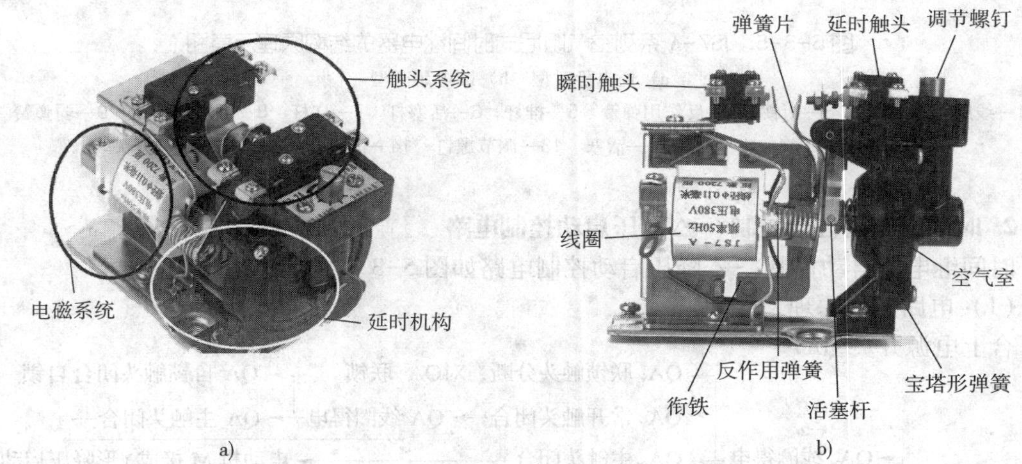

图 5-3-4　JS7-A 系列空气阻尼式时间继电器
a）外形　b）结构

JS7-A 系列空气阻尼式时间继电器是利用气囊中的空气通过小孔节流的原理来获得延时动作的，其结构原理示意图如图 5-3-5 所示。图 5-3-5a 是通电延时型时间继电器，当电磁系统的线圈通电时，微动开关 SF2 的触头瞬时动作，而 SF1 的触头由于气囊中空气阻尼的作用延时动作，其延时时间的长短取决于进气的快慢，可通过旋动调节螺钉 13 进行调节，延时范围有 0.4~60 s 和 0.4~180 s 两种。当线圈断电时，微动开关 SF1 和 SF2 的触头均瞬时复位。

JS7-A 系列断电延时型和通电延时型时间继电器的组成元件是通用的。若将图 5-3-5a 中通电延时型时间继电器的电磁系统反转 180°安装，即为图 5-3-5b 所示断电延时型时间继电器。其工作原理读者可自行分析。

（2）符号及型号含义

与晶体管式时间继电器一致。

空气阻尼式时间继电器的特点是延时范围大（0.4~180 s）、结构简单、价格低、使用寿命长，但整定精度往往较差，只适用于一般场合，目前已逐步淘汰。

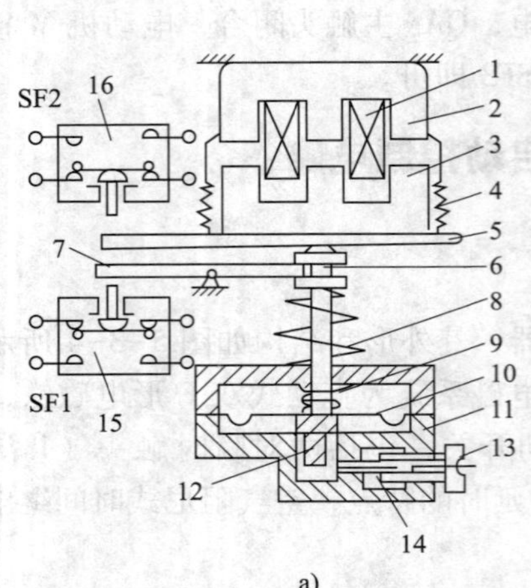

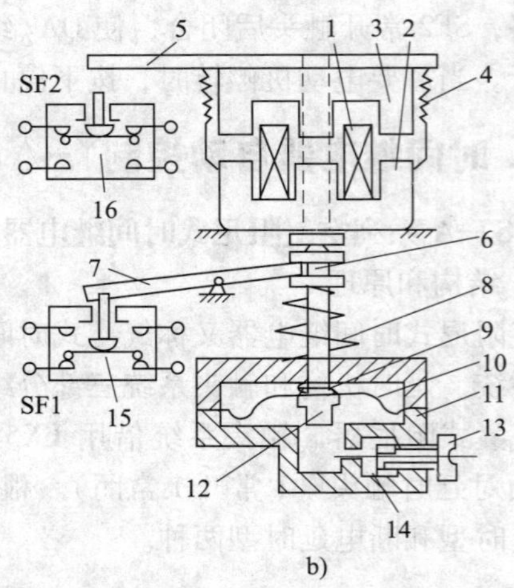

图 5-3-5　JS7-A 系列空气阻尼式时间继电器的结构原理示意图

a）通电延时型　b）断电延时型

1—线圈　2—铁芯　3—衔铁　4—反作用弹簧　5—推杆　6—活塞杆　7—杠杆　8—宝塔形弹簧　9—弱弹簧　10—橡胶膜　11—空气室　12—活塞　13—调节螺钉　14—进气孔　15、16—微动开关

2. 时间继电器自动控制Y-△降压启动控制电路

时间继电器自动控制Y-△降压启动控制电路如图 5-3-1 所示。

（1）电路工作原理

合上电源开关 QA1。

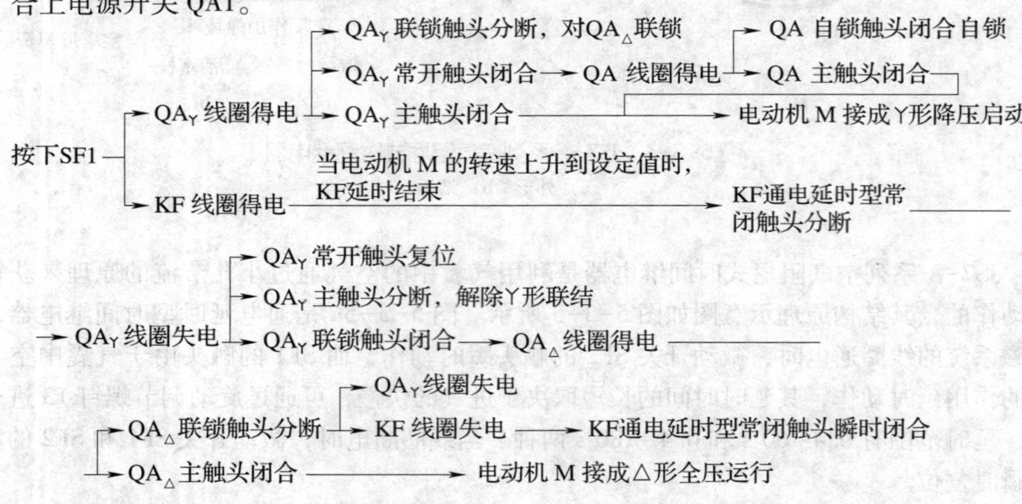

停止时，按下 SF2 即可。

（2）特点

该控制电路简便经济，容易控制，使用比较普遍，只要正常运行，定子绕组△形联结的电动机就都可以进行Y-△形降压启动。

（3）Y-△降压启动器

由于Y-△降压启动的广泛应用，时间继电器自动控制Y-△降压启动控制电路有两个系列定型产品，分别是 QX3、QX4 两个系列，称为Y-△自动启动器，它们的主要技术数据见表 5-3-1。

表 5-3-1　Y-△形自动启动器的主要技术数据

启动器型号	控制功率/kW			配用热元件的额定电流/A	延时调整范围/s
	220 V	380 V	500 V		
QX3-13	7	13	13	11、16、22	4~16
QX3-30	17	30	30	32、45	4~16
QX4-17		17	13	15、19	11、13
QX4-30		30	22	25、34	15、17
QX4-55		55	44	45、61	20、24
QX4-75		75		85	30
QX4-125		125		100~160	14~60

QX3 型Y-△自动启动器的外形、结构和电路如图 5-3-6 所示。这种启动器主要由三个接触器 QA、QA_{Y}、$QA_{\triangle}$，一个热继电器 FC3，一个通电延时型时间继电器 KF 和两个按钮 SF1、SF2 组成。工作原理读者可自行分析。

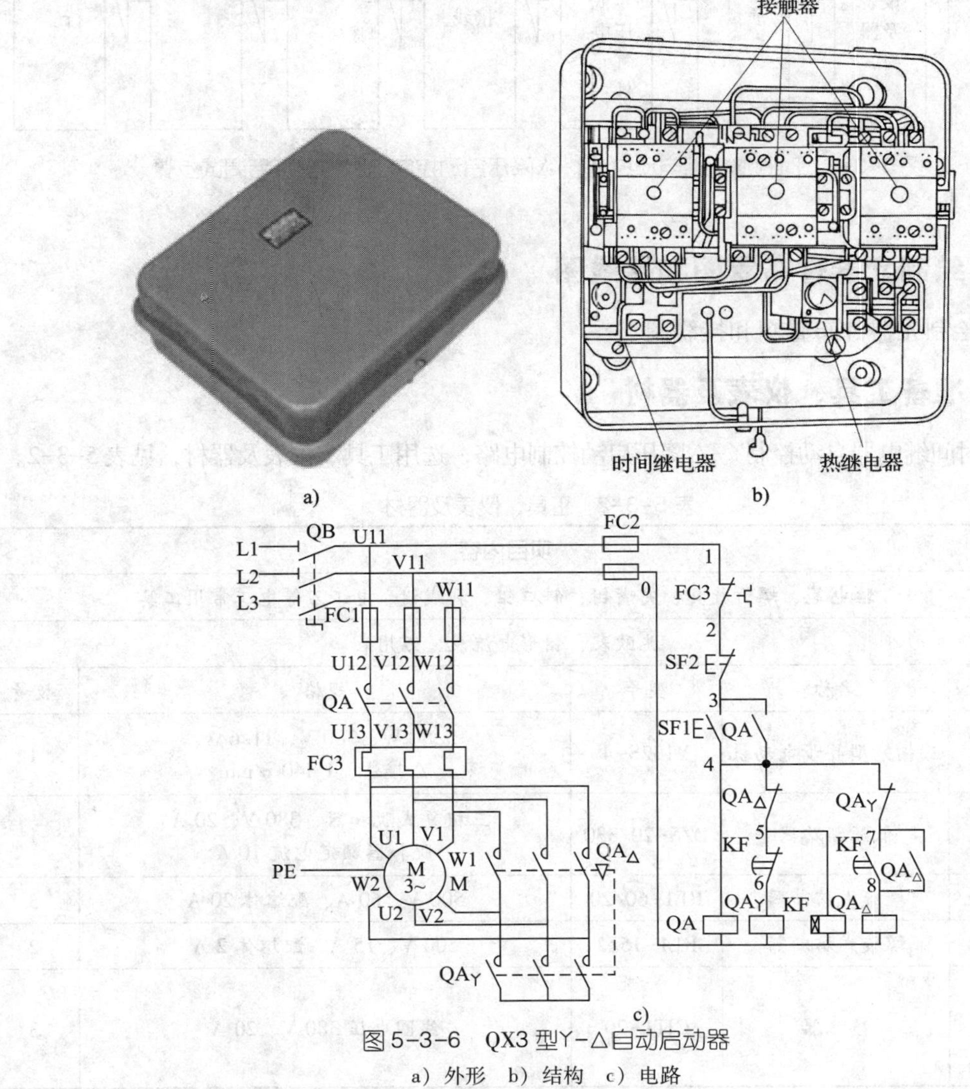

图 5-3-6　QX3 型Y-△自动启动器
a）外形　b）结构　c）电路

任务实施

一、实施步骤

图 5-3-7 所示为时间继电器自动控制Y-△降压启动控制电路的安装与调试步骤。

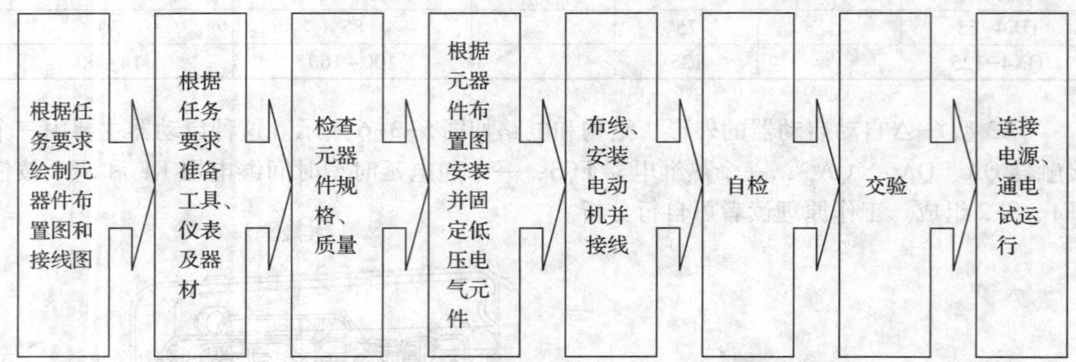

图 5-3-7　时间继电器自动控制Y-△降压启动控制电路的安装与调试步骤

二、绘制元器件布置图和接线图

自行绘制元器件布置图和接线图。

三、准备工具、仪表及器材

根据时间继电器自动控制Y-△降压启动控制电路，选用工具、仪表及器材，见表 5-3-2。

表 5-3-2　工具、仪表及器材

类别	项目内容				
工具	验电笔、螺钉旋具、尖嘴钳、斜口钳、剥线钳、电工刀等电工常用工具				
仪表	兆欧表、钳形电流表、万用表				
器材	代号	名称	型号	规格	数量
	M	三相笼型异步电动机	Y132S-4	5.5 kW、380 V、11.6 A、△接法、1 440 r/min	1
	QA1	低压断路器	DZ5-20/330	三极复式脱扣器、380 V、20 A、脱扣器额定电流 10 A	1
	FC1	螺旋式熔断器	RL1-60/20	500 V、60 A、配熔体 20 A	3
	FC2	螺旋式熔断器	RL1-15/2	500 V、15 A、配熔体 2 A	2
	QA、QA_{Y}、$QA_{\triangle}$	接触器	CJT1-20	线圈电压 380 V、20 A	3

续表

类别	项目内容				
	代号	名称	型号	规格	数量
	SF1、SF2	双联按钮	LA10-2H	保护式、按钮数 2	1
	FC3	热继电器	JR36-20/3D	热元件额定电流 11 A	1
	KF	时间继电器	JS7-1A	380 V	1
		控制板		500 mm×400 mm×20 mm	1
	XD	接线端子排	JX2-1015	500 V、10 A、15 节或配套自定	1
器材		主电路线		BV 1.5 mm^2（红色或颜色自定）	若干
		控制电路线		BV 1.0 mm^2（白色或颜色自定）	若干
		按钮线		BVR 0.75 mm^2（白色或颜色自定）	若干
		接地线		BVR 1.5 mm^2（黄绿双色）	若干
		四芯电缆线		YHZ 3×1.5 mm^2+1×1.5 mm^2	若干
		螺钉		ϕ5 mm×60 mm	若干
		走线槽		18 mm×25 mm	若干
		紧固体和编码套管			若干

四、检查元器件规格和质量

1. 根据工具、仪表及器材选用表，检查各元器件、耗材与表中的型号和规格是否一致。
2. 检查各元器件的外观是否完好无损，附件、备件是否齐全。
3. 用仪表检查各元器件和电动机的有关技术数据是否符合要求。

五、根据元器件布置图安装并固定低压电气元件

按元器件布置图在控制板上安装低压电气元件，并贴上醒目的文字符号。

JS7-A 系列空气阻尼式时间继电器延时时间的整定如图 5-3-8 所示。

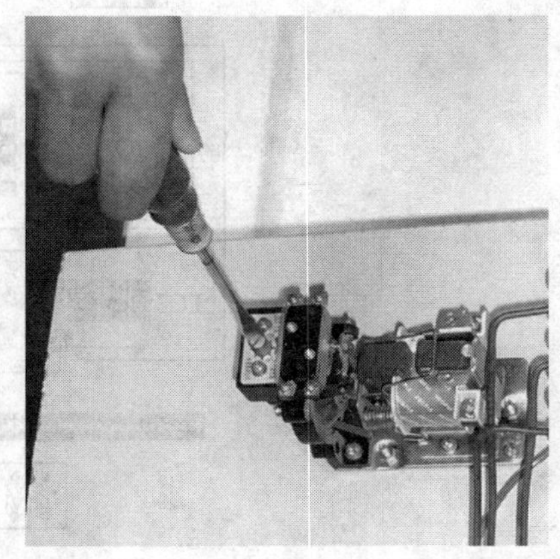

图 5-3-8　JS7-A 系列空气阻尼式时间继电器延时时间的整定

安装 JS7-A 系列空气阻尼式时间继电器时，依据电路图的要求检查时间继电器状态，如果发现是断电延时型时间继电器，应将线圈部分转动 180°，改为通电延时型时间继电器。无论是通电延时型还是断电延时型时间继电器，都必须使时间继电器在断电之后，释放时衔铁的运动方向垂直向下，其倾斜度不得超过 5°。时间继电器整定时间旋钮的刻度值应正对安装人员，以便安装人员能看清

楚，容易调整。

六、布线和连接电动机

采用板前线槽布线。布线工艺要求在前面已有叙述。电路接线如图 5-3-9 和图 5-3-10 所示。

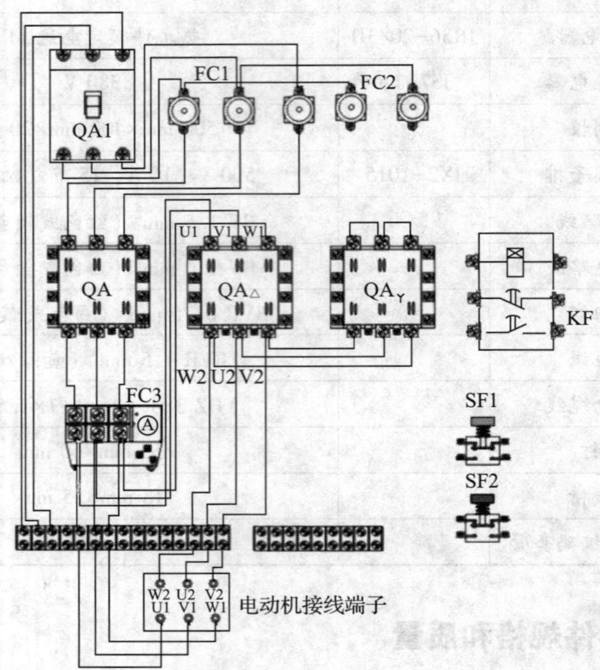

图 5-3-9　主电路接线

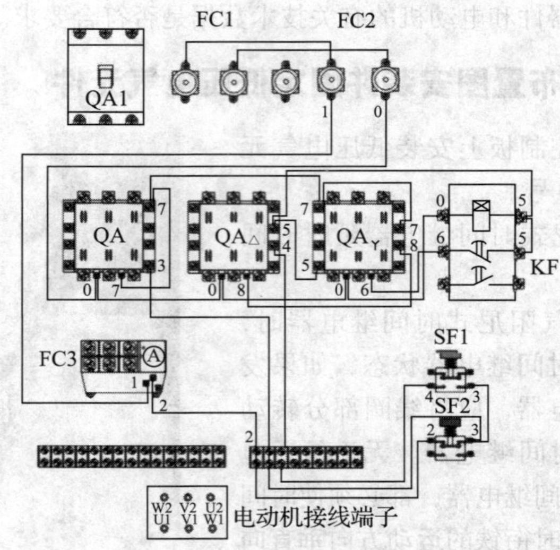

图 5-3-10　控制电路接线

提示

（1）用Y-△降压启动控制的电动机，必须有6个出线端子且定子绕组在△形接法时的额定电压等于三相电源线电压。

（2）接线时要保证电动机△接法的正确性，即接触器 $QA_{\triangle}$ 主触头闭合时，应保证定子绕组的 U1 与 W2、V1 与 U2、W1 与 V2 相连接。

（3）接触器 QA_{Y} 的进线必须从三相定子绕组的末端引入，若误将其首端引入，则在吸合时会产生三相电源短路事故。

七、自检

1. 从电源端开始逐段核对接线

根据电路图或接线图，从电源端开始逐段核对接线及接线端子处的线号是否正确，有无漏接、错接之处。检查导线连接点是否符合要求，压接是否牢固。同时注意连接点接触应良好，以避免带负载运转时产生闪弧现象。

2. 用万用表检查电路的通断情况

为万用表选用倍率合适的电阻挡，并进行欧姆校零。

断开 QA1，摘下接触器灭弧罩。

（1）检查主电路

1）将万用表表笔跨接在 QA1 下端子 U11 和端子排 U1 处，应测得断路；按下 QA 的触头架，万用表应显示通路。重复 V11-V1 和 W11-W1 之间的检测。

2）将万用表表笔跨接在 QA1 下端子 U11 和端子排 W2 处，应测得断路；按下 $QA_{\triangle}$ 的触头架，万用表应显示通路。重复 V11-U2 和 W11-V2 之间的检测。

3）将万用表表笔跨接在端子排 W2 和 U2 之间，应测得断路；按下 QA_{Y} 的触头架，万用表应显示通路，重复以上步骤，进行 W2-V2 和 U2-V2 之间的检测。

（2）检查控制电路

1）将万用表表笔跨接在 U11 和 V11 之间，应测得断路；按下 SF1 不放，应测得 QA_{Y} 和 KF 两个线圈并联电阻值；同时按下 $QA_{\triangle}$ 的触头架，应测得断路；放开 $QA_{\triangle}$ 的触头架，按下 SF2，应测得断路。

2）放开 SF1，按下 QA 的触头架，同时轻按 QA_{Y} 的触头架，应测得 QA 线圈电阻；放开 QA_{Y} 的触头架，应测得 QA 和 $QA_{\triangle}$ 两个线圈电阻的并联值；按下 SF2，应测得断路。

3. 检查电路安装质量，并进行绝缘电阻测量

用兆欧表检查电路的绝缘电阻，绝缘电阻阻值应不得小于 1 MΩ。

八、交验

学生提出申请，经教师检查同意后方可通电试运行。

九、连接电源、通电试运行

1. 为保证人身安全，在通电试运行时要认真执行安全操作规程的有关规定，一人监

护、一人操作。试运行前，应检查与通电试运行有关的电气设备是否有不安全的因素存在，若查出应立即整改，然后方能试运行。

2. 通电试运行前，必须征得教师的同意，并由指导教师接通三相电源 L1、L2、L3，同时在现场监护。学生合上电源开关 QA1 后，用验电笔检查熔断器出线端，若验电笔氖管亮说明电源接通。上述检查一切正常后，做好准备工作，在指导教师监护下试运行。

（1）空载操作试验

拆下电动机连线，调整好时间继电器的延时动作时间（一般为 5～10 s），合上 QA1，按下 SF1，QA 和 QA_{Y} 吸合动作，5～10 s 后，QA_{Y} 失电断开，$QA_{\triangle}$ 得电吸合动作；按下 SF2，接触器 $QA_{\triangle}$ 失电断开。

（2）带负荷试运行

断开 QA1，连接好电动机接线，合上 QA1，做好随时切断电源的准备。按下 SF1，观察电动机的启动情况，5～10 s 后，QA_{Y} 失电断开，$QA_{\triangle}$ 得电吸合动作，电动机全压运行。

3. 出现故障后，若需带电检查，必须在教师现场监护下进行。检修完毕后，若需再次试运行，也应在教师现场监护下进行，并做好时间记录。

4. 通电试运行完毕，停转，切断电源。先拆除三相电源线，再拆除电动机线。

5. 试运行成功后，记录完成时间及通电试运行次数。

故障检修

在完成试运行的基础上，教师或同组学生按照表 5-3-3、表 5-3-4 中故障原因分析的元器件或路径，人为地设定一两个故障点进行排故练习。

一、空气阻尼式时间继电器的常见故障检修

空气阻尼式时间继电器的常见故障现象、原因分析及检修方法见表 5-3-3。

表 5-3-3　空气阻尼式时间继电器的常见故障现象、原因分析及检修方法

常见故障现象	原因分析及检修方法
延时触头不动作	（1）电磁铁线圈断线，用万用表检测，并更换线圈 （2）电源电压大大低于线圈额定电压，调高电源电压或更换线圈 （3）连接触头不牢，重新连接
延时时间缩短	（1）空气阻尼式时间继电器气室装配不严、漏气，调换气室 （2）空气阻尼式时间继电器气室内橡胶薄膜损坏，更换橡胶薄膜
延时时间变长	空气阻尼式时间继电器气室有灰尘，使气道阻塞，清理或更换气室

二、时间继电器自动控制Y-△降压启动控制电路的故障检修

时间继电器自动控制Y-△降压启动控制电路的故障现象、原因分析及检查方法见表 5-3-4。

表 5-3-4　时间继电器自动控制Y-△形降压启动控制电路的故障现象、原因分析及检查方法

故障现象	原因分析	检查方法
电动机不能启动	这意味着电动机 M 不能接成Y形启动 （1）从主电路分析 熔断器 FC1 断路、接触器 QA 和 QA_Y 主触头接触不良、热继电器 FC3 主通路有断点、电动机 M 绕组有故障 （2）从控制电路分析 1）1 号导线至 2 号导线间的热继电器 FC3 常闭触头接触不良 2）2 号导线至 3 号导线间的按钮 SF2 常闭触头接触不良 3）4 号导线至 5 号导线间的接触器 $QA_△$ 常闭触头接触不良 4）5 号导线至 6 号导线间的时间继电器 KF 通电延时型常闭触头接触不良 5）接触器 QA 及接触器 QA_Y 线圈损坏等	故障检查的步骤及方法如下：按下电动机 M 的启动按钮 SF1，观察接触器 QA、QA_Y 是否闭合 （1）若接触器 QA、QA_Y 都闭合，则为主电路的问题，重点检查熔断器 FC1、接触器 QA 及 QA_Y 主触头、电动机 M 绕组等 （2）如果接触器 QA、QA_Y 均不闭合，则重点检查熔断器 FC2、1 号导线至 2 号导线间的热继电器 FC3 常闭触头、2 号导线至 3 号导线间的按钮 SF2 常闭触头、5 号导线至 6 号导线间的时间继电器 KF 通电延时型常闭触头等 （3）如果接触器 QA_Y 闭合，QA 未闭合，则重点检查 5 号导线至 7 号导线间的接触器 QA_Y 常开触头及接触器 QA 线圈
电动机能Y形启动，但不能转换为△形运行	（1）从主电路分析有接触器 $QA_△$ 主触头接触不良 （2）从控制电路分析，可能的故障原因有： 1）接触器 QA_Y 的常闭触头损坏，在线圈失电后未能闭合 2）接触器 $QA_△$ 的线圈损坏，不能启动△联结 3）时间继电器 KF 损坏，其通电延时型常闭触头未能闭合，不能断开接触器 QA_Y	检查步骤为：按下启动按钮 SF1，电动机 M 在Y形启动后，观察时间继电器 KF 是否闭合 （1）若时间继电器 KF 未闭合，重点检查时间继电器 KF 的线圈 （2）若 KF 闭合，经过一定时间后，观察接触器 QA_Y 是否释放，QA_Y 常闭触头是否闭合 1）若 QA_Y 未释放，则检查 5 号导线与 6 号导线间的 KF 通电延时型常闭触头（不能延时断开） 2）若 QA_Y 释放，则观察 $QA_△$ 是否吸合。若 $QA_△$ 未吸合，则检查 7 号导线与 8 号导线间的接触器 QA_Y 常闭触头。若 QA_Y 常闭触头闭合，则检查 $QA_△$ 主触头
其他故障参见前面的处理方法描述		

知识拓展

图 5-3-11 所示为几种常见的Y-△降压启动控制电路，工作原理请读者自行分析。

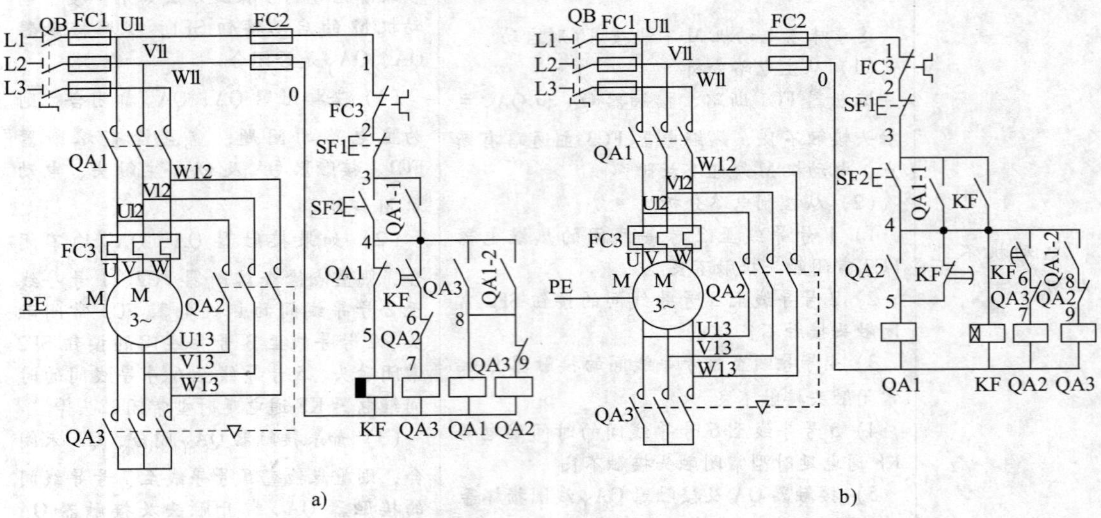

图 5-3-11 几种常见的Y-△降压启动控制电路
a）电路一 b）电路二

任务 4 软启动器操作与电路的安装及故障排除

学习目标

1. 了解软启动器的种类、工作原理和特点。
2. 了解晶闸管软启动器的使用。
3. 掌握 CMC-L 型软启动器的接线和面板操作。

在本课题任务 1、任务 2 和任务 3 中，通过在电动机定子绕组串入有限流作用的电力器件或改变电动机绕组的连接方法实现的启动，叫作降压启动或限流软启动。它是软启动中的一个主要类别。高压降压软启动又是其中的一个重要类别。

软启动器是一种集电动机软启动、软停机、轻载节能和多种保护功能于一体的新型电动机控制装置。

软启动可分为有级和无级两类，前者的调节是分挡的，后者的调节是连续的。传统的软启动均是有级的，如Y-△降压软启动、自耦变压器软启动、定子绕组串电阻软启动等。有级软启动存在明显缺点，即降压启动过程到全压运行的切换中会出现二次冲击电流。

一、无级软启动方式

与有级软启动相比，无级软启动具有如下特点。

无级软启动无冲击电流。无级软启动器在启动电动机时，通过逐渐增大晶闸管导通角，使电动机启动电流从零线性上升至设定值。

无级软启动为恒流启动。软启动器可以引入电流闭环控制，使电动机在启动过程中保持恒流，以确保电动机平稳启动。

无级软启动根据负载情况及电网继电保护特性选择，可自由地无级调整至最佳的启动电流。

无级软启动主要有三种：以电解液限流的液阻软启动、以晶闸管为限流器件的晶闸管软启动、以磁饱和电抗器为限流器件的磁控软启动。

1. 液阻软启动

液阻是一种由电解液形成的电阻，其导电的本质是离子导电。它的阻值正比于相对的两块电极板的距离，反比于电解液的电导率，极板距离和电导率都便于控制。液阻的热容量大。液阻的这两大特点（阻值可以无级控制和热容量大）恰恰是软启动所需要的。加上另一个十分重要的优势即低成本，使液阻软启动得到广泛的应用。

液阻软启动也有缺点，具体如下。

（1）液阻箱容积大，其根源在于阻性限流，减小容积会引起温升加大。一次软启动后电解液通常会有 10~30 ℃的温升，使软启动的重复性差。

（2）移动极板需要有一套伺服机构，它的移动速度较慢，难以实现启动方式的多样化。

（3）液阻软启动需要维护，液阻箱中的水需要定期补充。电极板长期浸泡于电解液中，表面会有一定的锈蚀，需要做表面处理（一般 2~3 年一次）。

（4）液阻软启动装置不适于置放在易结冰或颠簸的现场。

2. 晶闸管软启动

晶闸管软启动利用晶闸管移相控制原理，控制三相反并联晶闸管的导通角，使电动机输入电压从零以预设函数关系曲线逐渐上升，直至启动结束，赋予电动机全电压，使被控电动机的输入电压按不同的要求变化，从而实现不同的启动功能。可见，晶闸管软启动器实际上是一个晶闸管交流调压器，通过改变晶闸管的触发角，就可调节晶闸管调压电路的输出电压。与液阻软启动相比，它的体积小，结构紧凑，几乎免维护，功能齐全，菜单丰富，启动重复性好，保护周全，这些都是液阻软启动所不具备的。

但是晶闸管软启动产品也有缺点，一是高压产品的价格太高，是液阻的 5 ~ 10 倍；二是晶闸管引起的高次谐波较严重；三是对于绕线转子异步电机无所作为。

3. 磁控软启动

磁控软启动是从电抗器软启动衍生出来的。用三相电抗器串在电动机定子绕组上实现降压是两者的共同点。磁控软启动和电抗器软启动的不同之处是其电抗值可控。总体来说，开始启动时电抗器的电抗值较大，在软启动过程中，通过反馈调节使电抗值逐渐减小，直至软启动完成后被旁路。

电抗值的变化是通过控制直流励磁电流，改变铁芯的饱和度实现的，所以叫作磁控软启动。因为磁饱和电抗器的输出功率比控制功率大几十倍，它也可以被称为“磁放大器”。由于它不具有零输入对应零输出的特点，所以不建议采用“磁放大器”这一词。

磁饱和电抗器有三对交流绕组（每相一对）和三相共有的一个直流励磁绕组。在交流绕组里流过的是电动机定子电流，它必然会在直流励磁绕组上感应出电动势，后者会影响励磁回路的运行。用一对交流绕组的主要原因就是为了抵消这种影响。

显然，电抗值的调节是静止的、无接触的、非机械式的，这就为微电子技术的介入打开了大门。在工作原理上磁控软启动与晶闸管软启动是完全相同的。磁控软启动能够实现软停止，具有晶闸管软启动所具有的几乎全部功能。

此外，变频调速装置也是一种软启动装置，它是比较理想的一种，可以在限流的同时保持高的启动转矩。价格贵是制约其推广应用的主要因素。人们购置变频调速装置一般都是着眼于调速，所以常常不把它归类于软启动装置。

软启动器和变频器是两种完全不同用途的产品。变频器用于需要调速的场合，其不但改变输出电压而且同时改变输出频率；软启动器实际上是一个调压器，用于电动机启动时，可以改变输出电压，但不改变输出频率。变频器具备所有软启动器的功能，但它的价格比软启动器贵得多，结构也复杂得多。

二、CMC-L 型软启动器的工作原理

CMC-L 型软启动器是一种将电力电子技术、微处理器和自动控制相结合的新型电动机启动、保护装置。它能无阶跃地平稳启动或停止电动机，避免因采用直接启动、Y-△形启动、自耦降压启动等传统启动方式启动电动机而引起的机械与电气冲击等问题，并能有效地降低启动电流及配电容量，避免增容投资。CMC-L 型软启动器晶闸管串联装置原理如图 5-4-1 所示。

其中，点画线框内为三只串联的三相晶闸管功率串联装置；M 为软启动器的负载电动机，L1、L2、L3 分别为电网的三相交流输入。以 L1 相串联装置为例，QA11 ~ QA16 为大

功率晶闸管器件，它们每三个串联后再反并联组成单相功率串联装置，以实现软启动器对交流电的控制。这6只晶闸管选用同一厂家、同一型号、同一生产批次的产品，以减小其在生产过程中由于生产工艺的不同而产生的自身特性（诸如伏安特性、反向恢复电荷、开关时间和临界电压上升率等）的差异，影响均压。R11、R12、R13为静态均压电阻，用以实现晶闸管的静态均压。静态均压电阻选用无感电阻，阻值约为晶闸管阻断状态等效阻值的1/40，且功率留有足够大的余量。

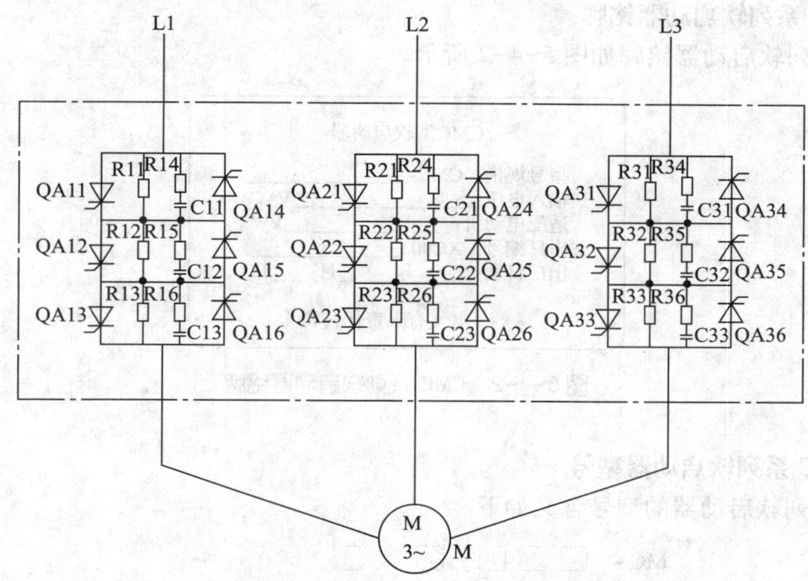

图5-4-1 CMC-L型软启动器晶闸管串联装置原理

三、CMC-L型软启动器的特点

1. 多种启动方式

CMC-L型软启动器具有限流软启动、斜坡限流启动、电压斜坡启动等多种启动方式，能最大限度满足现场需求，实现最佳启动效果。

2. 高可靠性

CMC-L型软启动器的高性能微处理器对控制系统中的信号进行数字化处理，避免了以往模拟电路的过多调整，从而获得极佳的准确性和执行速度。

3. 强大的抗干扰性

CMC-L型软启动器的所有外部控制信号均采用光电隔离，并设置了不同的抗噪级别，适宜在特殊的工业环境中使用。

4. 优化的结构

CMC-L型软启动器具有独特的紧凑结构设计，特别方便用户集成到已有系统中，为用户节约系统改造费用。

5. 电动机的保护

CMC-L型软启动器具有多种电动机保护功能（如过流保护、输入/输出缺相保护、晶闸管短路保护、过载保护等），确保电动机及软启动器在故障或误操作时不被损坏。

6. 维护简便

CMC-L 型软启动器具有由 4 位数码显示组成的监控信号编码系统，24 h 监控系统设备的工作状况，同时提供快速故障诊断。

四、CMC-L 型软启动器介绍

1. CMC 系列软启动器铭牌

CMC 系列软启动器铭牌如图 5-4-2 所示。

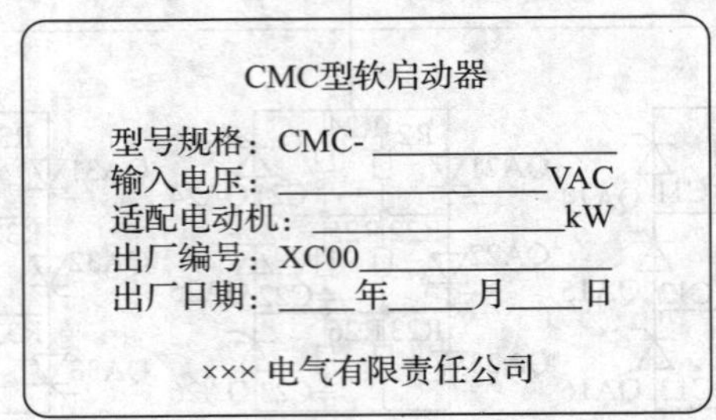

图 5-4-2　CMC 系列软启动器铭牌

2. CMC 系列软启动器型号

CMC 系列软启动器的型号含义如下。

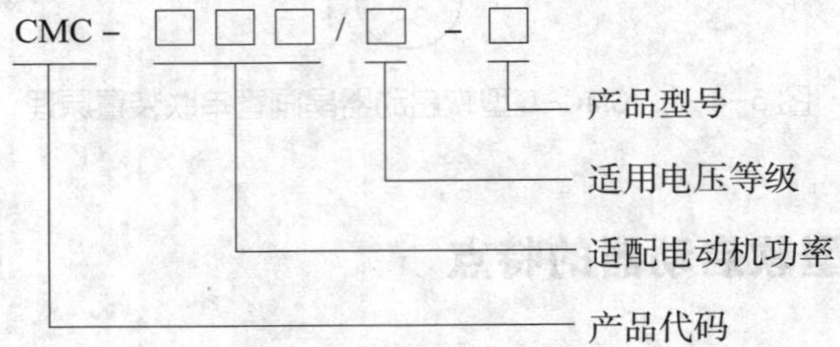

3. 使用条件

CMC-L 型软启动器的使用条件见表 5-4-1。

表 5-4-1　CMC-L 型软启动器的使用条件

控制电源	AC 110~220×(1+15%) V、50 Hz
三相电源	AC 380 V、AC 660 V、AC 1 140×(1±30%) V、50 Hz
标称电流	15~1 000 A，共 22 种额定值
适用电动机	一般笼型异步电动机
启动方式	限流软启动、电压斜坡启动、斜坡限流启动
停机方式	自由停机、软停机
逻辑输入	阻抗 1.8 kΩ，电源 15 V

续表

启动频次	可做频繁或不频繁启动，建议每小时启动不超过 10 次
保护功能	输入/输出缺相、过流、晶闸管短路保护、过载等
防护等级	IP20
冷却方式	自然冷却或强迫风冷
安装方式	壁挂式（垂直安装）
环境条件	海拔超过 2 000 m 时应相应降低容量使用 环境温度为 -25~45 ℃ 相对湿度不超过 95% ［(20±5)℃］ 无易燃、易爆、腐蚀性气体，无导电尘埃，室内安装，通风良好，振动小

4. 接线图

（1）CMC-L 型软启动器的基本接线原理图如图 5-4-3 所示。

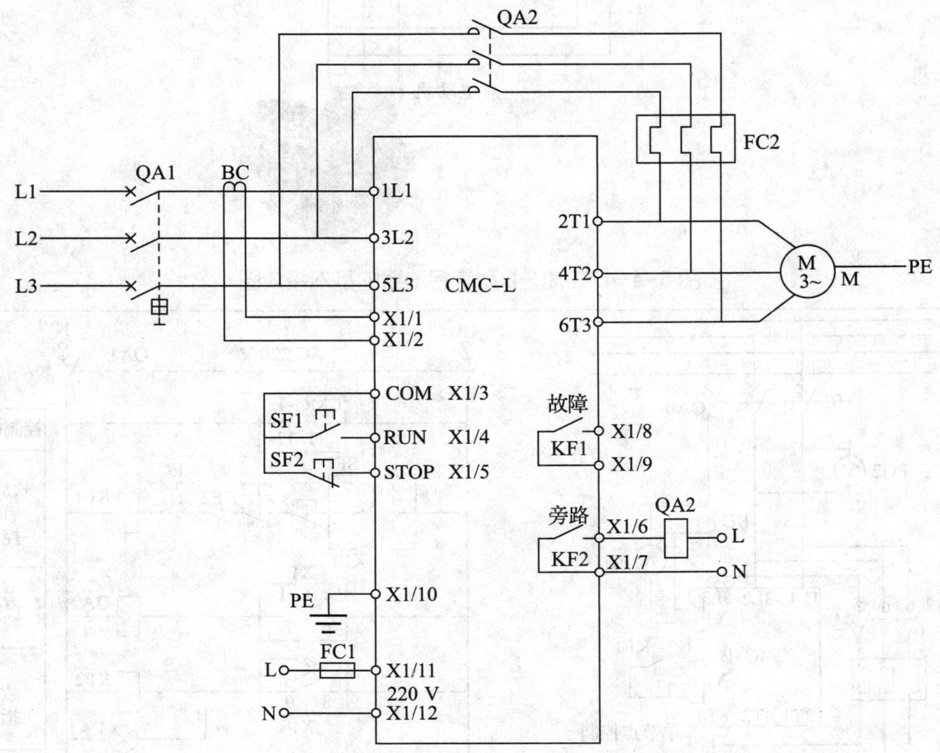

图 5-4-3 CMC-L 型软启动器的基本接线原理图

（2）CMC-L 型软启动器的基本接线图如图 5-4-4 所示。

（3）CMC-L 型软启动器的典型应用接线图如图 5-4-5 所示。

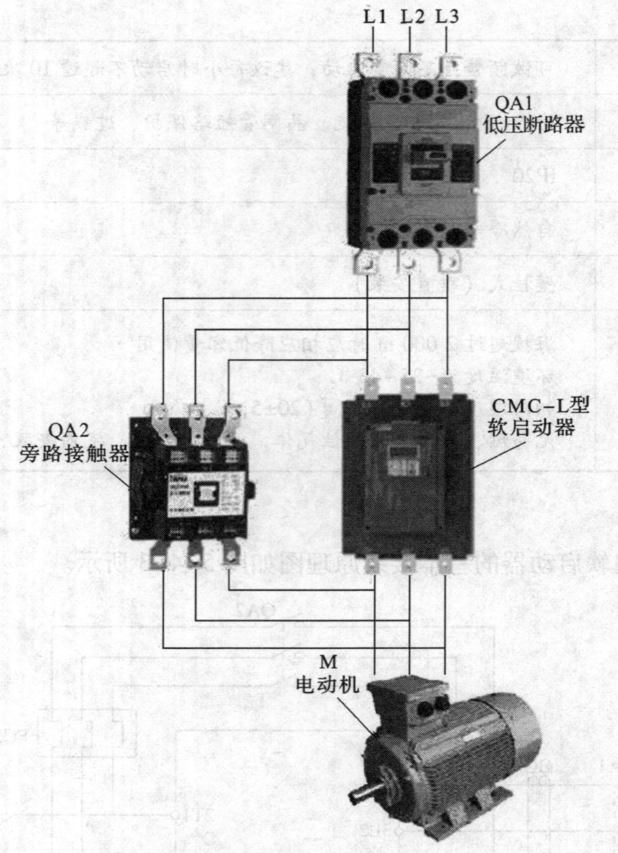

图 5-4-4　CMC-L 型软启动器的基本接线图

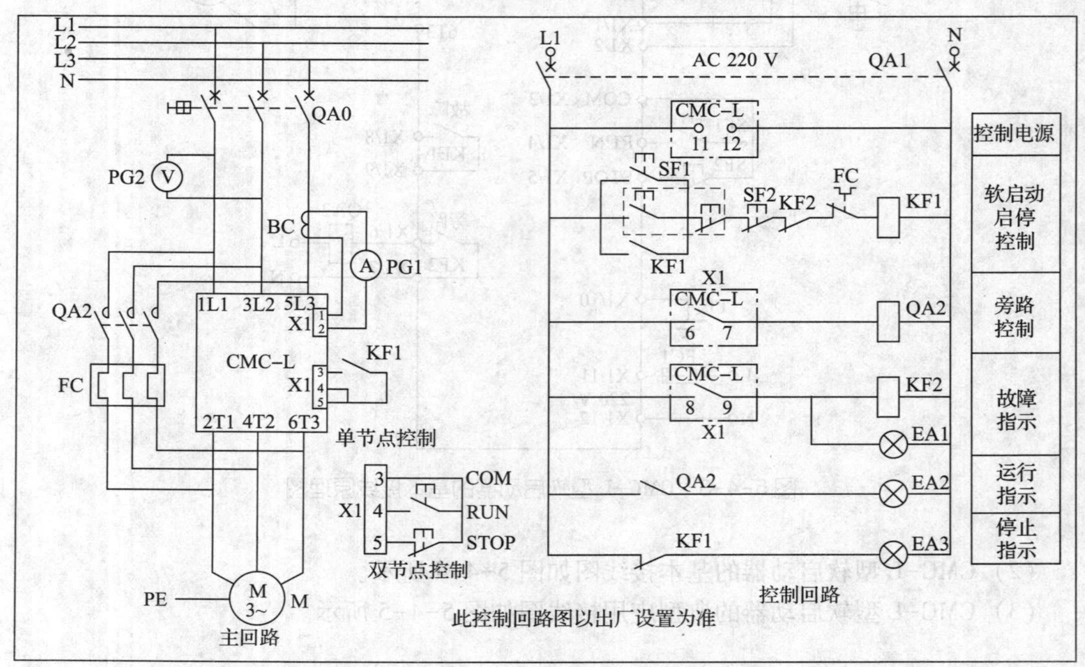

图 5-4-5　CMC-L 型软启动器的典型应用接线图

五、CMC-L 型软启动器的显示及操作

CMC-L 型软启动器采用数码显示式操作键盘，可实现参数设定、显示、修改以及故障显示、复位和启动、停机等控制。

1. 面板示意图

CMC-L 型软启动器的面板示意图如图 5-4-6 所示。各按键功能说明见表 5-4-2。

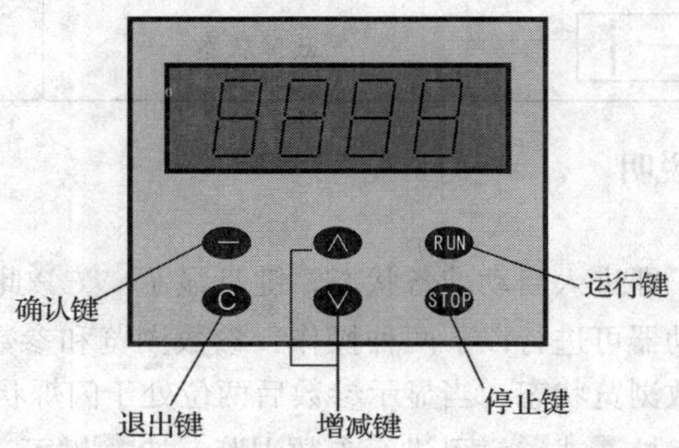

图 5-4-6　CMC-L 型软启动器的面板示意图

表 5-4-2　CMC-L 型软启动器的按键功能说明

符号	名称	功能说明
—	确认键	进入菜单项，确认需要修改数据的参数项
∧	递增键	参数项或数据的递增操作
∨	递减键	参数项或数据的递减操作
C	退出键	确认修改的参数或数据并退出参数项，退出参数菜单
RUN	运行键	键操作有效时，用于运行操作，并且端子排 X1 的 3、5 端子短接
STOP	停止键	键操作有效时，用于停止操作，故障状态下按下 STOP 键 4 s 以上可复位当前故障

2. 显示状态说明

CMC-L 型软启动器的显示状态说明见表 5-4-3。

表 5-4-3　CMC-L 型软启动器的显示状态说明

序号	显示符号	状态说明	备注
1	STOP	停止状态	设备处于停止状态
2	P020	编程状态	此时可浏览和设定参数
3	AUA7	运行状态 1	设备处于软启动过程状态

续表

序号	显示符号	状态说明	备注
4	AUA⁻	运行状态 2	设备处于全压工作状态
5	AUA⌋	运行状态 3	设备处于软停机状态
6	Err 1	故障状态	设备处于故障状态

3. 键盘操作及参数说明

（1）键盘操作

当软启动器通电后，即进入启动准备状态，键盘显示STOP此时按—键可进入编程状态。在编程状态下软启动器可进行以下两种操作：参数浏览和参数设定，当显示参数前两位处于闪烁状态时为参数浏览状态，当显示参数后两位处于闪烁状态时为参数设定状态。

在参数浏览状态下，按∧或∨键可进行参数浏览；按—键可进入参数设定状态，按∧或∨键可进行参数设定及修改。按C键可退出本级菜单并返回上一级菜单。

（2）参数设定及操作说明

参数显示有四位，前两位是参数项，后两位是参数值。参数设定及操作说明见表 5-4-4。

表 5-4-4　参数设定及操作说明

序号	显示	参数说明	操作说明	出厂值
1	P020	起始电压 （10%～70%）U_e，16 级可调，设为 99% U_e 时为全压启动	参数设定状态下，按∧键或∨键可修改起始电压大小	20%
2	P110	启动时间 0～60 s，16 级可调 选择 0 s 为电流限幅软启动	参数设定状态下，按∧键或∨键可修改启动时间	10
3	P200	停机时间 0～60 s，16 级可调 选择 0 s 为自由停机	参数设定状态下，按∧键或∨键可修改停机时间	0
4	P33.0	电流限幅倍数 （1.5～5）I_e，16 级可调	参数设定状态下，按∧键或∨键可修改启动电流限幅倍数	3
5	P41.5	运行过流保护 （1.5～5）I_e，8 级可调	参数设定状态下，按∧键或∨键可修改运行过流保护值	1.5
6	P500	未定义参数		

续表

序号	显示	参数说明	操作说明	出厂值
7	P6 2	**控制选择** 0—接线端子控制 1—操作键盘控制 2—键盘、端子同时控制	参数设定状态下，按∧键或∨键选择控制方式	2
8	P7 0	**SCR 保护选择** 0—允许晶闸管保护 1—禁止晶闸管保护	参数设定状态下，按∧键或∨键选择是否用晶闸管保护	0
9	P800	**双斜坡启动** 0—双斜坡启动无效 非 0—双斜坡启动有效 设定值为第一次启动时间（范围为 0~60 s）	参数设定状态下，按∧键或∨键选择是否用双斜坡启动	0

注：在停止状态下参数设定有效。

任务实施

一、实施步骤

图 5-4-7 所示为 CMC-L 型软启动器典型应用接线的安装与调试步骤。

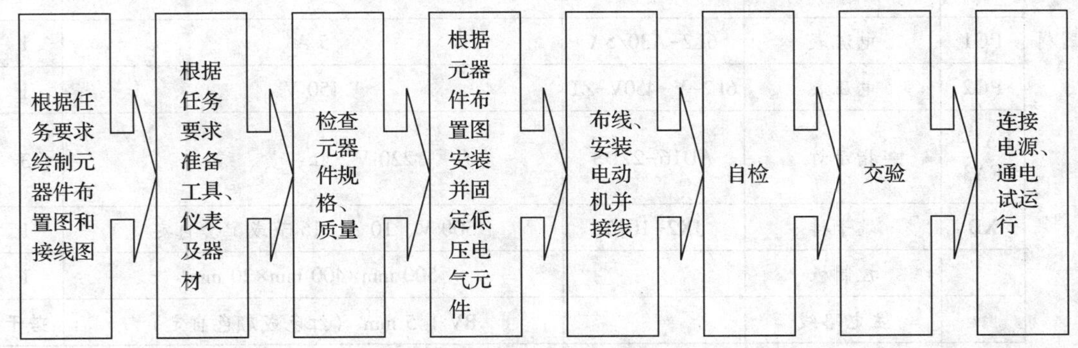

图 5-4-7　CMC-L 型软启动器典型应用接线的安装与调试步骤

二、绘制元器件布置图和接线图

自行绘制元器件布置图和接线图。

三、准备工具、仪表及器材

根据图 5-4-5 所示 CMC-L 型软启动器的典型应用接线图，选用工具、仪表及器材，见表 5-4-5。

表 5-4-5　工具、仪表及器材

类别	项目内容				
工具	验电笔、钢丝钳、螺钉旋具（一字形和十字形）、电工刀、尖嘴钳、活扳手、剥线钳等				
	冲击钻、弯管器、套螺纹扳手等电路安装工具				
仪表	兆欧表、钳形电流表、万用表				
器材	代号	名称	型号	规格	数量
	M	三相感应电动机	Y132S-4	5.5 kW、380 V、11.6 A、△接法、1 440 r/min	1
	QA0	低压断路器	DZ5-20/330	三级复式脱扣器、220 V、20 A、脱扣器额定电流 10 A	1
	QA1	低压断路器	DZ5-20/230	两级复式脱扣器、220 V、20 A、脱扣器额定电流 10 A	1
	QA2	接触器	CJT1-20	220 V、20 A	1
	SF1、SF2	双联按钮	LA10-2H	保护式、按钮数 2	1
	FC	热继电器	JR36-20/3D	额定电流整定 11 A	1
	CMC-L	软启动器	CMC-L008-3	额定电流 18 A、额定电压 380 V	1
	BC	电流互感器	LMZJ1-0.5	最高电压 0.6 kV、电流比 200 A/5 A	1
	KF1、KF2	中间继电器	JZ7-44	220 V、5 A	2
	PG1	电流表	6L2-A30/5A	5 A	1
	PG2	电压表	6L2-V-450V-ZT	450 V	1
	EA1～EA3	指示灯	AD16-22DS	220 V，红、黄、绿	3
	XD	端子排	JX2-1015	500 V、10 A、15 节或配套自定	1
		控制板		500 mm×400 mm×20 mm	1
		主电路线		BV 1.5 mm^2（红色或颜色自定）	若干
		控制电路线		BV 1.0 mm^2（白色或颜色自定）	若干
		按钮线		BVR 0.75 mm^2（白色或颜色自定）	若干
		接地线		BVR 1.5 mm^2（黄绿双色）	若干
		四芯电缆线		YHZ 3×1.5 mm^2+1×1.5mm^2	若干
		电线管、管夹		ϕ16 mm	若干
		螺钉		ϕ5 mm×60 mm	若干
		走线槽		18 mm×25 mm	若干
		紧固体和编码套管			若干

四、检查元器件规格和质量

1. 根据工具、仪表及器材选用表，检查各元器件、耗材与表中的型号和规格是否一致。

2. 检查各元器件的外观是否完好无损，附件、备件是否齐全。

3. 用仪表检查各元器件和电动机的有关技术数据是否符合要求。

五、根据元器件布置图安装并固定低压电气元件

按元器件布置图在控制板上安装低压电气元件，并贴上醒目的文字符号。

六、布线

接线的顺序、要求与接触器联锁电路基本相同，但应注意以下几个问题。

1. 主电路：要注意软启动器与旁路接触器在主电路是并联的，接线不能接错。

2. 控制电路：CMC-L 型软启动器上的接线端子较多，不能接错。

七、设置 CMC-L 型软启动器参数

按照操作说明设置控制参数，详见表 5-4-3 和表 5-4-4。

八、检测交验、通电试运行

进行自检，检测接线是否正确，并交付验收，之后接通电源进行通电试运行。

故障检修

一、故障分析

当软启动器保护功能动作时，软启动器立即停机，显示屏显示当前故障。用户可根据故障内容进行故障分析。如 Err3 表示机器处于启动失败故障状态，后缀数字表示故障号，CMC-L 型软启动器故障代码见表 5-4-6。

表 5-4-6　CMC-L 型软启动器故障代码

显示	状态说明	排除方法
STOP	软启动器处于待机状态	(1) 检查旁路接触器是否卡在闭合位置上 (2) 检查各晶闸管是否被击穿或损坏
	给出启动信号但电动机无反应	(1) 检查端子 3、4、5 是否接通 (2) 检查控制电路连接是否正确，控制开关是否正常 (3) 检查控制电源电压是否过低
无显示		(1) 检查端子 11 和 12 是否接通 (2) 检查控制电源是否正常

续表

显示	状态说明	排除方法
Err1	电动机启动时缺相	检查三相电源各相电压，判断是否缺相并予以排除
Err2	晶闸管温度过高	（1）检查软启动器安装环境是否通风良好，软启动器是否垂直安装 （2）检查软启动器是否被阳光直射 （3）检查散热器是否过热或过热保护开关是否断开 （4）降低启动频次 （5）检查控制电源电压是否过低
Err3	启动失败故障	（1）逐一检查各项工作参数设定值，核实设置的参数值与电动机实际参数是否匹配 （2）启动失败（80 s 未完成启动），检查限流倍数是否设定过小或核对互感器变比是否正确
Err4	软启动器输入端与输出端短路	（1）检查旁路接触器是否卡在闭合位置上 （2）检查晶闸管是否被击穿或损坏
	电动机连接线开路（L106 设置为 1）	（1）检查软启动器输出端与电动机是否正确且可靠连接 （2）判断电动机内部是否开路 （3）检查晶闸管是否损坏或被击穿 （4）检查进线是否缺相
Err5	限流功能失效	（1）检查电流互感器是否接到端子 1、2 上 （2）查看限流保护设置是否正确 （3）检查电流互感器变化是否与电动机相匹配
	电动机运行过流	（1）检查软启动器输出端连接是否有短路现象 （2）检查电动机是否过载或者短路 （3）检查电动机电路是否缺相 （4）检查电流互感器变化是否与电动机相匹配

二、故障排除

故障具有记忆性，故在故障排除后，通过按键 STOP（长按 4 s 以上）进行复位，使软启动器恢复到启动准备状态。

三、CMC-L 型软启动器的日常维护

1. 若灰尘太多，会降低软启动器的绝缘等级，可能使软启动器不能正常工作。可用清洁、干燥的毛刷轻轻刷去灰尘或用压缩空气吹去灰尘。

2. 若结露，会降低软启动器的绝缘等级，可能使软启动器不能正常工作。可用电吹风或电炉吹干软启动器，也可用配电间去湿。

3. 定期检查软启动器元器件是否完好，是否能正常工作。

4. 检查软启动器的冷却通道，确保不被污物和灰尘堵塞。

课题六 三相笼型异步电动机制动控制电路的安装与检修

任务1 电磁抱闸制动器制动控制电路的安装与检修

学习目标

1. 能正确理解三相笼型异步电动机电磁抱闸制动器制动控制电路的工作原理。
2. 能正确识读电磁抱闸制动器制动控制电路的原理图、接线图和布置图。
3. 能按照工艺要求，正确安装三相笼型异步电动机电磁抱闸制动器制动控制电路。
4. 能根据故障现象，检修三相笼型异步电动机电磁抱闸制动器制动控制电路。

工作任务

生产机械在电动机的拖动下运转，在电动机失电后，由于惯性作用电动机不可能立即

停下来，而会继续转动一段时间才会完全停下来。这种现象一是会使生产机械的工作效率变低，二是对于某些生产机械也是不适宜的。为了能使电动机迅速停转，需要对电动机进行制动。

所谓制动，就是给电动机一个与转动方向相反的转矩使它迅速停转（或限制其转速）。制动的方法一般有两类：机械制动和电力制动。

电动机断开电源后，利用机械装置产生的反作用力矩使其迅速停转的方法叫机械制动。机械制动常用的方法有电磁抱闸制动器制动和电磁离合器制动。如 X62W 型万能铣床的主轴电动机就是采用电磁离合器制动以实现准确停机。而在 20/5t 桥式起重机上，主钩、副钩、大车、小车全部采用电磁抱闸制动，以保证电动机失电后的迅速停机。图 6-1-1 所示就是 20/5t 桥式起重机副钩上采用的电磁抱闸制动器断电制动控制电路。

本次任务是完成电磁抱闸制动器断电制动控制电路的安装与检修。

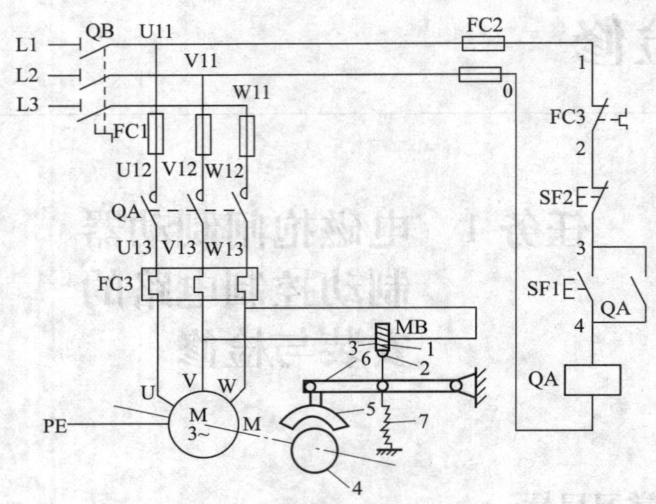

图 6-1-1　电磁抱闸制动器断电制动控制电路

1—线圈　2—衔铁　3—铁芯　4—闸轮　5—闸瓦　6—杠杆　7—弹簧

相关理论

一、电磁抱闸制动器

图 6-1-2 所示为常用的 MZD1 系列交流制动电磁铁与 TJ2 系列闸瓦制动器的外形，它们配合使用，共同组成电磁抱闸制动器，其结构如图 6-1-3a 所示，符号如图 6-1-3b 所示。TJ2 系列闸瓦制动器与 MZD1 系列交流制动电磁铁的配用见表 6-1-1。

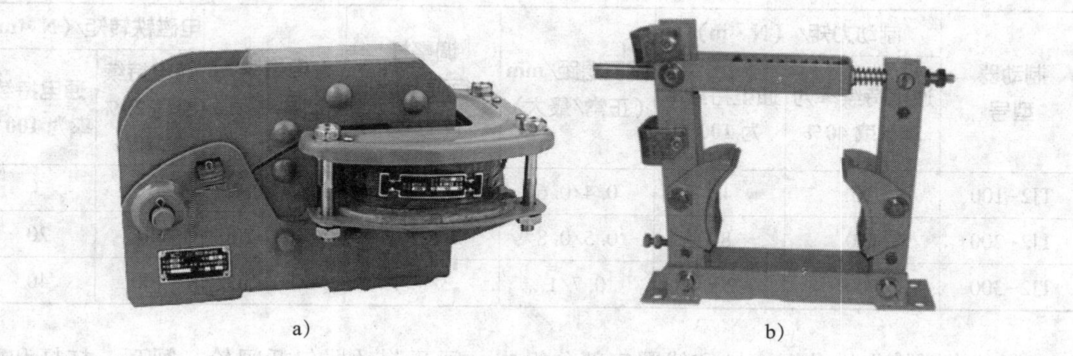

图6-1-2　制动电磁铁与闸瓦制动器

a）MZD1 系列交流制动电磁铁　b）TJ2 系列闸瓦制动器

制动电磁铁和闸瓦制动器的型号及其含义如下。

TJ 2 - □ / □

- TJ — 交流制动器
- 2 — 设计序号
- □ — 制动轮直径（mm）
- □ — 配用电磁铁型号

M Z D 1 - □

- M — 电磁铁
- Z — 制动
- D — 单相
- 1 — 设计序号
- □ — 匹配制动器的制动轮直径（mm）

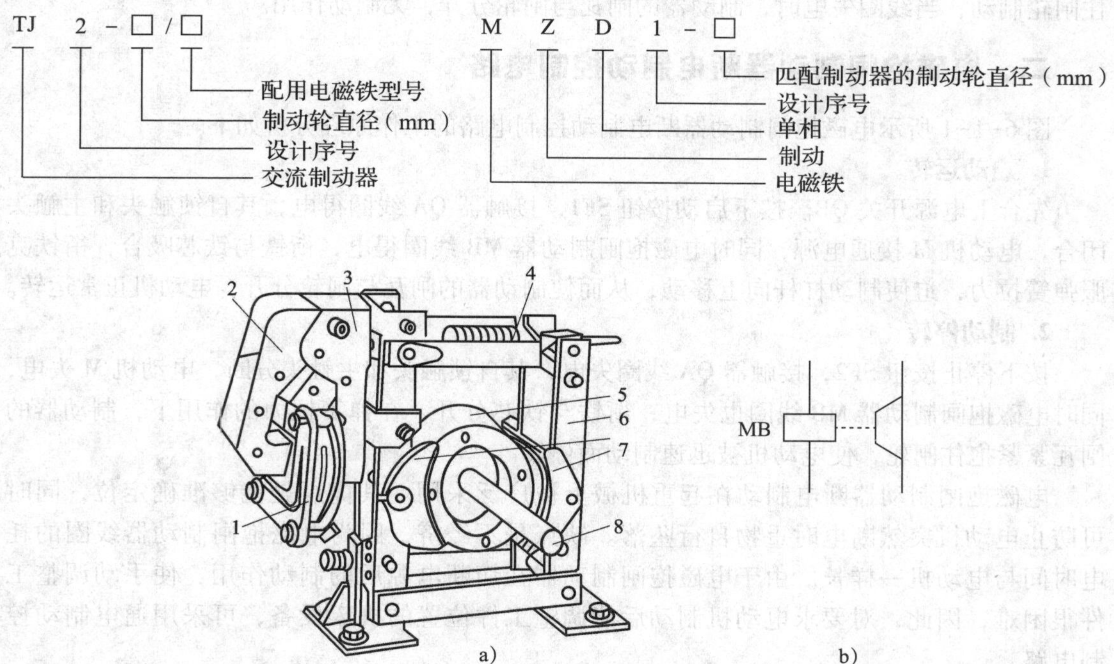

图6-1-3　电磁抱闸制动器

a）结构　b）符号

1—线圈　2—衔铁　3—铁芯　4—弹簧

5—闸轮　6—杠杆　7—闸瓦　8—轴

表 6-1-1　TJ2 系列闸瓦制动器与 MZD1 系列交流制动电磁铁的配用表

制动器型号	制动力矩/（N·m）		闸瓦退距/mm（正常/最大）	调整杆行程/mm（开始/最大）	电磁铁型号	电磁铁转矩/（N·m）	
	通电持续率为25%或40%	通电持续率为100%				通电持续率为25%或40%	通电持续率为100%
TJ2-100	20	10	0.4/0.6	2/3	MZD1-100	5.5	3
TJ2-200	160	80	0.5/0.8	2.5/3.8	MZD1-200	40	20
TJ2-300	500	200	0.7/1	3/4.4	MZD1-300	100	40

制动电磁铁由铁芯、衔铁和线圈三部分组成。闸瓦制动器包括闸轮、闸瓦、杠杆和弹簧等部分。电磁抱闸制动器分为断电制动型和通电制动型两种。

断电制动型电磁抱闸制动器的工作原理是：当制动电磁铁的线圈得电时，制动器的闸瓦与闸轮分开，无制动作用；当线圈失电时，制动器的闸瓦紧紧抱住闸轮制动。

通电制动型电磁抱闸制动器的工作原理是：当制动电磁铁的线圈得电时，闸瓦紧紧抱住闸轮制动；当线圈失电时，制动器的闸瓦与闸轮分开，无制动作用。

二、电磁抱闸制动器断电制动控制电路

图 6-1-1 所示电磁抱闸制动器断电制动控制电路的工作原理分析如下。

1. 启动运转

先合上电源开关 QB。按下启动按钮 SF1，接触器 QA 线圈得电，其自锁触头和主触头闭合，电动机 M 接通电源，同时电磁抱闸制动器 MB 线圈得电，衔铁与铁芯吸合，衔铁克服弹簧拉力，迫使制动杠杆向上移动，从而使制动器的闸瓦与闸轮分开，电动机正常运转。

2. 制动停转

按下停止按钮 SF2，接触器 QA 线圈失电，其自锁触头和主触头分断，电动机 M 失电，同时电磁抱闸制动器 MB 线圈也失电，衔铁与铁芯分开，在弹簧拉力的作用下，制动器的闸瓦紧紧抱住闸轮，使电动机被迅速制动而停转。

电磁抱闸制动器断电制动在起重机械上被广泛采用。其优点是能够准确定位，同时可防止电动机突然断电时重物自行坠落。缺点是不经济，因为电磁抱闸制动器线圈的耗电时间与电动机一样长。由于电磁抱闸制动器在切断电源后的制动作用，使手动调整工件很困难，因此，对要求电动机制动后能调整工件位置的机床设备，可采用通电制动控制电路。

三、电磁抱闸制动器通电制动控制电路

电磁抱闸制动器通电制动控制电路如图 6-1-4 所示。这种通电制动与上述断电制动方法稍有不同。当电动机得电运转时，电磁抱闸制动器线圈断电，闸瓦与闸轮分开，无制动作用；当电动机失电需停转时，电磁抱闸制动器的线圈得电，使闸瓦紧紧抱住闸轮制动；当电动机处于停转常态时，线圈也无电，闸瓦与闸轮分开，这样操作人员可以用手扳动主轴调整工件、对刀等。

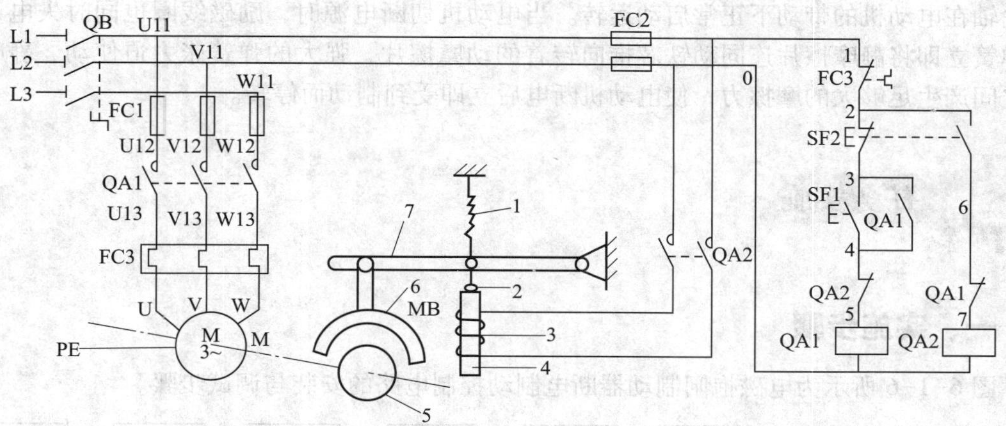

图 6-1-4　电磁抱闸制动器通电制动控制电路

1—弹簧　2—衔铁　3—线圈　4—铁芯　5—闸轮　6—闸瓦　7—杠杆

四、电磁离合器制动器

电磁离合器制动器的制动原理和电磁抱闸制动器的制动原理相似，所不同的是：电磁离合器制动器利用动、静摩擦片之间产生足够大的摩擦力，使电动机断电后立即制动。

1. 结构示意图

断电制动型电磁离合器的外形和结构如图 6-1-5 所示。

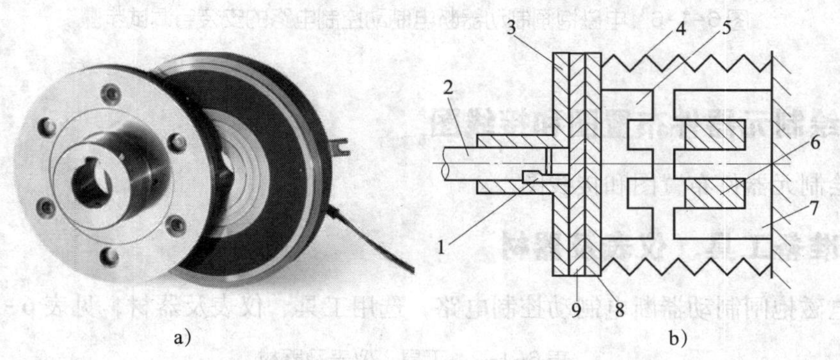

图 6-1-5　断电制动型电磁离合器

a）外形图　b）结构示意图

1—键　2—绳轮轴　3—法兰　4—制动弹簧　5—动铁芯　6—励磁线圈　7—静铁芯　8—静摩擦片　9—动摩擦片

2. 电路图

电磁离合器的制动控制电路与电磁抱闸制动器断电控制电路基本相同。

3. 制动原理

电磁离合器的制动原理为：电动机静止时，励磁线圈无电，制动弹簧将静摩擦片紧紧地压在动摩擦片上，此时电动机通过绳轮轴被制动。当电动机通电运转时，励磁线圈也同时得电，电磁铁的动铁芯被静铁芯吸合，使静摩擦片与动摩擦片分开，于是动摩擦片连同绳轮轴在电动机的带动下正常启动运转。当电动机切断电源时，励磁线圈也同时失电，制动弹簧立即将静摩擦片连同动铁芯推向转着的动摩擦片，强大的弹簧张力迫使动、静摩擦片之间产生足够大的摩擦力，使电动机断电后立即受到制动而停转。

任务实施

一、实施步骤

图 6-1-6 所示为电磁抱闸制动器断电制动控制电路的安装与调试步骤。

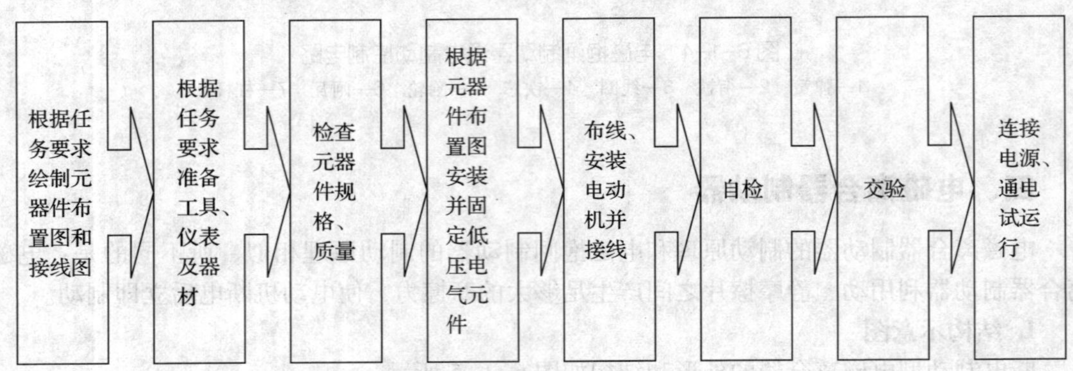

图 6-1-6　电磁抱闸制动器断电制动控制电路的安装与调试步骤

二、绘制元器件布置图和接线图

自行绘制元器件布置图和接线图。

三、准备工具、仪表及器材

根据电磁抱闸制动器断电制动控制电路，选用工具、仪表及器材，见表 6-1-2。

表 6-1-2　工具、仪表及器材

类别	项目内容				
工具	验电笔、螺钉旋具、尖嘴钳、斜口钳、剥线钳、电工刀等电工常用工具				
仪表	兆欧表、钳形电流表、万用表				
器材	代号	名称	型号	规格	数量
	M	三相笼型异步电动机	Y112M-4	4 kW、380 V、8.8 A、△接法、1 440 r/min	1
	QB	组合开关	HZ10-25/3	三极、380 V、25 A	1
	FC1	螺旋式熔断器	RL1-60/20	500 V、60 A、配熔体 20 A	3

续表

类别	代号	名称	型号	规格	数量
器材	FC2	螺旋式熔断器	RL1-15/2	500 V、15 A、配熔体 2 A	2
	QA	接触器	CJT1-20	线圈电压 380 V、20 A	1
	SF1、SF2	双联按钮	LA10-2H	保护式、按钮数 2	1
	FC3	热继电器	JR36-20/3D	热元件额定电流 11 A	1
	MB	制动电磁铁	MZD1-200	配以 TJ2-200，制动力矩 160 N·m，电磁铁转矩 40 N·m	1
		控制板		500 mm×400 mm×20 mm	1
	XD	接线端子排	JX2-1015	500 V、10 A、15 节或配套自定	1
		主电路线		BV 1.5 mm^2（红色或颜色自定）	若干
		控制电路线		BV 1.0 mm^2（白色或颜色自定）	若干
		按钮线		BVR 0.75 mm^2（白色或颜色自定）	若干
		接地线		BVR 1.5 mm^2（黄绿双色）	若干
		四芯电缆线		YHZ 3×1.5 mm^2+1×1.5 mm^2	若干
		螺钉		ϕ5 mm×60 mm	若干
		走线槽		18 mm×25 mm	若干
		紧固体和编码套管			若干

四、检查元器件规格和质量

1. 根据工具、仪表及器材选用表，检查各元器件、耗材与表中的型号和规格是否一致。

2. 检查各元器件的外观是否完好无损，附件、备件是否齐全。

3. 用仪表检查各元器件和电动机的有关技术数据是否符合要求。

五、根据元器件布置图安装并固定低压电气元件

按元器件布置图在控制板上安装低压电气元件，并贴上醒目的文字符号。

六、布线

采用板前线槽布线。布线工艺要求在前文已有叙述。

七、安装与调整电磁抱闸制动器

1. 电磁抱闸制动器必须与电动机一起安装在固定的底座或座墩上，其地脚螺栓必须拧紧，且有防松措施，电动机轴伸出端上的制动闸轮必须与闸瓦制动器的抱闸机构在同一平

面上，且轴心要一致。

2. 安装电磁抱闸制动器后，必须在切断电源的情况下先进行粗调，然后在通电试运行时再进行微调。粗调时以断电状态下用外力转不动电动机转轴，而用外力将制动电磁铁吸合后，电动机转轴能自由转动为合格。

八、自检

1. 从电源端开始逐段核对接线

根据电路图或接线图，从电源端开始逐段核对接线及接线端子处的线号是否正确，有无漏接、错接之处。检查导线连接点是否符合要求，压接是否牢固。同时注意连接点接触应良好，以避免带负载运转时产生闪弧现象。

2. 用万用表检查电路的通断情况

为万用表选用倍率合适的电阻挡，并进行欧姆校零。

控制电路的检查与接触器自锁控制电路的检查方法一致。

主电路的检查与接触器自锁控制电路的检查方法基本一致，不同点是在热继电器的下端头 V 和 W 之间连接有电磁抱闸制动线圈，重点检查线圈的通断情况。

3. 检查电路安装质量，并进行绝缘电阻测量

用兆欧表检查电路的绝缘电阻，绝缘电阻阻值应不得小于 1 MΩ。

九、交验

学生提出申请，经教师检查同意后方可通电试运行。

十、连接电源、通电试运行

1. 为保证人身安全，在通电试运行时要认真执行安全操作规程的有关规定，一人监护、一人操作。试运行前，应检查与通电试运行有关的电气设备是否有不安全的因素存在，若查出应立即整改，然后方能试运行。

2. 通电试运行前，必须征得教师的同意，并由指导教师接通三相电源 L1、L2、L3，同时在现场监护。学生合上电源开关 QB 后，用验电笔检查熔断器出线端，若验电笔氖管亮说明电源接通。

电路的通电试运行方法、步骤与接触器自锁控制电路基本相同，不同处在于对电磁抱闸制动器的微调，微调时以在通电带负载运行状态下电动机转动自如，闸瓦与闸轮不摩擦、不过热，断电时又能立即制动为合格。此操作必须在有教师现场监护下进行。

3. 出现故障后，若需带电检查，必须有教师在现场监护。检修完毕后，如需要再次试运行，也应有教师在现场监护，并做好时间记录。

4. 通电试运行完毕，停转，切断电源。先拆除三相电源线，再拆除电动机线。

5. 试运行成功后，记录完成时间及通电试运行次数。

故障检修

在完成试运行的基础上，教师或同组学生按照表 6-1-3 中故障原因分析的元器件或路径，人为地设定一两个故障点进行排故练习。

表 6-1-3　电磁抱闸制动器断电制动控制电路的故障现象、原因分析及检查方法

故障现象	原因分析	检查方法
电动机启动后，电磁抱闸制动器闸瓦与闸轮过热	可能原因：闸瓦与闸轮的间距没有调整好，间距太小，造成闸瓦与闸轮有摩擦	检查闸瓦与闸轮的间距，调整间距后启动电动机一段时间，停机再检查闸瓦与闸轮过热是否消失
电动机断电后电磁抱闸制动器不能立即制动	可能原因：闸瓦与闸轮的间距过大	检查、调小闸瓦与闸轮的间距，调整间距后启动电动机，停机检查制动情况
电动机堵转	可能原因：如下图虚线框中，电磁抱闸制动器的线圈损坏或线圈连接电路断路，造成抱闸装置在通电的情况下没有放开 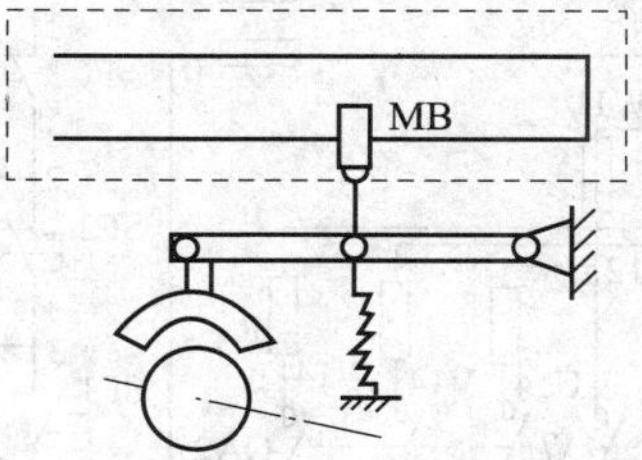 MB	断开电源，拆下电动机的连接线，用电阻法或校验灯法检查故障点
其他故障参见接触器自锁控制电路的故障检测		

任务 2　反接制动控制电路的安装与检修

学习目标

1. 能正确理解三相笼型异步电动机反接制动控制电路的工作原理。
2. 能正确识读反接制动控制电路的原理图、接线图和布置图。
3. 能按照工艺要求，正确安装三相笼型异步电动机反接制动控制电路。
4. 能根据故障现象，检修三相笼型异步电动机反接制动控制电路。

工作任务

任务 1 中的电磁抱闸制动器断电制动在起重机械上被广泛采用。其优点是能够准确定位，同时可防止电动机突然断电时重物的自行坠落。当重物起吊到一定高度时，按下停止按钮，电动机和电磁抱闸制动器的线圈同时断电，闸瓦立即抱住闸轮，电动机立即制动停转，重物随之被准确定位。如果电动机在工作时电路发生故障而突然断电，电磁抱闸制动器同样会使电动机迅速制动停转，从而避免重物自行坠落。这种制动方法的缺点是不经济，因为电磁抱闸制动器线圈的耗电时间与电动机一样长。另外，对要求电动机断电制动后能调整工件位置的设备不能采用。

T68 型卧式镗床主轴电动机制动控制采用的是反接制动。反接制动属于电力制动。图 6-2-1 所示为单向启动反接制动控制电路。

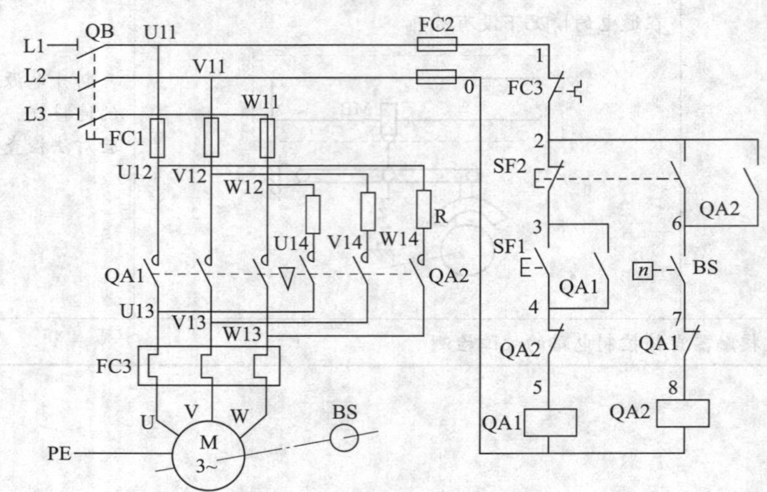

图 6-2-1　单向启动反接制动控制电路

本次工作任务是完成单向启动反接制动控制电路的安装与检修。

相关理论

一、反接制动

电力制动是指电动机在切断三相电源停转的过程中，产生一个和电动机实际旋转方向相反的电磁力矩（制动力矩），迫使电动机迅速制动停转的方法。电力制动常用的方法有反接制动、能耗制动、电容制动和再生发电制动等。以下详细介绍反接制动。

依靠改变电动机定子绕组的电源相序来产生制动力矩，迫使电动机迅速停转的方法称为反接制动。反接制动原理图如图 6-2-2 所示。当电动机正常运行时，电动机定子绕组的电源相序为 L1—L2—L3，电动机将沿旋转磁场方向以 $n<n_1$ 的速度正常运转。当电动机需要停转时，可拉开开关 QB，使电动机先脱离电源（此时转子仍按原方向旋转），当将开关迅速向下按合时，使电动机三相电源的相序发生改变，旋转磁场反转，在转子绕组中产生感应电流，其方向可由左手定则判断出来，可见此转矩方向与电动机的转动方向相反，而使电动机受制动迅速停转。

反接制动时应注意的是：当电动机转速接近零值时，应立即切断电动机的电源，否则电动机将反转。在反接制动设备中，为保证电动机的转速被制动到接近零值时能迅速切断电源，防止反向启动，常利用速度继电器自动、及时切断电源。

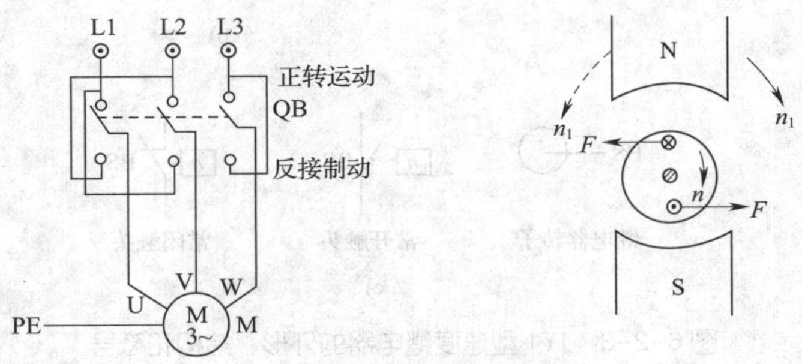

图 6-2-2 反接制动原理图

二、速度继电器

速度继电器是反映转速和转向的继电器，其主要作用是以旋转速度的快慢为指令信号，与接触器配合实现对电动机的反接制动控制，故又称为反接制动继电器。在机床控制电路中常用的速度继电器是 JY1 型。

JY1 型速度继电器的外形、结构和符号如图 6-2-3 所示，由定子、转子、可动支架、触头系统及端盖等部分组成。转子由永久磁铁制成，固定在转轴上；定子由硅钢片叠成并装有笼型短路绕组，能做小范围偏转；触头系统由两组转换触头组成，一组在转子正转时动作，另一组在转子反转时动作。

当电动机旋转时，其带动与电动机同轴相连的速度继电器的转子旋转，相当于在空间中产生旋转磁场，从而在定子笼型短路绕组中产生感应电流，感应电流与永久磁铁的旋转磁场相互作用，产生电磁转矩，使定子随永久磁铁转动的方向偏转，与定子相连的胶木摆杆也随之偏转。当定子偏转到一定角度，胶木摆杆推动簧片，使速度继电器的触头动作。

当转子转速减小到复位转速时，由于定子的电磁转矩减小，胶木摆杆恢复原状态，触头随即复位。

速度继电器的动作转速一般不低于 100~300 r/min，复位速度在 100 r/min 以下。在常用的速度继电器中，JY1 型能在 3 000 r/min 以下可靠地工作，还有一种 JFZ0 型速度继电器，其结构与 JY1 型基本相同，只是两组触头改用两个微动开关，使其触头的动作速度不受定子偏转速度的影响。额定工作转速有 300~1 000 r/min（JFZ0-1 型）和 1 000~3 600 r/min（JFZ0-2 型）两种。

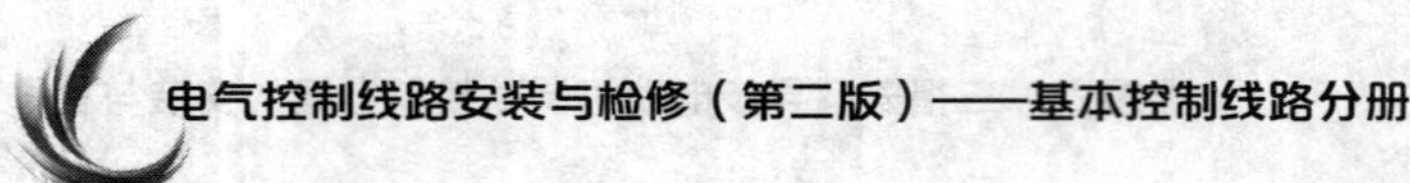

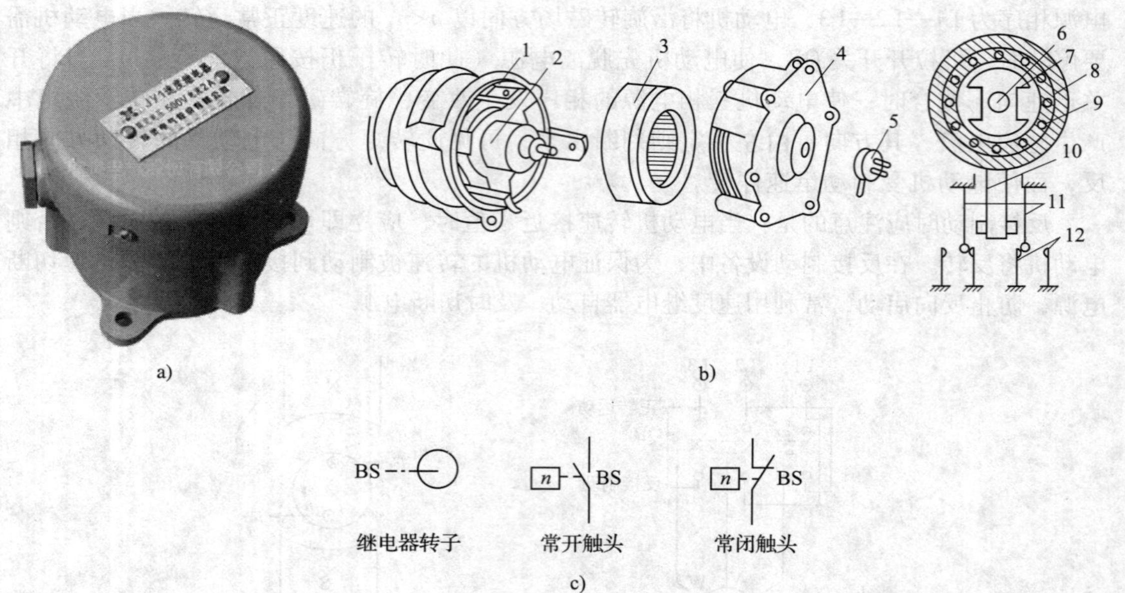

图 6-2-3　JY1 型速度继电器的外形、结构和符号

a）外形　b）结构　c）符号

1—可动支架　2、7—转子　3、8—定子　4—端盖　5—连接头　6—电动机轴

9—定子绕组　10—胶木摆杆　11—簧片（动触头）　12—静触头

三、单向启动反接制动控制电路

图 6-2-1 所示电路的主电路和正反转控制电路的主电路相似，只是在反接制动时增加了三个限流电阻 R。电路中 QA1 为正转运行接触器，QA2 为反接制动接触器，BS 为速度继电器，其轴与电动机轴相连，图 6-2-1 中用点画线表示。

图 6-2-1 所示电路工作原理分析如下。

先合上电源开关 QB。

单向启动：

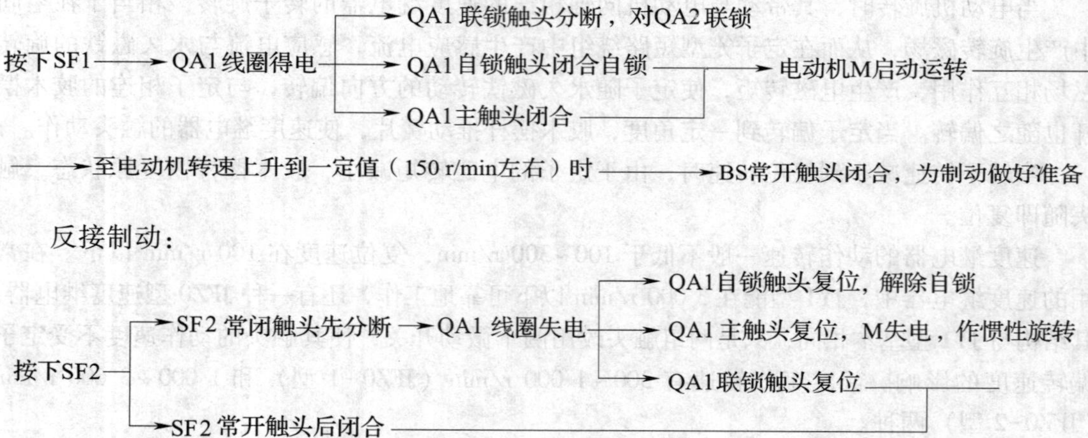

反接制动：

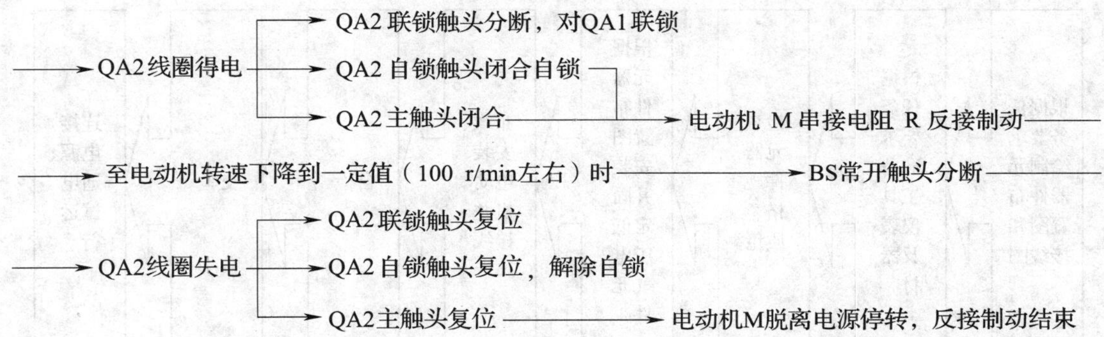

反接制动时，由于旋转磁场与转子的相对转速（n_1+n）很高，故转子绕组中的感应电流很大，致使定子绕组中的电流也很大，一般约为电动机额定电流的10倍。因此，反接制动适用于10 kW以下小容量电动机的制动，并且对4.5 kW以上的电动机进行反接制动时，需在定子绕组回路中串入限流电阻R，以限制反接制动电流。限流电阻R的大小可参考下述经验计算公式进行估算。

在电源电压380 V时，若要使反接制动电流等于电动机直接启动时启动电流的1/2，即$\frac{1}{2}I_{st}$，则三相电路每相应串入的电阻R（Ω）值可取为：

$$R\approx1.5\times\frac{220}{I_{st}}$$

若要使反接制动电流等于启动电流I_{st}，则每相应串入的电阻R'（Ω）值可取为：

$$R'\approx1.3\times\frac{220}{I_{st}}$$

如果反接制动时只在电源两相中串接电阻，则电阻值应加大，分别取上述电阻值的1.5倍。

本次任务中所用的电动机功率小于4.5 kW，所以反接制动时不需要串电阻。

反接制动的优点是制动力强，制动迅速。缺点是制动准确性差，制动过程中冲击强烈，易损坏传动零件，制动能量消耗大，不宜经常制动。因此，反接制动一般适用于制动要求迅速、系统惯性较大、不经常启动与制动的场合，如铣床、镗床、中型车床等主轴的制动控制。

一、实施步骤

图6-2-4所示为单向启动反接制动控制电路的安装与调试步骤。

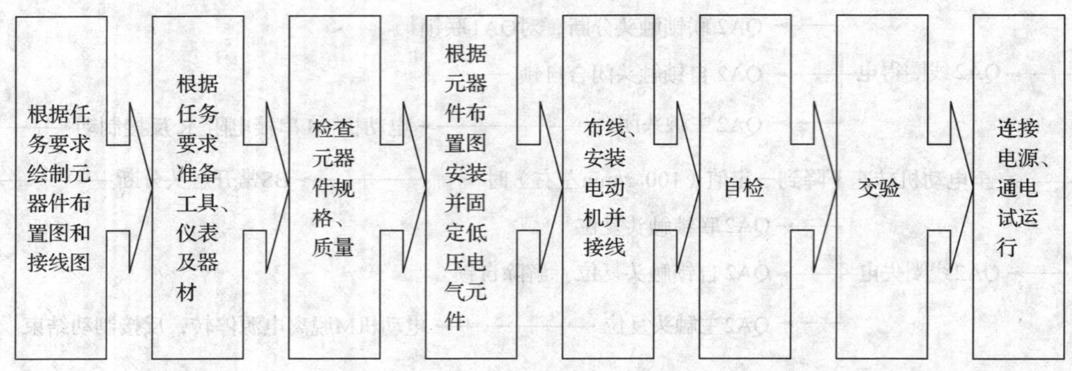

图 6-2-4　单向启动反接制动控制电路的安装与调试步骤

二、绘制元器件布置图和接线图

自行绘制元器件布置图和接线图。

三、准备工具、仪表及器材

根据单向启动反接制动控制电路，选用工具、仪表及器材，见表 6-2-1。

表 6-2-1　工具、仪表及器材

类别	项目内容				
工具	验电笔、螺钉旋具、尖嘴钳、斜口钳、剥线钳、电工刀等电工常用工具				
仪表	兆欧表、钳形电流表、万用表				
器材	代号	名称	型号	规格	数量
	M	三相笼型异步电动机	Y112M-4	4 kW、380 V、8.8 A、△接法、1 440 r/min	1
	QB	组合开关	HZ10-25/3	三极、380 V、25 A	1
	FC1	螺旋式熔断器	RL1-60/20	500 V、60 A、配熔体 20 A	3
	FC2	螺旋式熔断器	RL1-15/2	500 V、15 A、配熔体 2 A	2
	QA1、QA2	接触器	CJT1-20	线圈电压 380 V、20 A	2
	SF1、SF2	双联按钮	LA10-2H	保护式、按钮数 2	1
	FC3	热继电器	JR36-20/3D	热元件额定电流 11 A	1
	BS	速度继电器	JY1		1
		控制板		500 mm×400 mm×20 mm	1
	XD	接线端子排	JX2-1015	500 V、10 A、15 节或配套自定	1
		主电路线		BV 1.5 mm^2（红色或颜色自定）	若干

续表

类别	项目内容			
	代号	名称	型号	规格	数量
器材		控制电路线		BV 1.0 mm^2（白色或颜色自定）	若干
		按钮线		BVR 0.75 mm^2（白色或颜色自定）	若干
		接地线		BVR 1.5 mm^2（黄绿双色）	若干
		四芯电缆线		YHZ 3×1.5 mm^2+1×1.5 mm^2	若干
		螺钉		ϕ5 mm×60 mm	若干
		走线槽		18 mm×25 mm	若干
		紧固体和编码套管			若干

四、检查元器件规格和质量

1. 根据工具、仪表及器材选用表，检查各元器件、耗材与表中的型号和规格是否一致。

2. 检查各元器件的外观是否完好无损，附件、备件是否齐全。

3. 用仪表检查各元器件和电动机的有关技术数据是否符合要求。

五、根据元器件布置图安装并固定低压电气元件

按元器件布置图在控制板上安装低压电气元件，并贴上醒目的文字符号。

六、布线

采用板前线槽布线。布线工艺要求在前文中已有叙述。

七、自检

1. 从电源端开始逐段核对接线

根据电路图或接线图，从电源端开始逐段核对接线及接线端子处的线号是否正确，有无漏接、错接之处。检查导线连接点是否符合要求，压接是否牢固。同时注意连接点接触应良好，以避免带负载运转时产生闪弧现象。

2. 用万用表检查电路的通断情况

为万用表选用倍率合适的电阻挡，并进行欧姆校零。

（1）检查主电路

断开 FC2，切除控制电路，按照接触器联锁正反转控制电路的要求检查主电路。

（2）检查控制电路

拆下电动机接线，接通 FC2。用万用表表笔接 QB 下端的 U11、V11 端子，做以下几项检查。

1）检查启动和停机控制。按下 SF1，应测得 QA1 的线圈电阻值；在操作 SF1 的同时按下 SF2，万用表应显示电路由线圈阻值变为∞。

2）检查自锁电路。按下 QA1 的触头架，应测得 QA1 的线圈电阻值；在操作 SF1 的同

时按下 SF2，万用表应显示电路由线圈阻值变为∞。如果测量时发现异常，则重点检查接触器自锁触头上下端子的连线。容易接错处是：将 QA1 的自锁线错接到 QA2 的自锁触头上；将常闭触头用作自锁触头等，应根据异常现象分析并进行检查。

3）检查制动电路。按下 SF2，电路不通。打开速度继电器的端盖，拨动胶木摆杆，使 BS 闭合；按下 SF2，应测得 QA2 的线圈电阻值，同时按下 QA1 的触头架，万用表应显示电路由线圈阻值变为∞；放开 SF2，按下 QA2 的触头架，应测得 QA2 的线圈电阻值。

3. 检查电路安装质量，并进行绝缘电阻测量

用兆欧表检查电路的绝缘电阻，阻值应不得小于 1 MΩ。

八、交验

学生提出申请，经教师检查同意后方可通电试运行。

九、连接电源、通电试运行

1. 为保证人身安全，在通电试运行时要认真执行安全操作规程的有关规定，一人监护、一人操作。试运行前，应检查与通电试运行有关的电气设备是否有不安全的因素存在，若查出应立即整改，然后方能试运行。

2. 通电试运行前必须征得教师的同意，并由指导教师接通三相电源 L1、L2、L3，同时在现场监护。学生合上电源开关 QB 后，用验电笔检查熔断器出线端，若验电笔氖管亮说明电源接通。

（1）按下 SF1 启动后，轻按 SF2，电动机应缓慢地停止转动。

（2）按下 SF1 启动后，将 SF2 按下，电动机应立即停止转动。

3. 出现故障后，若需带电检查时，必须有教师在现场监护的情况下进行。检修完毕后，若需要再次试运行，也应有教师在现场监护，并做好时间记录。

4. 通电试运行完毕，停转，切断电源。先拆除三相电源线，再拆除电动机线。

5. 试运行成功后，记录完成时间及通电试运行次数。

故障检修

在完成试运行的基础上，教师或同组学生按照表 6-2-2、表 6-2-3 中故障原因分析的元器件或路径，人为地设定一两个故障点进行排故练习。

一、速度继电器故障的检修

速度继电器的故障现象、原因分析及处理方法见表 6-2-2。

表 6-2-2　速度继电器的故障现象、原因分析及处理方法

故障现象	原因分析	处理方法
反接制动时速度继电器失效，电动机不制动	（1）胶木摆杆断裂 （2）触头接触不良 （3）簧片断裂或失去弹性 （4）笼型绕组开路	（1）更换胶木摆杆 （2）清洗触头表面油污 （3）更换簧片 （4）更换笼型绕组

续表

故障现象	原因分析	处理方法
电动机不能正常制动	速度继电器的簧片调整不当	重新调节调整螺钉： （1）将调整螺钉向下旋，簧片弹性增大，速度较高时继电器才动作 （2）将调整螺钉向上旋，簧片弹性减小，速度较低时继电器即动作

二、反接制动控制电路故障的检修

反接制动控制电路的故障现象、原因分析及检查方法见表6-2-3。

表6-2-3　反接制动控制电路的故障现象、原因分析及检查方法

故障现象	原因分析	检查方法
按下停止按钮SF2，QA1失电释放，但电动机M没有制动	可能故障是： （1）按钮SF2常开触头接触不良或连接线断路 （2）接触器QA1常闭辅助触头接触不良 （3）接触器QA2线圈断线 （4）速度继电器BS动合触头接触不良 （5）速度继电器与电动机之间连接不好 见下图虚线框： 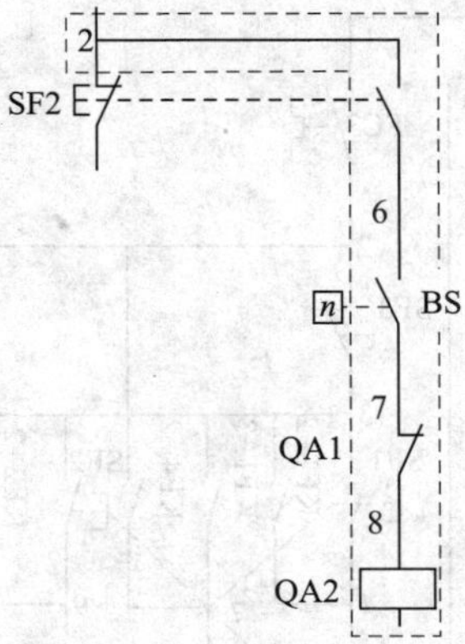 2 SF2 6 n　BS 7 QA1 8 QA2	（1）按下SF2，在速度继电器BS动合前，可用验电笔法检查故障点 （2）速度继电器BS动合后的故障点，可在断开电源后用电阻法判断
制动效果不显著	可能故障是： （1）速度继电器的整定转速过高 （2）速度继电器永磁转子磁性减退 （3）限流电阻R的阻值太大	调松速度继电器的整定弹簧，观察制动效果是否有明显改善。若制动效果改善不明显，则减小限流电阻R的阻值，调整后再观察其变化，若制动效果仍然不明显，则更换速度继电器
制动后电动机反转	可能故障是：由于制动太强，速度继电器的整定速度太低导致电动机反转	（1）调紧调节螺钉 （2）增大弹簧弹力

续表

故障现象	原因分析	检查方法
制动时电动机振动过大	由于制动太强，限流电阻R的阻值太小，造成制动时电动机振动过大	适当减小限流电阻
其他故障参见接触器联锁正反转控制电路的故障检修方法		

知识拓展

双向启动反接制动控制电路

图6-2-5所示是双向启动反接制动控制电路。图中QA1既是正转运行时的接触器，也是反转运行时的反接制动接触器；QA2既是反转运行时的接触器，又是正转运行时的反接制动接触器；QA3作短接限流电阻R用；中间继电器KF1、KF3和接触器QA1、QA3配合完成电动机的正向启动、反接制动的控制要求；中间继电器KF2、KF4和接触器QA2、QA3配合完成电动机的反向启动、反接制动的控制要求；速度继电器BS有两对常开触头BS-1、BS-2，分别用于控制电动机正转和反转时反接制动的时间；R既是反接制动的限流电阻，又是正反向启动的限流电阻。中间继电器KF3、KF4可避免停机时由于速度继电器BS-1或BS-2触头的偶然闭合而接通电源。有兴趣的读者可自行分析电路的工作原理。

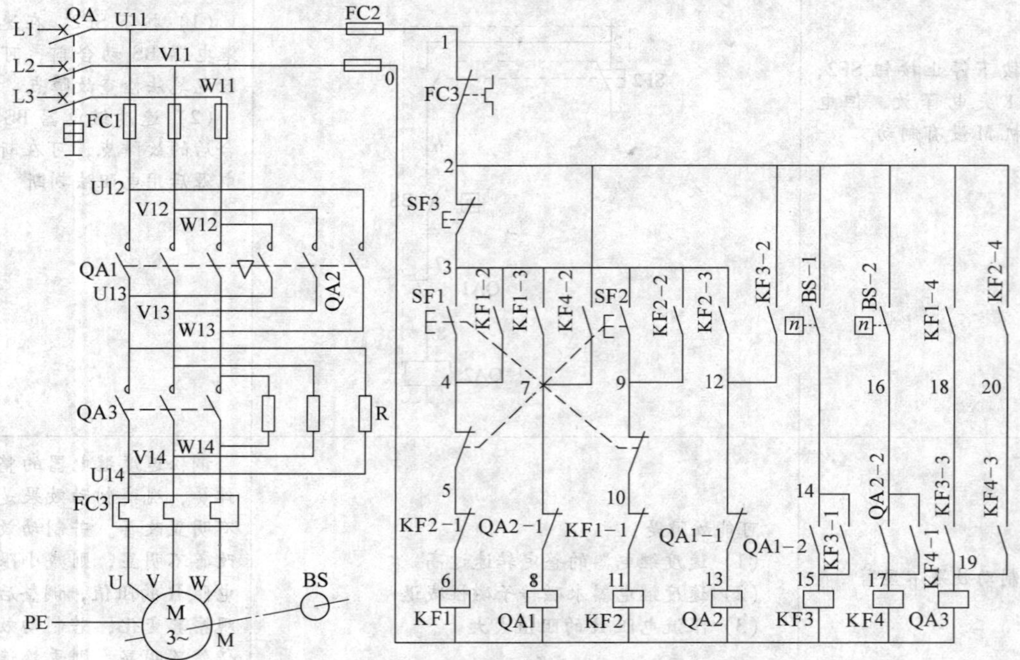

图6-2-5　双向启动反接制动控制电路

双向启动反接制动控制电路所用电气元件较多，电路较为复杂，但操作方便，运行安全可靠，是一种比较完善的控制电路。

任务 3　能耗制动控制电路的安装与检修

学习目标

1. 能正确理解三相笼型异步电动机能耗制动控制电路的工作原理。
2. 能正确识读能耗制动控制电路的原理图、接线图和布置图。
3. 能按照工艺要求，正确安装三相笼型异步电动机能耗制动控制电路。
4. 能根据故障现象，检修三相笼型异步电动机能耗制动控制电路。

工作任务

任务 2 中的反接制动的优点是设备简单，调整方便，制动迅速，价格低。缺点是制动冲击大，制动能量损耗大，不宜频繁制动，且制动准确度不高，故适用于制动要求迅速、系统惯性较大、制动不频繁的场合。而对于要求频繁制动的场合则采用能耗制动控制。如 C5225 型车床工作台主拖动电动机的制动采用的就是能耗制动控制电路。能耗制动控制电路用于 10 kW 以下的电动机时，常采用无变压器单相半波整流能耗制动自动控制电路，如图 6-3-1 所示。对于 10 kW 以上的电动机，常采用有变压器单相桥式整流能耗制动自动控制电路。

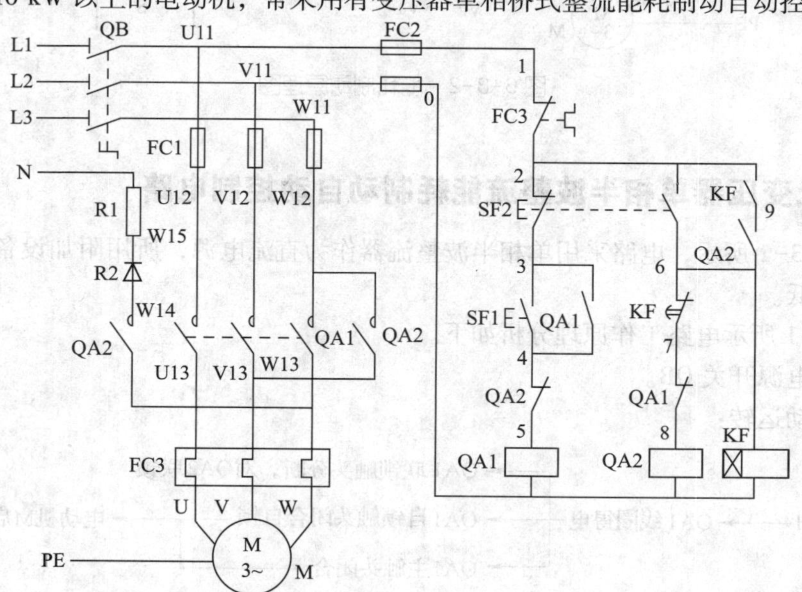

图 6-3-1　无变压器单相半波整流能耗制动自动控制电路

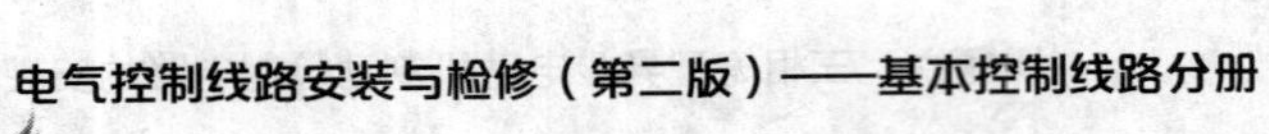

本次工作任务是完成无变压器单相半波整流能耗制动自动控制电路的安装与检修。

相关理论

一、能耗制动

当电动机切断交流电源后，立即在定子绕组中通入直流电，迫使电动机停转的方法称为能耗制动，其制动原理如图 6-3-2 所示。假设电动机按顺时针方向旋转，先断开电源开关 QB1，切断电动机的交流电源，这时转子仍沿原方向惯性运转；随后立即合上开关 QB2，并将 QB1 向下合闸，在电动机 V、W 两相定子绕组通入直流电，使定子中产生一个恒定的静止磁场，这样做惯性运转的转子因切割磁力线而在转子绕组中产生感应电流，其方向可用右手定则判断。绕组中一旦产生了感应电流，又立即受到静止磁场的作用，产生电磁转矩，用左手定则判断，可知电磁转矩的方向正好与电动机的转向相反，使电动机受制动迅速停转。由于这种制动方法是通过在定子绕组中通入直流电以消耗转子惯性运转的动能来进行制动的，所以称为能耗制动，又称动能制动。能耗制动也是电力制动的一种。

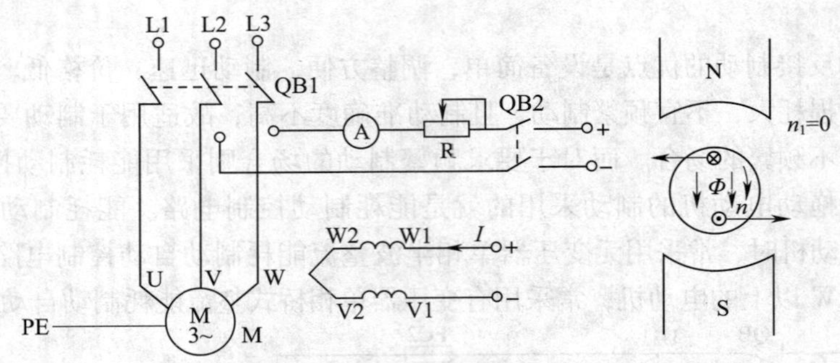

图 6-3-2　能耗制动原理图

二、无变压器单相半波整流能耗制动自动控制电路

如图 6-3-1 所示，电路采用单相半波整流器作为直流电源，所用附加设备较少，电路简单，成本低。

图 6-3-1 所示电路工作原理分析如下。

先合上电源开关 QB。

单向启动运转：

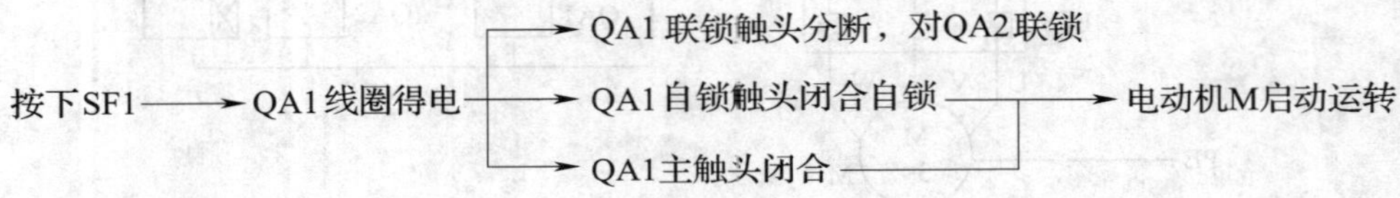

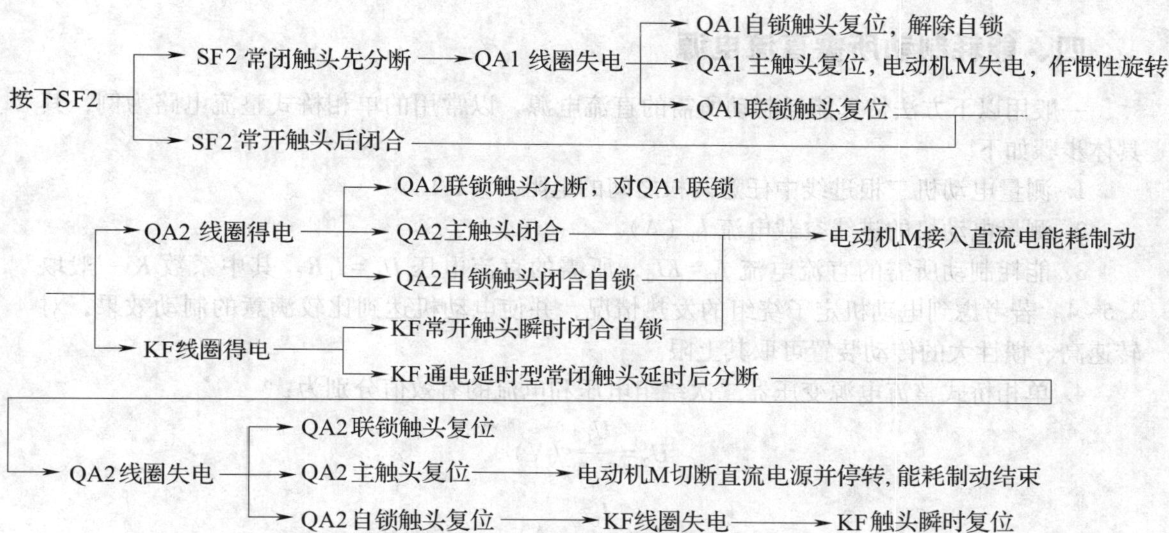

图 6-3-1 中 KF 常开触头的作用是：当 KF 出现线圈断线或机械卡住等故障时，按下 SF2 后能使电动机制动后脱离直流电源。

三、有变压器单相桥式整流能耗制动自动控制电路

图 6-3-3 所示为有变压器单相桥式整流能耗制动自动控制电路。其中直流电源由单相桥式整流器 TB 供给，TA 是变压器，电阻 R 用来调节直流电流，从而调节制动强度，变压器一次侧与整流器的直流侧同时进行切换，有利于提高触头的使用寿命。

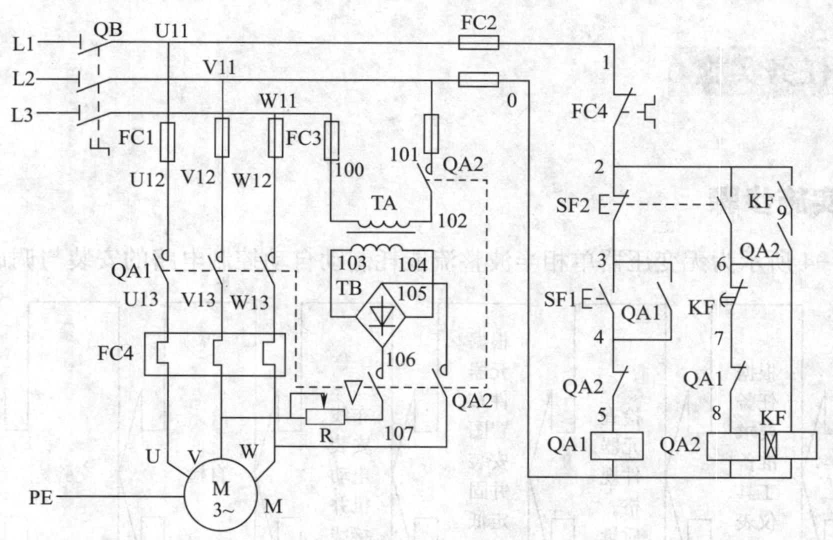

图 6-3-3 有变压器单相桥式整流能耗制动自动控制电路

能耗制动的优点是制动准确、平稳，且能量消耗较少。缺点是需要附加直流电源装置，设备费用较高，制动力较弱，在低速时制动力矩小。因此，能耗制动一般用于要求制动准确、平稳的场合，如磨床、立式铣床等的控制电路。

四、能耗制动所需直流电源

一般用以下方法估算能耗制动所需的直流电源，以常用的单相桥式整流电路为例，其具体步骤如下。

1. 测量电动机三根进线中任意两根之间的电阻 R（Ω）。

2. 测量电动机的进线空载电流 I_0（A）。

3. 能耗制动所需的直流电流 $I_L=KI_0$，所需的直流电压 $U_L=I_LR$。其中系数 K 一般取 3.5~4。若考虑到电动机定子绕组的发热情况，并使电动机达到比较满意的制动效果，对转速高、惯性大的传动装置可取其上限。

4. 单相桥式整流电源变压器二次绕组电压和电流的有效值分别为：

$$U_2=\frac{U_L}{0.9}\ (\text{V})$$

$$I_2=\frac{I_L}{0.9}\ (\text{A})$$

变压器计算容量为：

$$S=U_2I_2\ (\text{V}\cdot\text{A})$$

如果制动不频繁，可取变压器实际容量为：

$$S'=(\frac{1}{3}\sim\frac{1}{4})S\ (\text{V}\cdot\text{A})$$

5. 可调电阻 $R\approx2\ \Omega$，电阻功率 $P_R=I_L^2R$，实际选用时，电阻功率也可适当选小一些。

一、实施步骤

图 6-3-4 所示为无变压器单相半波整流能耗制动自动控制电路的安装与调试步骤。

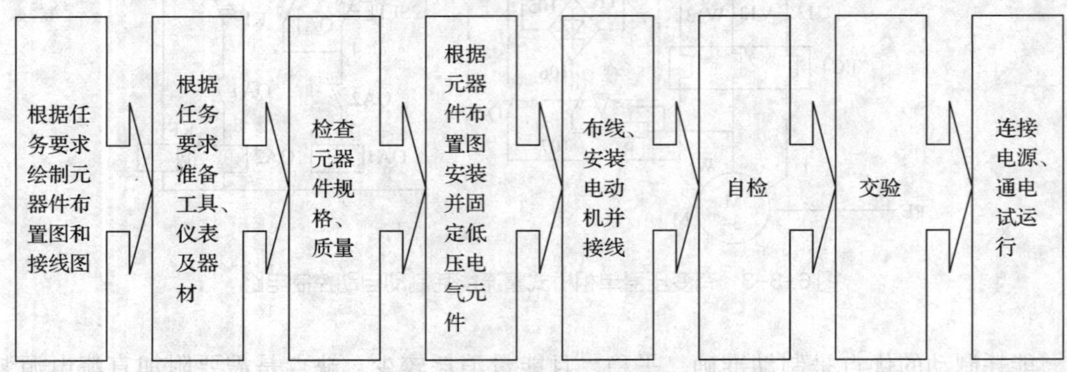

图 6-3-4　无变压器单相半波整流能耗制动自动控制电路的安装与调试步骤

二、绘制元器件布置图和接线图

自行绘制元器件布置图和接线图。

三、准备工具、仪表及器材

根据无变压器单相半波整流能耗制动自动控制电路，选用工具、仪表及器材，见表 6-3-1。

表 6-3-1　工具、仪表及器材

类别	项目内容				
工具	验电笔、螺钉旋具、尖嘴钳、斜口钳、剥线钳、电工刀等电工常用工具				
仪表	兆欧表、钳形电流表、万用表				
器材	代号	名称	型号	规格	数量
	M	三相笼型异步电动机	Y112M-4	4 kW、380 V、8.8 A、△接法、1 440 r/min	1
	QB	组合开关	HZ10-25/3	三极、380 V、25 A	1
	FC1	螺旋式熔断器	RL1-60/20	500 V、60 A、配熔体 20 A	3
	FC2	螺旋式熔断器	RL1-15/2	500 V、15 A、配熔体 2 A	2
	QA1、QA2	接触器	CJT1-20	线圈电压 380 V、20 A	2
	SF1、SF2	双联按钮	LA10-2H	保护式、按钮数 2	1
	FC3	热继电器	JR36-20/3D	热元件额定电流 11 A	1
	KF	时间继电器	JS20-0/00	380 V	1
	R2	整流二极管	2CZ30		1
	R1	制动电阻		0.5 Ω、50 W	1
		控制板		500 mm×400 mm×20 mm	1
	XD	接线端子排	JX2-1015	500 V、10 A、15 节或配套自定	1
		主电路线		BV 1.5 mm^2（红色或颜色自定）	若干
		控制电路线		BV 1.0 mm^2（白色或颜色自定）	若干
		按钮线		BVR 0.75 mm^2（白色或颜色自定）	若干
		接地线		BVR 1.5 mm^2（黄绿双色）	若干
		四芯电缆线		YHZ 3×1.5 mm^2+1×1.5 mm^2	若干
		螺钉		ϕ5 mm×60 mm	若干
		走线槽		18 mm×25 mm	若干
		紧固体和编码套管			若干

四、检查元器件规格和质量

1. 根据工具、仪表及器材选用表，检查各元器件、耗材与表中的型号和规格是否一致。

2. 检查各元器件的外观是否完好无损，附件、备件是否齐全。

3. 用仪表检查各元器件和电动机的有关技术数据是否符合要求。

五、根据元器件布置图安装并固定低压电气元件

按元器件布置图在控制板上安装低压电气元件，并贴上醒目的文字符号。

六、布线

采用板前线槽布线，布线工艺要求在前文中已有叙述。

七、自检

1. 从电源端开始逐段核对接线

根据电路图或接线图，从电源端开始逐段核对接线及接线端子处的线号是否正确，有无漏接、错接之处。检查导线连接点是否符合要求，压接是否牢固。同时注意连接点接触应良好，以避免带负载运转时产生闪弧现象。

2. 用万用表检查电路的通断情况

为万用表选用倍率合适的电阻挡，并进行欧姆校零。

（1）检查主电路

断开 FC2，切除控制电路，用万用表表笔接 QB 下端的 V11、W11 端子。

1）按下 QA1 的触头架，万用表应显示电路由∞变化为电动机 V 相和 W 相电阻之和。

2）用万用表红表笔接 QB 下端的 W11、黑表笔接电阻 R1 下端子，按下 QA2 的触头架，万用表应显示由∞变为导通，要注意万用表的正负极性。

（2）检查控制电路

拆下电动机接线，接通 FC2。用万用表表笔接 QB 下端的 U11、V11 端子，做以下几项检查。

1）按下 SF1，应测得 QA1 的线圈电阻值；在操作 SF1 的同时轻轻按下 SF2，万用表应显示电路由线圈阻值变为∞。

2）按下 QA1 的触头架，再按下 QA2 的触头架，万用表应显示由通到断。

3）按下 SF2，再轻轻按下 QA1 的触头架，万用表应显示由 QA2 线圈与 KF 线圈并联阻值变为 KF 线圈阻值。

4）按下 SF2，拔掉晶体管式时间继电器或按动气囊，使 KF 通电延时型常闭触头断开，万用表应显示由 QA2 线圈与 KF 线圈并联阻值变为∞。

3. 检查电路安装质量，并进行绝缘电阻测量

用兆欧表检查电路的绝缘电阻，绝缘电阻阻值应不得小于 1 MΩ。

八、交验

学生提出申请，经教师检查同意后方可通电试运行。

九、连接电源、通电试运行

1. 为保证人身安全，在通电试运行时要认真执行安全操作规程的有关规定，一人监

护、一人操作。试运行前，应检查与通电试运行有关的电气设备是否有不安全的因素存在，若查出应立即整改，然后方能试运行。

2. 通电试运行前，必须征得教师的同意，并由指导教师接通三相电源 L1、L2、L3，同时在现场监护。学生合上电源开关 QB 后，用验电笔检查熔断器出线端，若验电笔氖管亮说明电源接通。

（1）空载操作试验

拆下电动机连线，调整好时间继电器的延时动作时间（一般为3~5 s），合上 QB，按下 SF1，QA1 吸合动作，按下 SF2，QA1 失电复位，QA2 得电吸合动作，3~5 s 后，QA2 失电复位。

（2）带负荷试运行

断开 QB，连接好电动机接线。合上 QB，做好随时切断电源的准备。按下 SF1，观察电动机的启动情况。按下 SF2，QA1 复位，QA2 动作，电动机迅速停转，停转后，QA2 复位。

3. 出现故障后，若需带电检查时，必须在教师现场监护下进行。检修完毕后，若需要再次试运行，也应有教师在现场监护，并做好时间记录。

4. 通电试运行完毕，停转，切断电源。先拆除三相电源线，再拆除电动机线。

5. 试运行成功后，记录完成时间及通电试运行次数。

故障检修

在完成试运行的基础上，教师或同组学生按照表 6-3-2 中故障原因分析的元器件或路径，人为地设定一两个故障点进行排故练习。

表 6-3-2　电路的故障现象、原因分析及检查方法

故障现象	原因分析	检查方法
按下停止按钮 SF2，接触器 QA2 不吸合，电动机不能制动	可能故障点在下图虚线框部分： 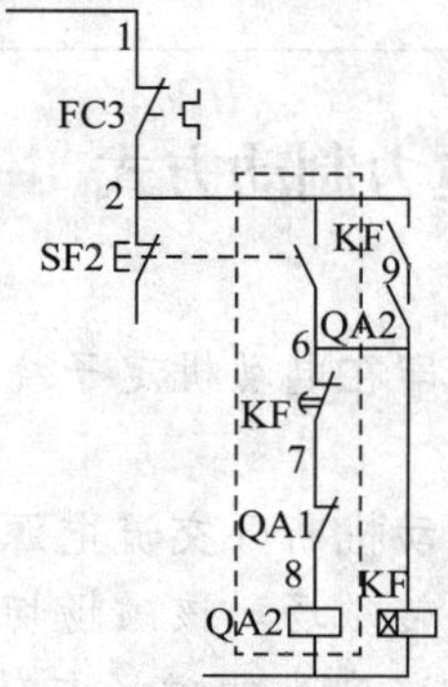 可能是接触器 QA1 的常闭触头接触不良；SF2 的常开触头接触不良；时间继电器通电延时型常闭触头 KF 接触不良；接触器 QA2 本身有故障不能吸合	（1）将 SF2 按下停留一段时间（大于时间继电器的动作时间），看时间继电器是否动作 （2）若时间继电器没有动作，用验电笔先测量 SF2 上端头是否有电，若没有电，则是 2 号导线断路；若有电，则是 SF2 常开触头接触不良 （3）若时间继电器有动作，故障在 6、7、8 号导线和 KF 通电延时型常闭触头、QA1 常闭触头、QA2 线圈。检查方法如下：断开电源，将万用表置于电阻挡，用一表笔固定在 SF2 常开触头的下端头，用另一表笔逐点测量，电阻明显变大的点为故障点

续表

故障现象	原因分析	检查方法
按下停止按钮SF2，接触器QA2吸合，电动机不能制动	可能故障点在下图虚线框部分： 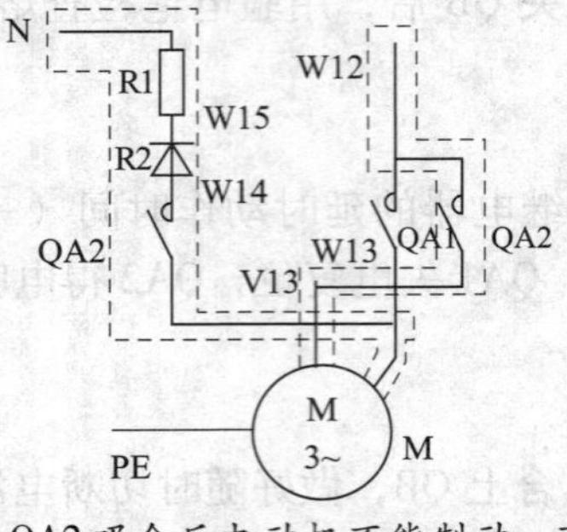 接触器QA2吸合后电动机不能制动，可能是接触器QA2主触头接触不良，整流电路断路、整流元件部分烧毁等	用验电笔先测量QA2主触头的上端头是否有电；若没有电，则是QA2主触头上端头连接导线断路；若有电，则断开电源，将万用表置于电阻挡，用黑表笔固定在QA2主触头的上端头，按下QA2的触头架，用红表笔逐点测量电路通断情况，故障点在通断两点之间
按下停止按钮SF2，接触器QA2吸合；松开停止按钮SF2，接触器QA2复位，电动机制动为点动控制	可能故障点在右图虚线框部分： （1）时间继电器常开触头KF接触不良 （2）时间继电器线圈损坏 （3）QA2常开辅助触头接触不良 （4）2、6、9号连接导线断路 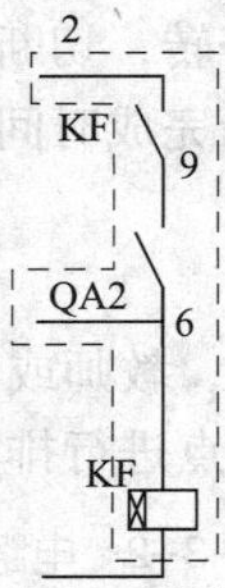	用验电笔先测量KF常开触头的上端头是否有电，若没有电，则为2号导线断路；若有电，则断开电源，将万用表置于电阻挡，检查9、6号导线和QA2常开触头的通断情况，若QA2常开触头通断正常，则是时间继电器故障
其他故障参见接触器自锁控制电路的故障检测		

知识拓展

电力制动方式

1. 电容制动

当电动机切断交流电源后，通过立即在电动机定子绕组的出线端接入电容器来迫使电动机迅速停转的方法称为电容制动。

电容制动的原理是：当旋转着的电动机断开交流电源时，转子内仍有剩磁。随着转子的惯性转动，形成一个随转子转动的旋转磁场。该磁场切割定子绕组产生感应电动势，并通过电容器回路形成感应电流，这个电流产生的磁场与转子绕组中的感应电流相互作用，产生一个与旋转方向相反的制动力矩，使电动机受制动迅速停转。

电容制动控制电路如图6-3-5所示。电阻R1是调节电阻，用以调节制动力矩的大小，电阻R2为放电电阻。经验证明，对于380 V、50 Hz的三相笼型异步电动机，每千瓦每相约需要150 μF左右电容。电容器的耐压应不小于电动机的额定电压。

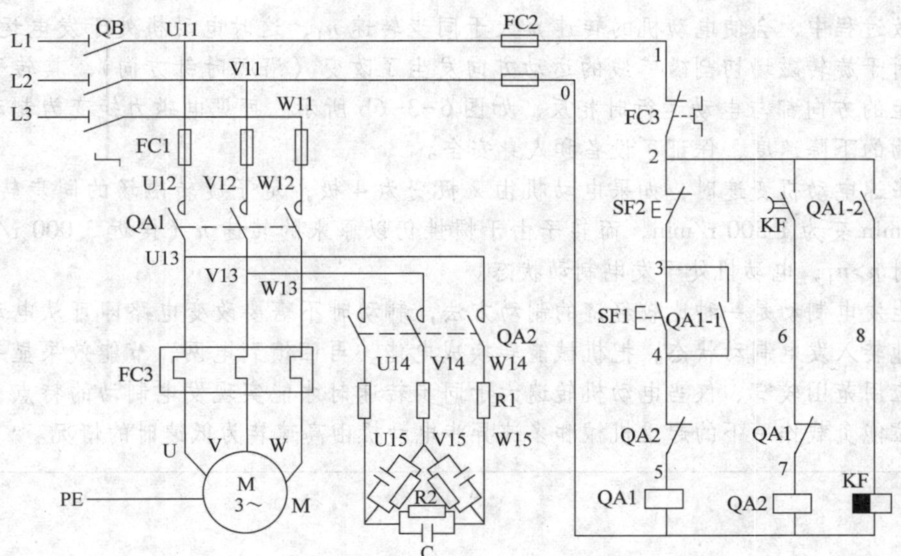

图 6-3-5　电容制动控制电路

试验证明，对于 5.5 kW、△形接法的三相异步电动机，无制动停机时间为 22 s，采用电容制动后其停机时间仅需 1 s。对于 5.5 kW、Y形接法的三相异步电动机，无制动停机时间为 36 s，采用电容制动后其停机时间仅为 2 s。所以电容制动是一种制动迅速、能量损耗小、设备简单的制动方法，一般用于 10 kW 以下的小容量电动机，特别适用于存在机械摩擦及阻尼的生产机械和需要多台电动机同时制动的场合。有兴趣的读者可自行分析电路的工作原理。

2. 再生发电制动

再生发电制动（又称回馈制动）主要用在起重机械和多速异步电动机上。下面以起重机械为例说明其制动原理。

当起重机在高处开始下放重物时，电动机转速 n 小于同步转速 n_1，这时电动机处于电动运行状态，其转子电流和电磁转矩的方向如图 6-3-6a 所示。但由于重力的作用，在重

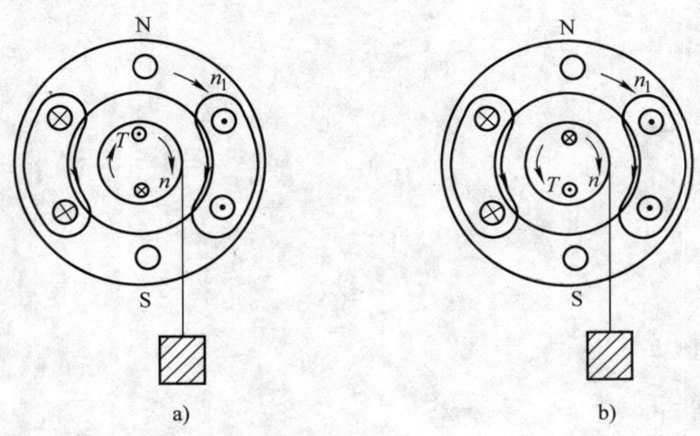

图 6-3-6　发电制动原理图

a）电动运行状态　b）发电制动状态

物的下放过程中，会使电动机的转速 n 大于同步转速 n_1，这时电动机处于发电运行状态，转子相对于旋转磁场切割磁感线的运动方向发生了改变（沿顺时针方向），其转子电流和电磁转矩的方向都与电动运行时相反，如图 6-3-6b 所示。可见电磁力矩变为制动力矩限制了重物的下降速度，保证了设备和人身安全。

对多速电动机变速时，如果电动机由 2 极变为 4 极，定子旋转磁场的同步转速 n_1 由 3 000 r/min 变为 1 500 r/min，而转子由于惯性仍以原来的转速 n（接近 3 000 r/min）旋转，此时 $n>n_1$，电动机处于发电制动状态。

再生发电制动是一种比较经济的制动方法，制动时不需要改变电路即可从电动运行状态自动地转入发电制动状态，把机械能转换成电能，再回馈到电网，节能效果显著。但仍存在着应用范围较窄、仅当电动机转速大于同步转速时才能实现发电制动的特点，所以常用于在位能负载作用下的起重机械和多速异步电动机由高速转为低速时的情况。

课题七
多速异步电动机调速控制电路的安装与检修

任务 1　双速异步电动机调速控制电路的安装与检修

学习目标

1. 能正确理解和掌握双速异步电动机调速控制电路的工作原理。
2. 能正确识读双速异步电动机调速控制电路的原理图、接线图和布置图。
3. 能按照工艺要求，正确安装双速异步电动机调速控制电路。
4. 能根据故障现象，检修双速异步电动机调速控制电路。

工作任务

在机械加工生产中，许多生产机械为了适应各种工件加工工艺的要求，需要电动机有较大的调速范围。

由三相异步电动机的转速公式 $n=(1-s)\dfrac{60f_1}{p}$ 可知，改变异步电动机转速可通过三种方法来实现：一是改变电源频率 f_1；二是改变转差率 s；三是改变磁极对数 p。

改变三相异步电动机磁极对数的调速方法称为变极调速。变极调速是通过改变定子绕组的连接方式来实现的，它是有级调速，且只适用于笼型异步电动机。凡磁极对数可改变的电动机称为多速电动机。常见的多速电动机有双速、三速、四速等几种类型。随着变频技术的发展和变频设备价格的下降，三速、四速电动机等在设备中的使用越来越少。但双速电动机仍然有大量的运用，如 T68 型镗床的主轴电动机就采用了△-YY双速电动机。图 7-1-1 所示为时间继电器控制双速异步电动机调速控制电路。

本次工作任务是完成时间继电器控制双速异步电动机调速控制电路的安装和检修。

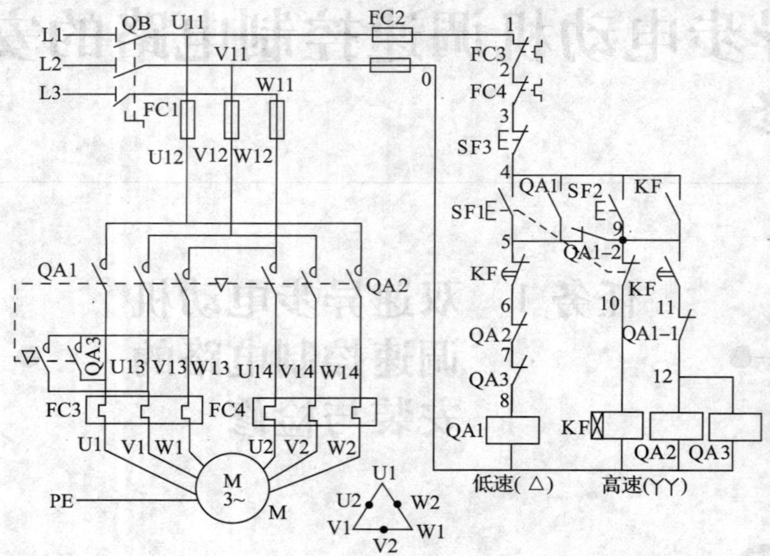

图 7-1-1　时间继电器控制双速异步电动机调速控制电路

相关理论

一、双速异步电动机定子绕组的连接

双速异步电动机三相定子绕组的△/YY接线图如图 7-1-2 所示。在图 7-1-2b 中，由三个连接点接出三个出线端 U1、V1、W1，从每相绕组的中点各接出一个出线端 U2、V2、W2，这样定子绕组共有 6 个出线端。通过改变这 6 个出线端与电源的连接方式，就可以得到两种不同的转速。

电动机低速工作时，就把三相电源分别接在出线端 U1、V1、W1 上，另外三个出线端 U2、V2、W2 空着不接，如图 7-1-2b 所示，此时电动机定子绕组接成△形，磁极为 4 极，同步转速为 1 500 r/min。

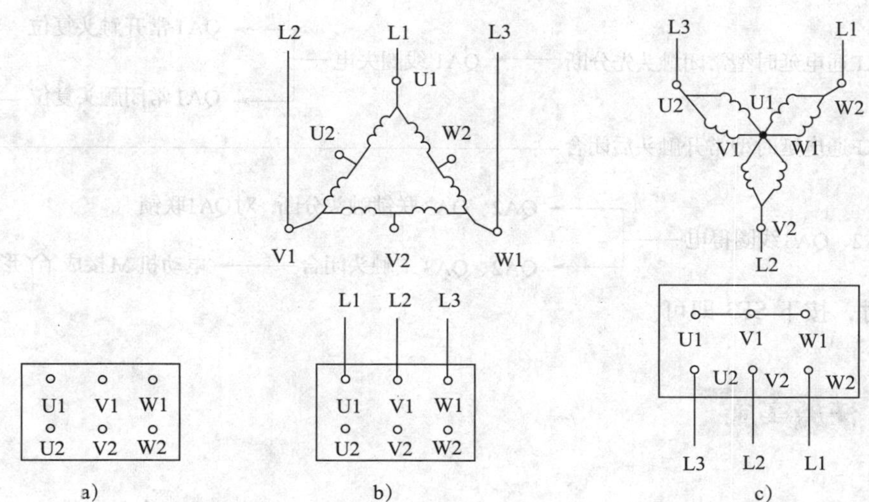

图 7-1-2　双速异步电动机三相定子绕组的△/YY接线图

a）接线盒　b）低速-△接法（4 极）　c）高速-YY接法（2 极）

电动机高速工作时，要把三个出线端 U1、V1、W1 接在一起，三相电源分别接到另外三个出线端 U2、V2、W2 上，如图 7-1-2c 所示，这时电动机定子绕组接成YY形，磁极为 2 极，同步转速为 3 000 r/min。可见，双速异步电动机高速运转时的转速是低速运转时转速的两倍。

值得注意的是，双速异步电动机定子绕组从一种接法改变为另一种接法时，必须把电源相序反接，以保证电动机的旋转方向不变。

二、时间继电器控制双速异步电动机调速控制电路

用时间继电器控制双速异步电动机低速启动高速运转的控制电路如图 7-1-1 所示。时间继电器 KF 控制电动机低速运转到低速→高速的自动换接运转。

电路的工作原理如下。

先合上电源开关 QB。

低速运转：

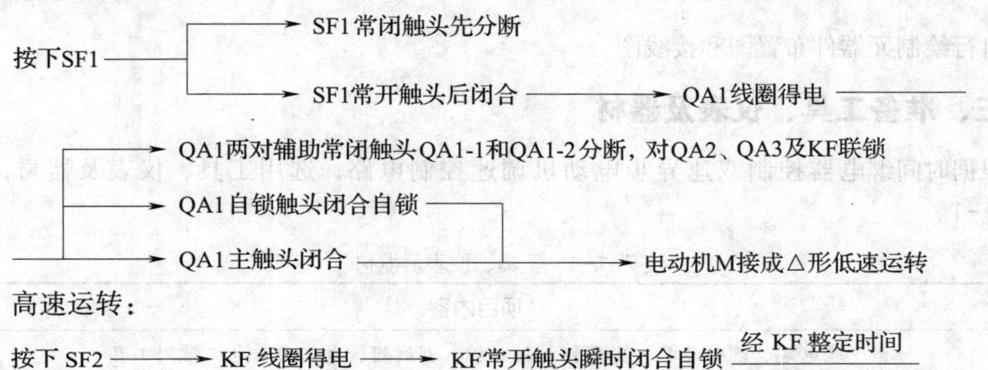

高速运转：

按下 SF2 ——→ KF 线圈得电 ——→ KF常开触头瞬时闭合自锁 ——经 KF 整定时间——

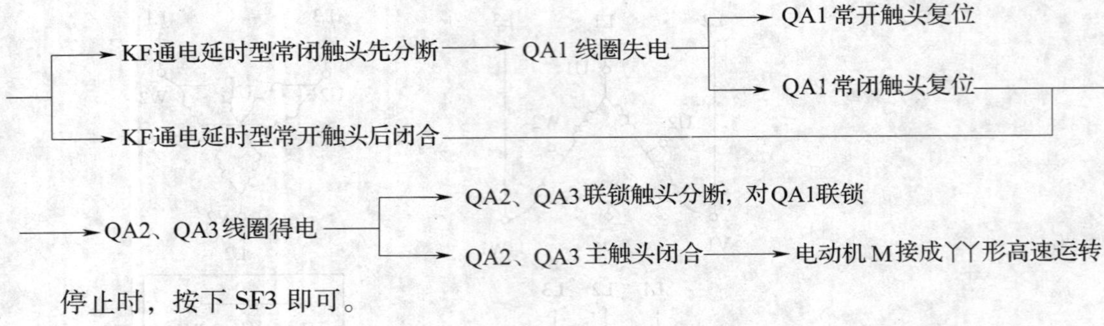

停止时，按下 SF3 即可。

一、实施步骤

图 7-1-3 所示为时间继电器控制双速异步电动机调速控制电路的安装与调试步骤。

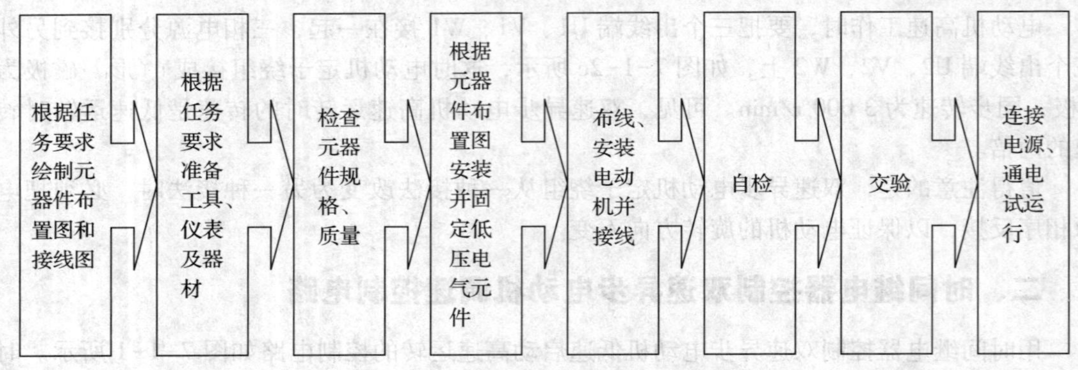

图 7-1-3　时间继电器控制双速异步电动机调速控制电路的安装与调试步骤

二、绘制元器件布置图和接线图

自行绘制元器件布置图和接线图。

三、准备工具、仪表及器材

根据时间继电器控制双速异步电动机调速控制电路，选用工具、仪表及器材，见表 7-1-1。

表 7-1-1　工具、仪表及器材

类别	项目内容
工具	验电笔、螺钉旋具、尖嘴钳、斜口钳、剥线钳、电工刀等电工常用工具
仪表	兆欧表、钳形电流表、万用表

续表

类别	项目内容				
	代号	名称	型号	规格	数量
器材	M	三相双速异步电动机	YD112M-4/2	3.3 kW/4 kW、380 V、7.4 A/8.6 A、△/YY接法、1 440 r/min 或 2 890 r/min	1
	QB	组合开关	HZ10-25/3	三极、380 V、25 A	1
	FC1	螺旋式熔断器	RL1-60/20	500 V、60 A、配熔体 20 A	3
	FC2	螺旋式熔断器	RL1-15/2	500 V、15 A、配熔体 2 A	2
	QA1、QA2、QA3	接触器	CJT1-20	线圈电压 380 V、20 A	3
	SF1、SF2、SF3	三联按钮	LA10-3H	保护式、按钮数 3	1
	FC3、FC4	热继电器	JR36-20/3D	整定电流值分别为 7.8 A、8.6A	2
	KF	时间继电器	JS20-0/00	380 V	1
		控制板		500 mm×400 mm×20 mm	1
	XD	接线端子排	JX2-1015	500 V、10 A、15 节或配套自定	1
		主电路线		BV 1.5 mm^2（红色或颜色自定）	若干
		控制电路线		BV 1.0 mm^2（白色或颜色自定）	若干
		按钮线		BVR 0.75 mm^2（白色或颜色自定）	若干
		接地线		BVR 1.5 mm^2（黄绿双色）	若干
		四芯电缆线		YHZ 3×1.5 mm^2+1×1.5 mm^2	若干
		螺钉		ϕ5 mm×60 mm	若干
		走线槽		18 mm×25 mm	若干
		紧固体和编码套管			若干

四、检查元器件规格和质量

1. 根据工具、仪表及器材选用表，检查各元器件、耗材与表中的型号和规格是否一致。
2. 检查各元器件的外观是否完好无损，附件、备件是否齐全。
3. 用仪表检查各元器件和电动机的有关技术数据是否符合要求。

五、根据元器件布置图安装并固定低压电气元件

按元器件布置图在控制板上安装低压电气元件，并贴上醒目的文字符号。

六、布线

安装布线时的注意事项如下。

1. 接线时，注意主电路中接触器 QA1、QA2 在两种转速下电源相序的改变，不能接错，否则两种转速下电动机的转向相反，换向时将产生很大的冲击电流。

2. 控制双速电动机△形接法的接触器 QA1 和控制双速电动机YY形接法的接触器 QA2 的主触头不能对换接线，否则不但无法实现双速控制要求，而且会在YY形运转时造成电源短路事故。

3. 检查热继电器 FC3、FC4 的整定电流及其在主电路中的接线不要接错。

七、自检

1. 从电源端开始逐段核对接线

根据电路图或接线图，从电源端开始逐段核对接线及接线端子处的线号是否正确，有无漏接、错接之处。检查导线连接点是否符合要求，压接是否牢固。同时注意连接点接触应良好，以避免带负载运转时产生闪弧现象。

2. 用万用表检查电路的通断情况

为万用表选用倍率合适的电阻挡，并进行欧姆校零。

（1）检查主电路

断开 FC2，切除控制电路。

1）检查各相通路。用万用表两支表笔分别接 U11-V11、V11-W11 和 W11-U11 端子，测量相间电阻值，未操作前应测得断路；分别按下 QA1、QA2 的触头架，均应测得电动机两相绕组的直流电阻值。

2）检查△-YY转换通路。用万用表两支表笔分别接 U11 端子和接线端子板上的 U1 端子，按下 QA1 的触头架时应测得电阻为 0。松开 QA1 并按下 QA2 的触头架时，应测得电动机一相绕组的电阻值。用同样的方法测量 V11-V1、W1l-W1 之间的电路是否正常。

（2）检查控制电路

拆下电动机接线，接通 FC2，将万用表表笔接于 QB 下端 U11、V11 端子并做以下几项检查。

1）检查△形低速启动运转及停机。操作按钮前应测得断路；按下 SF1 时，应测得 QA1 的线圈电阻值；若同时再按下 SF3，万用表应显示电路由线圈阻值变为∞。

2）检查YY形高速运转。按下 SF2 和 QA1 触头架，应测得 KF 的线圈电阻值。轻按 SF1，YY形高速电路应断路。轻按 SF1 和 KF 触头架，应测得 QA2 和 QA3 的线圈电阻并联值。

3. 检查电路安装质量，并进行绝缘电阻测量

用兆欧表检查电路绝缘电阻，绝缘电阻阻值应不小于 1 MΩ。

八、交验

学生提出申请，经教师检查同意后方可通电试运行。

九、连接电源、通电试运行

1. 为保证人身安全，在通电试运行时要认真执行安全操作规程的有关规定，一人监

护、一人操作。试运行前，应检查与通电试运行有关的电气设备是否有不安全的因素存在，若查出应立即整改，然后方能试运行。

2. 通电试运行前，必须征得教师的同意，并由指导教师接通三相电源 L1、L2、L3，同时在现场监护。学生合上电源开关 QB 后，用验电笔检查熔断器出线端，若验电笔氖管亮，说明电源接通。上述检查一切正常后，做好准备工作，在指导教师监护下试运行。

（1）空载操作试验

合上 QB，做以下几项试验。

1）电动机△形低速运转及停机。按下 SF1，QA1 应立即动作并能保持吸合状态；按下 SF3 使 QA1 释放。

2）电动机YY形高速运转及停机。先按下 SF1，待电动机低速运转平稳后，再按下 SF2，几秒后 QA1 释放，QA2、QA3 同时吸合。按下 SF3，QA2、QA3 同时释放。

（2）带负荷试运行

切断电源后，连接好电动机接线，装好接触器灭弧罩，合上 QB 试运行。

1）试验电动机△形低速运转后转YY形高速运转及停机。按下 SF1，使电动机△形低速运转，再按下 SF2，使电动机YY形高速运转，最后按下 SF3 停机。

2）试验电动机YY形高速运转。在电动机低速运转时，按下 SF2，电动机△形低速运转，经过延时设定时间后，自动转入YY形高速运转。

试运行时要注意观察电动机启动时的转向和运行声音，在电动机运转过程中用转速表测量电动机的转速。若有异常，则立即停机检查。

3. 出现故障后，学生应独立进行检修。若需带电检查，教师必须在现场监护。检修完毕后，若需再次试运行，教师也应在现场监护，并做好时间记录。

4. 通电试运行完毕，停转，切断电源。先拆除三相电源线，再拆除电动机线。

5. 试运行成功后，记录完成时间及通电试运行次数。

故障检修

在完成试运行的基础上，教师或同组学生按照表 7-1-2 中故障原因分析的元器件或路径，人为地设定一两个故障点进行排故练习。

表 7-1-2　电路的故障现象、原因分析及检查方法

故障现象	原因分析	检查方法
电动机低速、高速都不运行	（1）按 SF1 或 SF2 后 QA1、QA2、QA3、KF 不动作，可能的故障点在电源电路及 FC2、FC3、FC4、SF3 和 0、1、2、3、4 号导线 （2）按 SF1 或 SF2 后 QA1、QA2、QA3、KF 动作，可能的故障点在 FC1 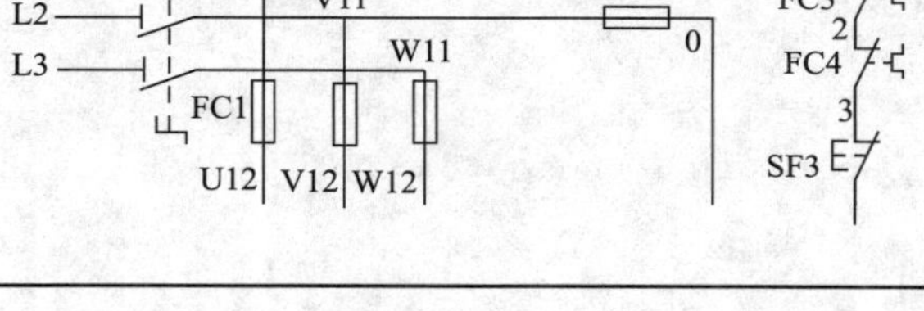 L1 L2 L3 QB U11 V11 W11 FC1 U12 V12 W12 FC2 1 0 FC3 2 FC4 3 SF3	（1）用验电笔检查电源电路中 QB 的上下端头是否有电。若没有电，故障在电源 （2）用验电笔检查 FC2、FC3、FC4 常闭触头和 SF3 常闭的上下端头是否有电，故障点在有电与无电之间 （3）用验电笔检查 FC1 的上下端头是否有电

续表

故障现象	原因分析	检查方法
电动机低速运行正常、高速不运行	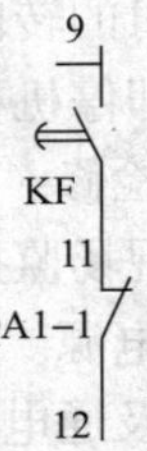 （1）电动机低速启动后，按下 SF2 后电动机继续低速运转，KF 不动作 可能故障点：SF2 接触不良，SF1 常闭触头接触不良，KF 线圈损坏，4、9、10、0 号导线断路，如图 1 所示 （2）电动机低速启动后，按 SF2 后 KF 动作，但电动机仍然继续低速运转 可能故障点： 1）时间继电器延时时间过长 2）KF 通电延时型常闭触头不能分断 （3）电动机低速启动后，按下 SF2 KF 动作后，电动机停转 可能故障点：KF 通电延时型常开触头或 QA1-1 常闭触头接触不良，9、11 号线断路，如图 2 所示 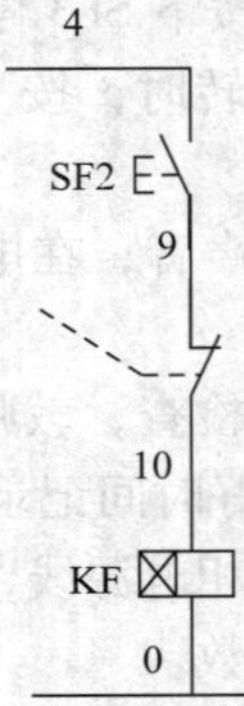 4 SF2 9 10 KF 0 图 1 9 KF 11 QA1-1 12 图 2	（1）用验电笔检查 SF2 是否有电，若无电，则为 4 号导线断路；若有电，则断开电源，按下 SF2，将万用表置于电阻挡，将一表笔固定在 FC2 的下端头，用另一表笔按图 1 逐点测量，电阻为零的正常，电阻较大的是故障点 （2）先检查时间继电器延时时间，若延时时间正常，则断开电源，按下 KF 的触头架，用万用表的电阻挡测量 KF 通电延时型常闭触头的电阻，应较大，若电阻为零说明该触头没有分断 （3）用验电笔检查 KF 通电延时常开触头的上端头是否有电，若无电，则为 9 号导线断路；若有电，应用万用表的电压挡检查 KF 通电延时型常开触头和 QA1-1 常闭触头两端的电压，电压为电源电压的是故障点
其他故障参见前面的处理方法描述		

知识拓展

图 7-1-4 所示为接触器控制双速异步电动机调速控制电路。

图 7-1-5 所示为转换开关和时间继电器控制双速异步电动机调速控制电路。

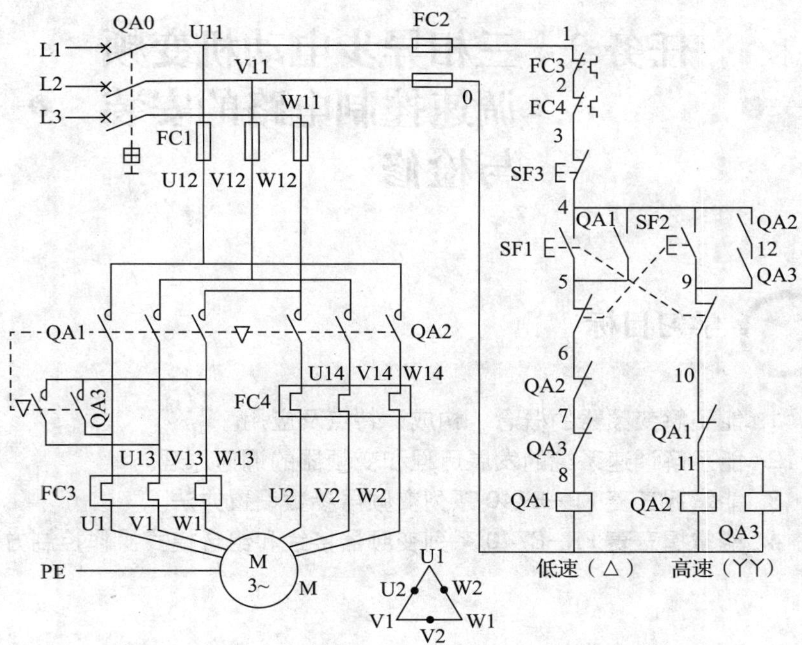

图 7-1-4　接触器控制双速异步电动机调速控制电路

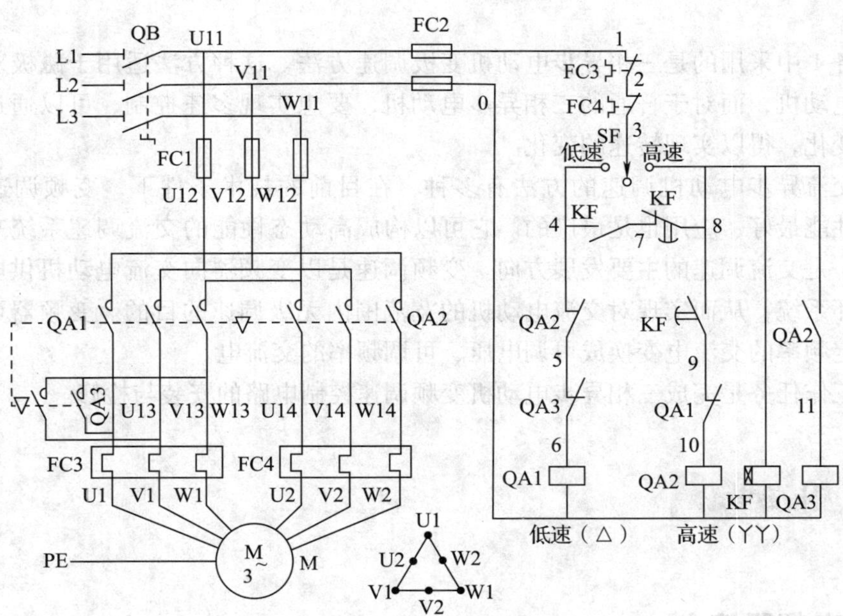

图 7-1-5　转换开关和时间继电器控制双速异步电动机调速控制电路

可自行分析电路的工作原理。

任务 2　三相异步电动机变频调速控制电路的安装与检修

学习目标

1. 能了解变频器的概念、构成、特点及应用。
2. 能了解调速系统的发展历程和变频器的调速原理。
3. 能掌握三菱 FR-E740 系列变频器参数设置方法。
4. 能掌握三菱 FR-E740 系列变频器接线和组合模式操作控制方法。

工作任务

在任务 1 中采用的是三相异步电动机变极调速方法。这种方法适用于磁极对数可以改变的多速电动机，而对于普通的三相异步电动机，要想实现多速控制，可以通过变频器控制频率的变化，得以实现转速的变化。

三相交流异步电动机调速的方法有多种，在目前的技术条件下，变频调速的效率最高，调速性能最好，应用也是最广的。它可以构成高动态性能的交流调速系统来取代直流调速系统，是交流调速的主要发展方向。变频调速是以变频器向交流电动机供电，并构成开环或闭环系统，从而实现对交流电动机的宽范围内无级调速的目的。变频器可以把固定电压、固定频率的交流电变换成可调电压、可调频率的交流电。

本次工作任务是完成三相异步电动机变频调速控制电路的安装与检修。

相关理论

一、变频器简介

1. 变频器的概念和构成

变频器（英文简称 VVVF）是一种利用电力半导体器件的通断作用，将工频交流电源变换成频率和电压连续可调的交流电源，对交流电动机进行变频调速控制的电力控制设备。

目前，通用变频器的变换环节大多采用交-直-交变频变压方式，采用交-直-交变压方式的变频器是先把工频交流电通过整流器变成直流电，然后再把直流电逆变成频率、电压连续可调的交流电。通用变频器的基本构成如图 7-2-1 所示，主要由主电路和控制电路组成。主电路由整流电路、中间直流电路和逆变电路三部分组成。整流电路部分将频率固定的三相交流电变换成直流电。逆变电路部分将直流电逆变成频率、幅值都可调的交流电。变频器的控制电路用来为主电路提供控制信号，其主要任务是完成对逆变器开关元件的开关控制和提供多种保护功能。控制方式有模拟控制和数字控制两种。

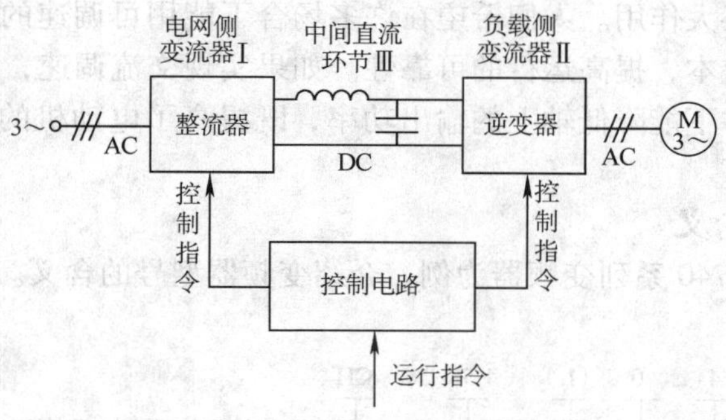

图 7-2-1　通用变频器的基本构成

2. 调速系统的发展历程

调速系统的发展历程见表 7-2-1。

表 7-2-1　调速系统的发展历程

调速方式	控制对象	特点
变极调速		有级调速，系统简单，最多 4 段速
调压调速	交流异步电动机	无级调速，调速范围窄，效率低，系统简单，性能较差
转子串电阻调速		
变频调速	交流异步电动机、交流同步电动机	真正的无级调速，调速范围宽，效率高，系统复杂，性能好

3. 变频器的特点

（1）平滑软启动，减小启动冲击电流，直接高压输出，无须输出到变压器，确保电动机安全。

（2）在机械允许的情况下可通过提高变频器的输出频率提高工作速度。

（3）无级调速，调速精度大大提高。

（4）电动机正反向无须通过接触器切换。

（5）具有多种信号输入输出端口，非常便于接入通信网络控制，从而实现生产自动化控制。

4. 变频器的调速原理

三相异步电动机的转速为 $n=60f_1(1-s)/p$。

其中，n 为电动机的转速，f_1 为电源的频率，s 为电动机的转差率，p 为电动机定子绕组的磁极对数。

三相交流异步电动机的转速取决于电源的频率、电动机定子绕组的磁极对数和电动机的转差率。当电动机定子绕组的磁极对数和转差率不变时，只要改变电源频率，就能改变电动机的转速，且频率与转速成正比。

5. 变频器的应用

三相交流异步电动机的结构简单、运行可靠、价格低廉，在冶金、建材、矿山、化工等重工业领域发挥着巨大作用。人们希望在许多场合下能用可调速的交流电动机来代替直流电动机，从而降低成本，提高运行的可靠性。如果实现交流调速，电动机将节能 20%以上，而且在恒转矩条件下能降低轴上的输出功率，既提高了电动机的效率，又可获得节能效果。

6. 变频器型号的含义

下面以三菱 FR-E740 系列变频器为例，介绍变频器型号的含义。

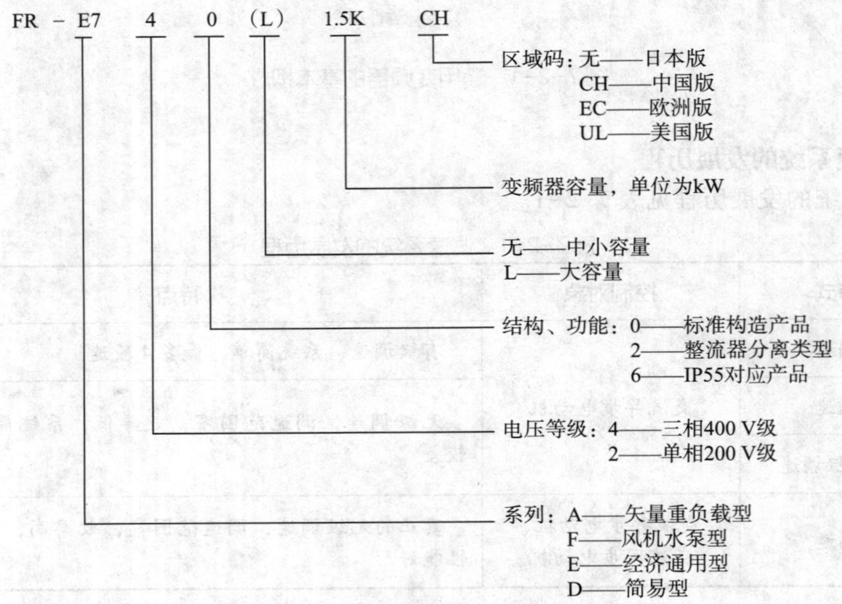

7. 三菱 FR-E740 系列变频器的端子接线图

图 7-2-2 所示为三菱 FR-E740 系列变频器的端子接线图。

二、变频器操作面板简介

图 7-2-3 所示为三菱 FR-E740 系列变频器的操作面板功能。

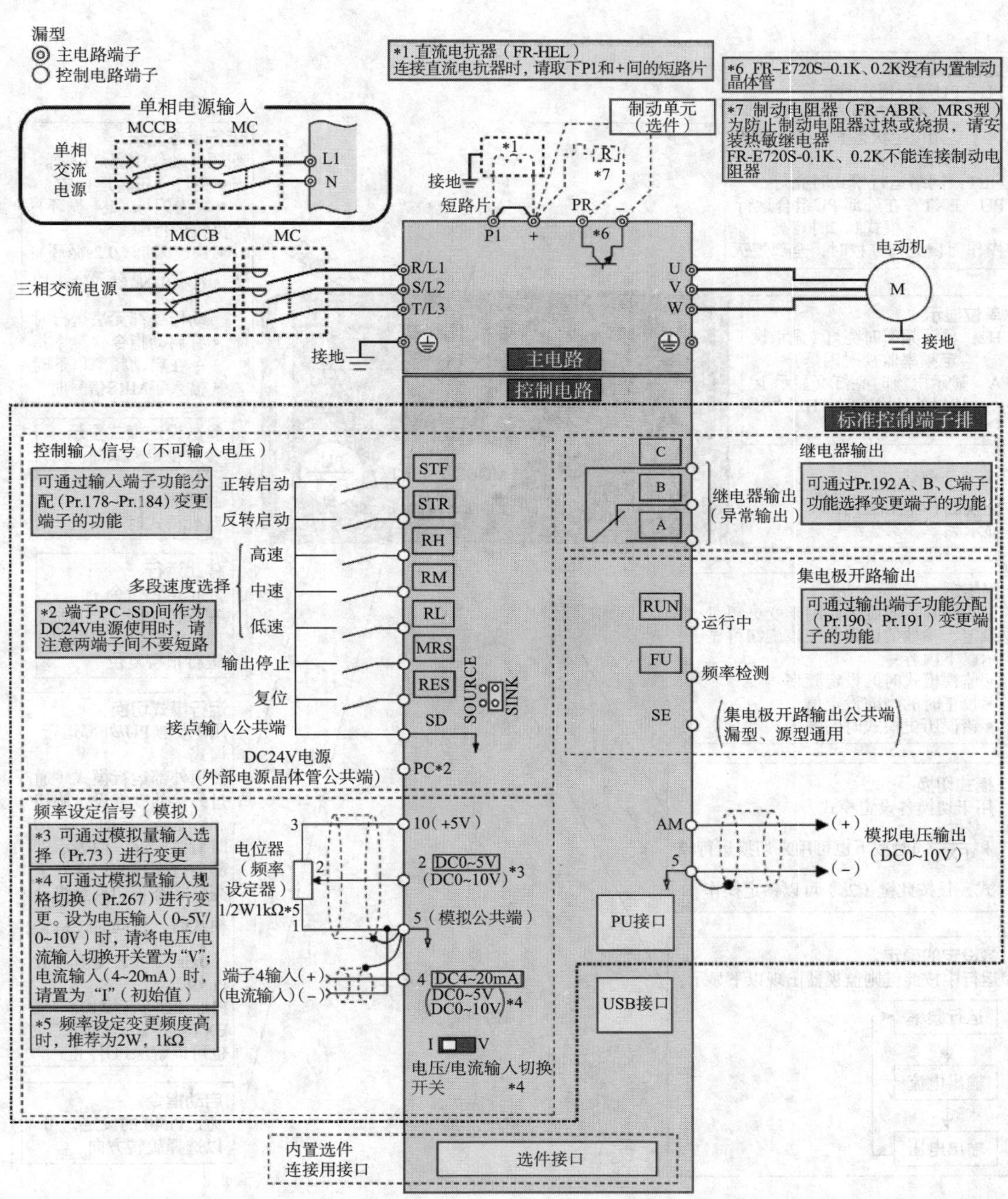

图 7-2-2 三菱 FR-E740 系列变频器的端子接线图

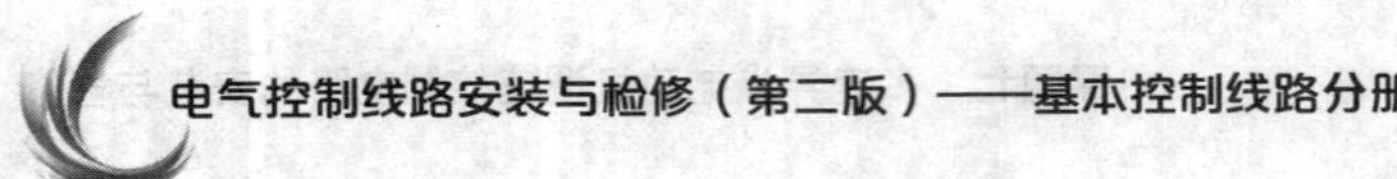

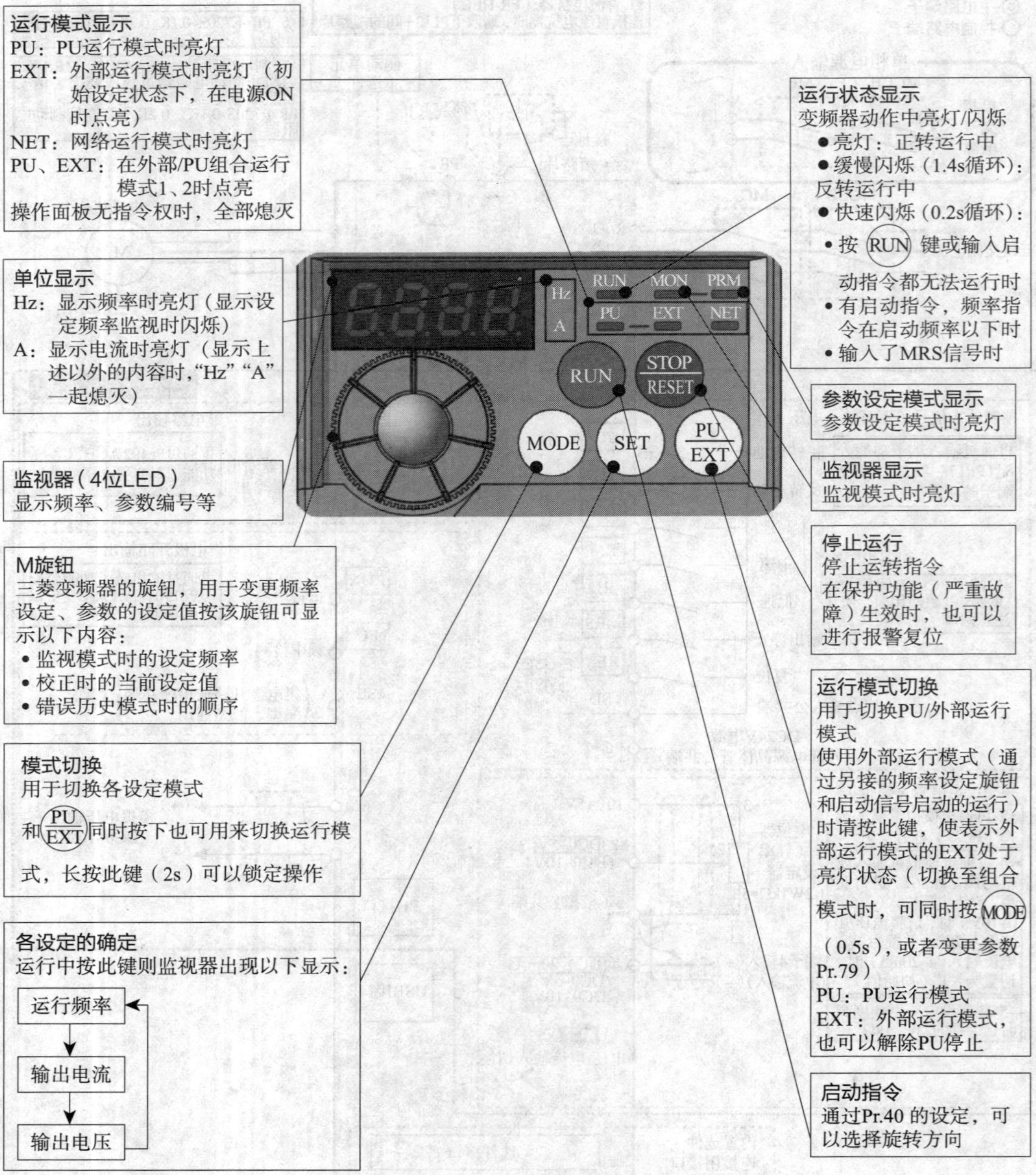

运行模式显示
PU：PU运行模式时亮灯
EXT：外部运行模式时亮灯（初始设定状态下，在电源ON时点亮）
NET：网络运行模式时亮灯
PU、EXT：在外部/PU组合运行模式1、2时点亮
操作面板无指令权时，全部熄灭
单位显示
Hz：显示频率时亮灯（显示设定频率监视时闪烁）
A：显示电流时亮灯（显示上述以外的内容时，"Hz""A"一起熄灭）
监视器（4位LED）
显示频率、参数编号等
M旋钮
三菱变频器的旋钮，用于变更频率设定、参数的设定值按该旋钮可显示以下内容：
• 监视模式时的设定频率
• 校正时的当前设定值
• 错误历史模式时的顺序
模式切换
用于切换各设定模式
和 PU/EXT 同时按下也可用来切换运行模式，长按此键（2s）可以锁定操作
各设定的确定
运行中按此键则监视器出现以下显示：
运行频率
输出电流
输出电压
Hz
A
RUN
MON
PRM
PU
EXT
NET
RUN
STOP/RESET
MODE
SET
PU/EXT
运行状态显示
变频器动作中亮灯/闪烁
● 亮灯：正转运行中
● 缓慢闪烁（1.4s循环）：反转运行中
● 快速闪烁（0.2s循环）：
• 按 RUN 键或输入启动指令都无法运行时
• 有启动指令，频率指令在启动频率以下时
• 输入了MRS信号时
参数设定模式显示
参数设定模式时亮灯
监视器显示
监视模式时亮灯
停止运行
停止运转指令
在保护功能（严重故障）生效时，也可以进行报警复位
运行模式切换
用于切换PU/外部运行模式
使用外部运行模式（通过另接的频率设定旋钮和启动信号启动的运行）时请按此键，使表示外部运行模式的EXT处于亮灯状态（切换至组合模式时，可同时按 MODE（0.5s），或者变更参数Pr.79）
PU：PU运行模式
EXT：外部运行模式，也可以解除PU停止
启动指令
通过Pr.40 的设定，可以选择旋转方向

图 7-2-3　三菱 FR-E740 系列变频器的操作面板功能

三、变频器参数设置

1. FR-E740 系列变频器的常用基本参数

三菱变频器的功能用参数号来表示，FR-E740 系列变频器的功能强大，参数很多，部分常用基本参数见表 7-2-2。

表 7-2-2 FR-E740 系列变频器的部分常用基本参数

参数号	参数名称	设定范围	初始值
Pr. 0	转矩提升	0~30%	6%或 4%或 3%或 2% *
Pr. 1	上限频率	0~120 Hz	120 Hz
Pr. 2	下限频率	0~120 Hz	0 Hz
Pr. 3	基准频率	0~400 Hz	50 Hz
Pr. 4	三速设定（高速）	0~400 Hz	50 Hz
Pr. 5	三速设定（中速）	0~400 Hz	30 Hz
Pr. 6	三速设定（低速）	0~400 Hz	10 Hz
Pr. 7	加速时间	0~3 600 s	5 s 或 10 s 或 15 s *
Pr. 8	减速时间	0~3 600 s	5 s 或 10 s 或 15 s *
Pr. 9	电子过电流保护	0~500 A	依据额定电流设定
Pr. 77	参数写入选择	0、1、2	0
Pr. 78	反转防止选择	0、1、2	0
Pr. 79	运行模式选择	0、1、2、3、4、6、7	0
Pr. CL	参数清除	0、1	0
ALLC	参数全部清除	0、1	0

注：* 表示依据变频器容量不同，初始值有相应变化。

2. 参数设定方法

三菱 FR-E740 系列变频器参数设定主要通过“MODE”“SET”“M 旋钮”完成，其面板如图 7-2-4 所示。

下面以改变参数上限频率 Pr. 1 的设定值为例，来介绍变频器参数的设定过程，操作过程及监视器显示画面如图 7-2-5 所示。

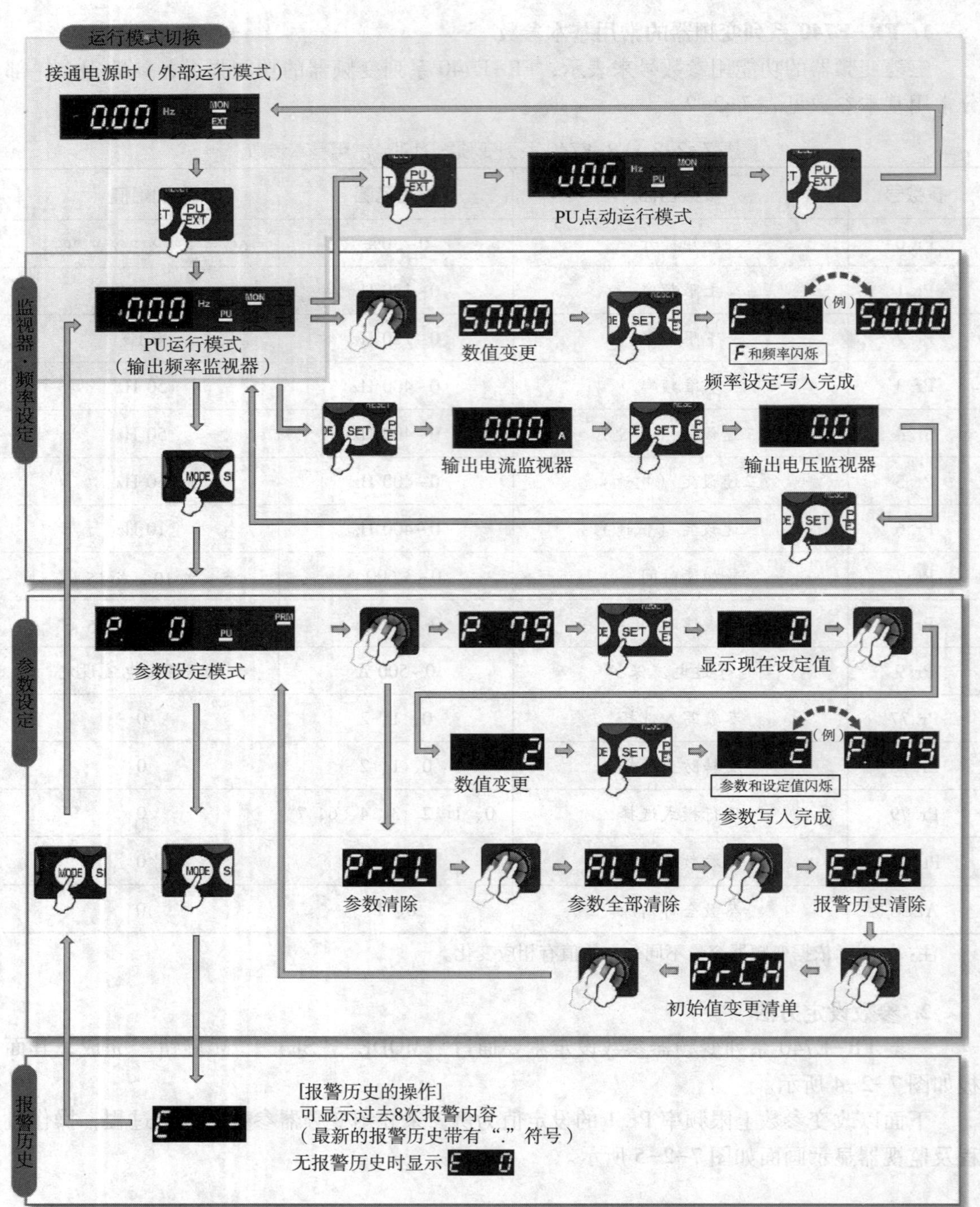

图 7-2-4 FR-E740 系列变频器面板的操作方法

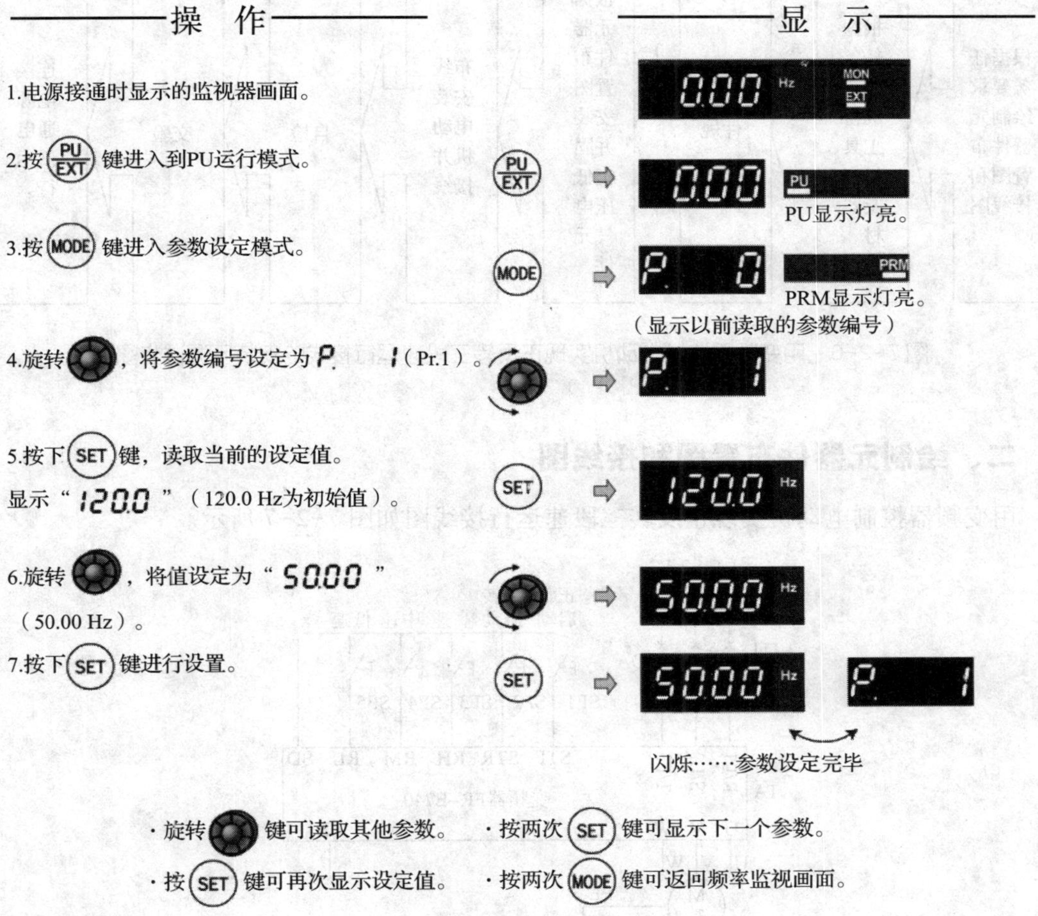

操　作	显　示
1.电源接通时显示的监视器画面。	0.00 Hz MON EXT
2.按 PU/EXT 键进入到PU运行模式。	PU/EXT ⇨ 0.00 PU PU显示灯亮。
3.按 MODE 键进入参数设定模式。	MODE ⇨ P. 0 PRM PRM显示灯亮。 （显示以前读取的参数编号）
4.旋转 ，将参数编号设定为 P. 1（Pr.1）。	⇨ P. 1
5.按下 SET 键，读取当前的设定值。 显示“120.0”（120.0 Hz为初始值）。	SET ⇨ 120.0 Hz
6.旋转 ，将值设定为“50.00”（50.00 Hz）。	⇨ 50.00 Hz
7.按下 SET 键进行设置。	SET ⇨ 50.00 Hz　P. 1 闪烁……参数设定完毕

·旋转 键可读取其他参数。　·按两次 SET 键可显示下一个参数。

·按 SET 键可再次显示设定值。　·按两次 MODE 键可返回频率监视画面。

图 7-2-5　FR-E740 系列变频器操作过程及监视器显示画面

一、实施步骤

图 7-2-6 所示为用变频器控制电动机实现正反转三段速运行接线的安装与调试步骤。

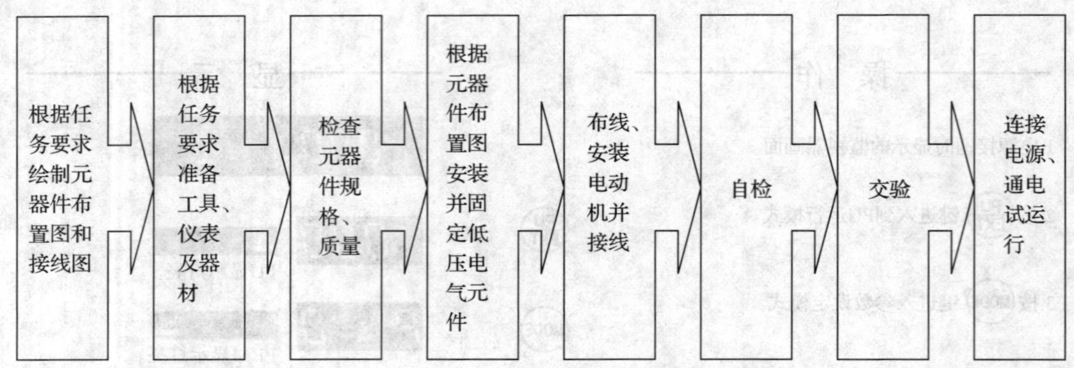

图 7-2-6　用变频器控制电动机实现正反转三段速运行接线的安装与调试步骤

二、绘制元器件布置图和接线图

用变频器控制电动机实现正反转三段速运行接线图如图 7-2-7 所示。

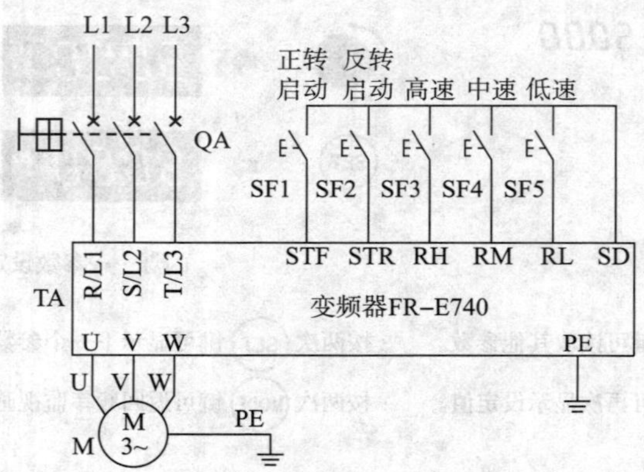

图 7-2-7　用变频器控制电动机实现正反转三段速运行接线图

自行绘制元器件布置图和接线图。

三、准备工具、仪表及器材

根据用变频器控制电动机实现正反转三段速运行接线图，选用工具、仪表及器材，见表 7-2-3。

表 7-2-3　工具、仪表及器材

类别	项目内容
工具	验电笔、螺钉旋具、尖嘴钳、斜口钳、剥线钳、电工刀等电工常用工具
仪表	兆欧表、钳形电流表、万用表

续表

类别	项目内容				
	代号	名称	型号	规格	数量
器材	M	三相笼型异步电动机	JO2-12-4T	0.8 kW、380 V、1 380 r/min	1
	QA	低压断路器	DZ5-20/330	三极复式脱扣器、380 V、20 A、脱扣器额定电流 10 A	1
	TA	变频器	FR-E740		1
	SF1～SF5	三联按钮	LA10-3H	保护式、按钮数 3	2
		控制板		500 mm×400 mm×20 mm	1
	XD	接线端子排	JX2-1015	500 V、10 A、15 节或配套自定	1
		主电路线		BV 1.5 mm^2（红色或颜色自定）	若干
		控制电路线		BV 1.0 mm^2（白色或颜色自定）	若干
		按钮线		BVR 0.75 mm^2（白色或颜色自定）	若干
		接地线		BVR 1.5 mm^2（黄绿双色）	若干
		四芯电缆线		YHZ 3×1.5 mm^2+1×1.5 mm^2	若干
		螺钉		ϕ5 mm×60 mm	若干
		走线槽		18 mm×25 mm	若干
		紧固体和编码套管			若干

四、检查元器件规格和质量

1. 根据工具、仪表及器材选用表，检查各元器件、耗材与表中的型号和规格是否一致。

2. 检查各元器件的外观是否完好无损，附件、备件是否齐全。

3. 用仪表检查各元器件和电动机的有关技术数据是否符合要求。

五、根据元器件布置图安装并固定低压电气元件和变频器

按元器件布置图在控制板上安装低压电气元件和变频器，并贴上醒目的文字符号。

六、布线

接线的顺序、要求与接触器联锁电路基本相同。

七、设置 FR-E740 变频器参数

按照操作说明设置相应控制参数。

设置变频器参数，有关设定值如下。

参数 Pr. 1＝120，设定上限频率为 120 Hz。

参数 Pr. 2=0，设定下限频率为 0 Hz。

参数 Pr. 3=50，设定基准频率为 50 Hz。

参数 Pr. 4=50，设定高速频率为 50 Hz。

参数 Pr. 5=30，设定中速频率为 30 Hz。

参数 Pr. 6=10，设定低速频率为 10 Hz。

参数 Pr. 7=5，设定启动加速时间为 2 s。

参数 Pr. 8=5，设定停止减速时间为 1 s。

参数 Pr. 79=0，设定外部操作模式，EXT 显示点亮。

八、检测交验、通电试运行

由外部按钮实现三相异步电动机的正转、反转、三段速控制。用变频器控制电动机实现正反转三段速运行接线图如图 7-2-7 所示。

各按钮名称及动作如下。

SF1：正转启动按钮。按住 SF1 电动机获得正转信号，松开 SF1 电动机失去正转信号。

SF2：反转启动按钮。按住 SF2 电动机获得反转信号，松开 SF2 电动机失去反转信号。

SF3：高速运行按钮。按住 SF3 电动机获得 50 Hz 频率高速信号，松开 SF3 电动机失去高速信号。

SF4：中速运行按钮。按住 SF4 电动机获得 30 Hz 频率中速信号，松开 SF4 电动机失去中速信号。

SF5：低速运行按钮。按住 SF5 电动机获得 10 Hz 频率低速信号，松开 SF5 电动机失去低速信号。

操作步骤如下。

1. 按图 7-2-7 接线，检查无误后接通电源。

2. 正转三段速控制如下。

按住正转启动按钮 SF1，获得正转启动信号。

低速启动时，按住低速运行按钮 SF5，电动机获得 10 Hz 频率低速信号，电动机 2 s 内低速正转启动。

中速运行时，松开 SF5，电动机 1 s 内停止，再按住中速运行按钮 SF4，电动机获得 30 Hz 频率中速信号，电动机 2 s 内中速正转运行。

高速运行时，松开 SF4，电动机 1 s 内停止，再按住高速运行按钮 SF3，电动机获得 50 Hz 频率高速信号，电动机 2 s 内高速正转运行。

松开 SF1 和 SF3，电动机失去正转启动信号和高速信号，电动机 1 s 内完成停止。

3. 反转三段速控制如下。

按住反转启动按钮 SF2，电动机获得反转控制信号。

低速、中速、高速和停止的操作方法和正转三段速控制相同。

4. 切断电源。

5. 待变频器指示灯熄灭后，拆除接线，整理工具，清理现场。

故障检修

一、故障分析

变频器发生异常时，操作面板 PU 的显示会给出异常信息。

变频器的异常显示大体分为以下几种。

1. 错误信息

对于 PU 的操作错误或设定错误，显示相关信息。变频器并不切断输出。

2. 报警

操作面板显示相关的故障信息时，虽然变频器并未切断输出，但如果不采取处理措施的话，便可能引发重故障。

3. 轻故障

变频器并不切断输出。用参数设定也可以输出轻故障信号。

4. 重故障

保护功能动作，切断变频器输出，输出异常信号。

当三菱 FR-E740 系列变频器异常显示时，用户可根据故障内容进行故障分析，详见表 7-2-4。

表 7-2-4 三菱 FR-E740 系列变频器异常显示表

操作面板显示	状态说明	排除方法
HOLd	操作面板锁定	按(MODE)键 2 s 后操作锁定将解除
Er1	禁止写入错误	确认 Pr. 77 参数写入选择的设定值
Er2	运行中写入错误	(1) 设置 Pr. 77=2 (2) 在停止运行后进行参数的设定
Er4	模式指定错误	(1) 把运行模式切换为“PU 运行模式”后进行参数设定 (2) 设置 Pr. 77=2 后进行参数设定
Err.	变频器复位中	将复位信号置为 OFF
Fn	风扇故障	检查冷却风扇是否异常，若异常则与经销商联系维修
E. ILF	输入缺相	检查输入端电路
E. LF	输出缺相	检查输出端电路

二、故障排除

变频器保护功能启动后，变频器将保持输出停止状态，只有复位后才能再启动。下列三种方法均可复位变频器。注意：复位变频器时，电子过电流保护器内部的热累计值和再试次数将被清零。复位所需时间约为 1 s。

方法 1：通过操作面板，按停止键复位变频器。只有在变频器保护功能（重故障）动作时才可操作。

方法 2：先断开电源，再恢复通电。

方法 3：接通复位（RES）信号 0.1 s 以上。RES 信号保持 ON 时，显示“Err.”（闪烁），代表正处于复位状态。

复位后按照故障排除方法操作即可。

三、熟悉 FR-E740 系列变频器的日常维护

1. 维护和检查时的注意事项

（1）变频器断开电源后不久，其储能电容上仍然剩余有高压电。进行检查前，先断开电源，过 10 min 后用万用表测量，确认变频器主回路正负端子两端电压在直流几伏以下后再进行检查。

（2）用兆欧表测量变频器外部电路的绝缘电阻前，要拆下变频器所有端子上的导线，以防止测量高电压加到变频器上。控制回路的通断测试应使用万用表（高阻挡），不要使用兆欧表。

（3）不要对变频器实施耐压测试，如果测试不当，可能会使变频器内部电子元器件损坏。

2. 日常检查项目

（1）检查变频器是否按设定参数运行，面板显示是否正常。

（2）检查变频器安装场所的环境、温度、湿度是否符合要求。

（3）检查变频器的进风口和出风口有无积尘和堵塞。

（4）检查变频器是否有异常振动、噪声和气味。

（5）检查变频器是否出现过热和变色。

3. 定期检查项目

（1）定期检查除尘。除尘前先切断电源，待变频器充分放电后打开机箱盖，用压缩空气或软毛刷对积尘进行清理。除尘时要格外小心，不要触及元器件和微动开关。

（2）定期检查变频器的主要运行参数是否在规定的范围内。

（3）检查固定变频器的螺钉和螺栓是否由于振动、温度变化等原因松动，导线是否连接可靠，绝缘物质是否被腐蚀或有破损。

（4）定期检查变频器的冷却风扇和滤波电容，当达到使用期限后应及时更换。

课题八
三相绕线转子异步电动机控制电路的安装与检修

任务1　转子回路串电阻启动控制电路的安装与检修

学习目标

1. 能正确理解三相绕线转子异步电动机转子回路串电阻启动控制电路的工作原理。
2. 能正确识读三相绕线转子异步电动机转子回路串电阻启动控制电路的原理图和布置图。
3. 能按照工艺要求，正确安装三相绕线转子异步电动机转子回路串电阻启动控制电路。
4. 能根据故障现象，检修三相绕线转子异步电动机转子回路串电阻启动控制电路。

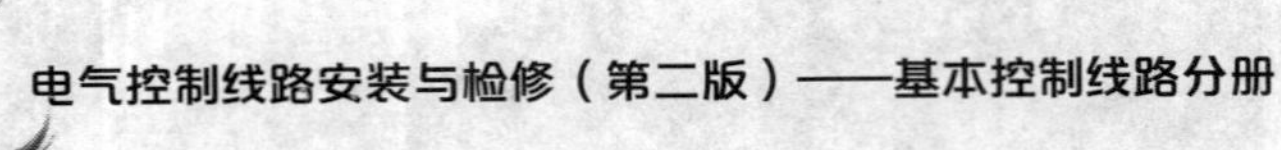

工作任务

由于课题五中完成的降压启动控制电路的启动转矩大为降低，降压启动需要在空载或轻载下启动。在实际生产中，如 20/5t 桥式起重机的主、副钩电动机需要大转矩启动，这时一般采用三相绕线转子异步电动机拖动。

三相绕线转子异步电动机的优点是：可以通过滑环在转子绕组中串电阻来改善电动机的力学特性，从而达到减小启动电流、增大启动转矩以及平滑调速的目的。

三相绕线转子异步电动机常用的控制电路有转子绕组串电阻启动控制电路、转子绕组串频敏变阻器启动控制电路和凸轮控制器控制电路。图 8-1-1 所示为电流继电器自动控制转子回路串电阻启动控制电路。

本次工作任务是完成电流继电器自动控制转子回路串电阻启动控制电路的安装与检修。

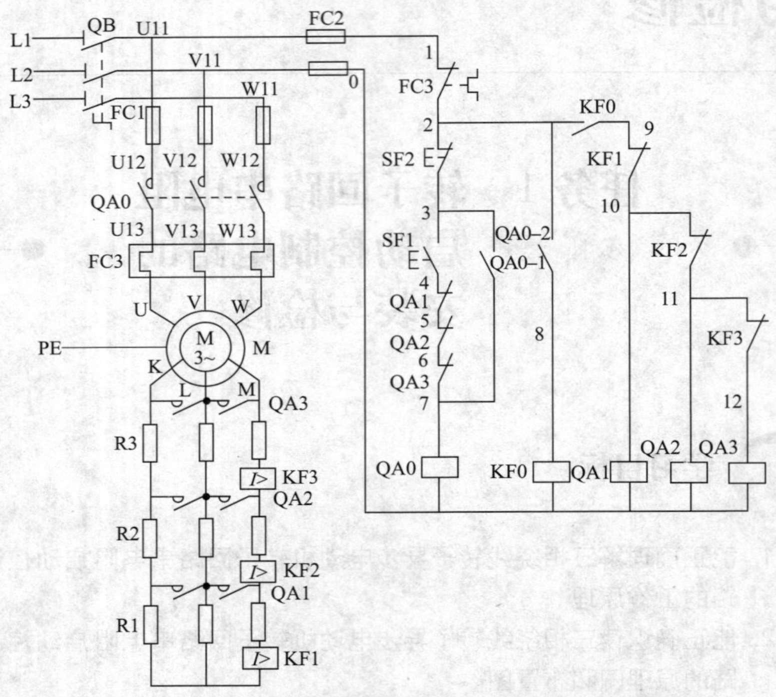

图 8-1-1　电流继电器自动控制转子回路串电阻启动控制电路

相关理论

一、转子串三相电阻启动原理

启动时，在转子回路串入作Y形联结、分级切换的三相启动电阻器，以减小启动电流、增大启动转矩。随着电动机转速的升高，逐级减小可变电阻。启动完毕后，切除可变电阻器，转子绕组被直接短接，电动机便在额定状态下运行。

电动机转子绕组中串接的外加电阻在每段切除前和切除后三相电阻始终是对称的，称为三相对称电阻器，如图 8-1-2a 所示。启动过程依次切除 R1、R2、R3，最后全部电阻被切除。

若启动时串入的三相电阻是不对称的，且每段切除后三相仍不对称，则称为三相不对称电阻器，如图 8-1-2b 所示。启动过程依次切除 R1、R2、R3、R4，最后全部电阻被切除。

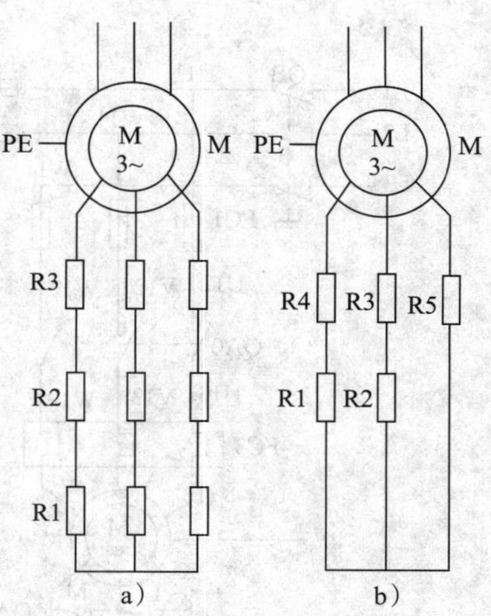

图 8-1-2 转子串接三相电阻

a）转子串接三相对称电阻器

b）转子串接三相不对称电阻器

二、按钮操作控制电路

用按钮操作转子绕组串电阻启动控制电路如图 8-1-3 所示。该电路的工作原理较简单，读者可自行分析。该电路的缺点是操作不便，工作的安全性和可靠性较差，所以在生产实际中常采用时间继电器自动控制电路。

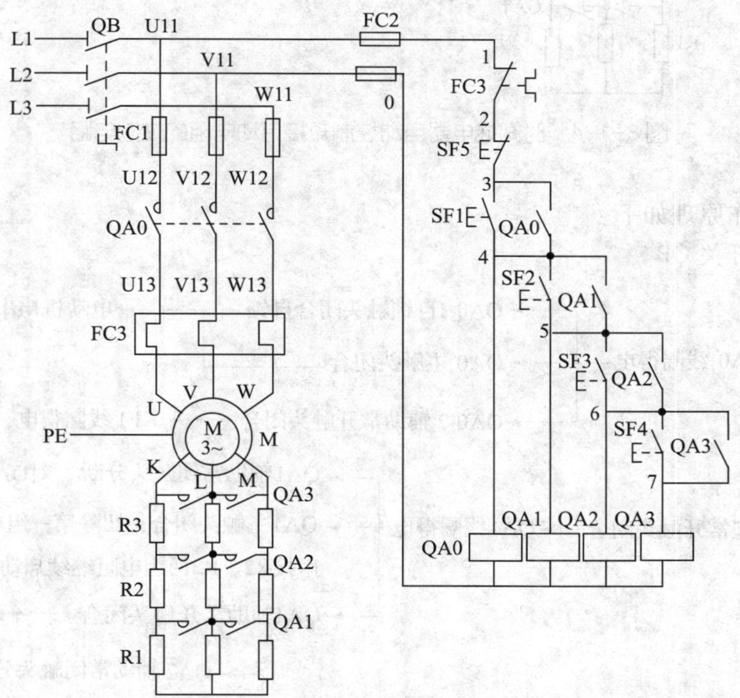

图 8-1-3 用按钮操作转子绕组串电阻启动控制电路

三、时间继电器自动控制电路

时间继电器自动控制短接启动电阻的控制电路如图 8-1-4 所示。该电路利用三个时间继电器 KF1、KF2、KF3 和三个接触器 QA1、QA2、QA3 的相互配合来依次自动切除转子绕组中的三级电阻。

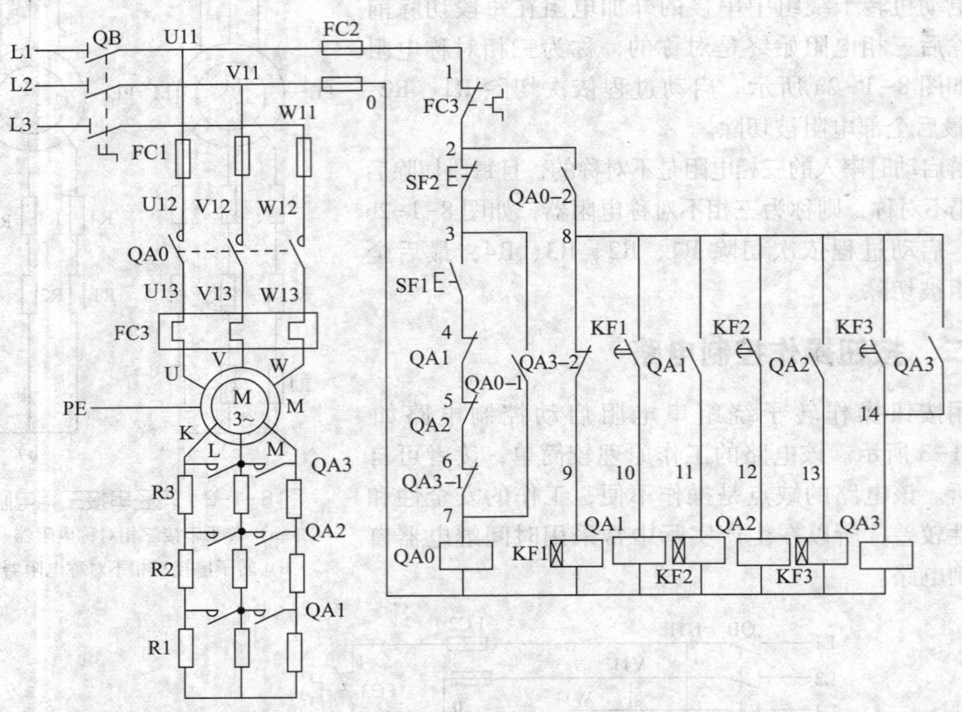

图 8-1-4　时间继电器自动控制短接启动电阻的控制电路

电路的工作原理如下。

合上电源开关 QB。

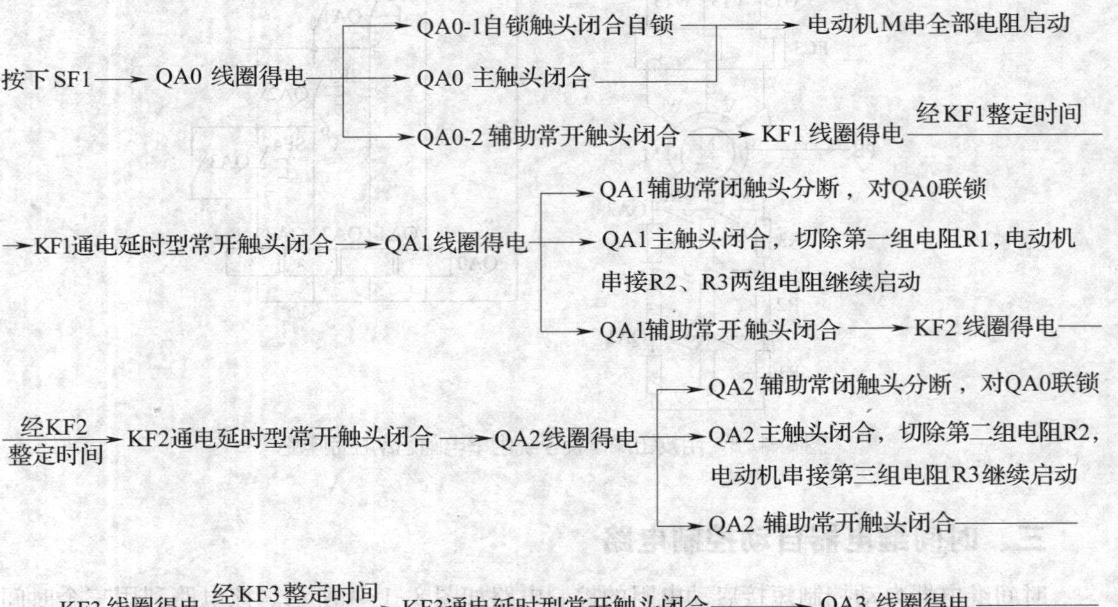

→ QA3-2 辅助常闭触头分断 ——→ KF1、QA1、KF2、QA2、KF3 依次断电释放，触头复位
→ QA3-1 辅助常闭触头分断，对QA0联锁
→ QA3 自锁触头闭合自锁
→ QA3 主触头闭合，切除第三组电阻R3，电动机M 启动结束，正常运转

停止时，按下 SF2 即可。

为保证电动机只有在转子绕组串入全部外加电阻的条件下才能启动，将接触器 QA1、QA2、QA3 的辅助常闭触头与启动按钮 SF1 串接，当接触器 QA1、QA2、QA3 中的任何一个因触头熔焊或机械故障而不能正常释放时，即使按下启动按钮 SF1，控制电路也不会得电，电动机不会接通电源启动运转。

四、电流继电器

反映输入量为电流的继电器叫作电流继电器，图 8-1-5a 和图 8-1-5b 所示是常见的 JT4 系列和 JL14 系列电流继电器。使用时，电流继电器的线圈串联在被测电路中，当通过线圈的电流达到预定值时，其触头动作。为了降低串入电流继电器线圈后对原电路工作状态的影响，电流继电器线圈的匝数少、导线粗、阻抗小。

电流继电器分为过电流继电器和欠电流继电器两种。电流继电器在电路图中的符号如图 8-1-5c 所示。

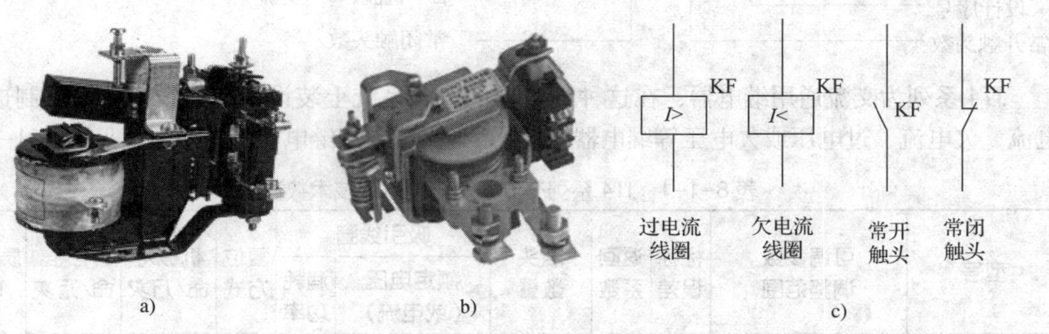

图 8-1-5　电流继电器

a）JT4 系列　b）JL14 系列　c）符号

1. 过电流继电器

当通过继电器的电流超过预定值时就动作的继电器称为过电流继电器。过电流继电器的吸合电流为 1.1~4 倍的额定电流，也就是说，在电路正常工作时，过电流继电器线圈通过额定电流时是不吸合的；当电路中发生短路或过载故障，通过线圈的电流达到或超过预定值时，铁芯和衔铁才吸合，带动触头动作。

常用的过电流继电器有 JT4、JL5、JL12 及 JL14 等系列，广泛用于直流电动机或绕线转子电动机的控制电路中，用于频繁及重载启动的场合，作为电动机和主电路的过载或短路保护。

2. 欠电流继电器

当通过继电器的电流减小到低于其整定值时就动作的继电器称为欠电流继电器。欠电流继电器的吸合电流一般为线圈额定电流的 0.3～0.65 倍，释放电流为额定电流的 0.1～0.2 倍。因此，在电路正常工作时，欠电流继电器的衔铁与铁芯始终是吸合的。只有当电流降至低于整定值时，欠电流继电器才释放，发出信号，从而改变电路的状态。

常用的欠电流继电器有 JL14-ZQ 等系列产品，常用于直流电动机和电磁吸盘电路中作为弱磁保护。

3. 型号含义

常用 JT4 系列交流通用继电器和 JL14 系列交直流通用电流继电器的型号及含义如下。

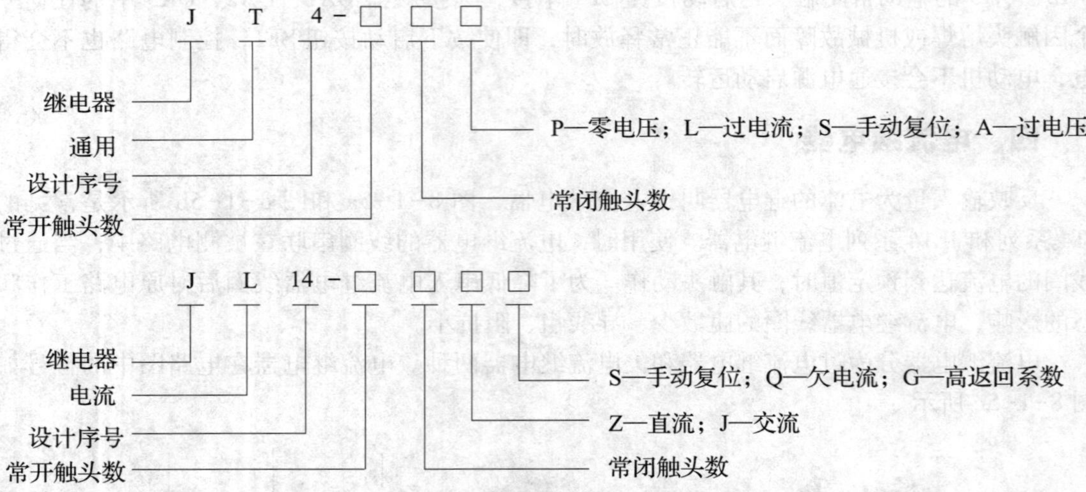

JT4 系列为交流通用继电器，在这种继电器的电磁系统上装设不同的线圈，便可制成过电流、欠电流、过电压或欠电压等继电器。JT4 系列交流通用继电器的技术数据见表 8-1-1。

表 8-1-1　JT4 系列交流通用继电器的技术数据

<table>
<tr><th rowspan="2">型号</th><th rowspan="2">可调参数
调整范围</th><th rowspan="2">标称
误差</th><th rowspan="2">返回
系数</th><th rowspan="2">触头
数量</th><th colspan="2">吸引线圈</th><th rowspan="2">复位
方式</th><th rowspan="2">机械寿
命/万次</th><th rowspan="2">电寿
命/万次</th><th rowspan="2">质量/
kg</th></tr>
<tr><th>额定电压
（或电流）</th><th>消耗
功率</th></tr>
<tr><td>JT4-□□A
过电压继电器</td><td>吸合电压
$(1.05\sim1.20)U_N$</td><td rowspan="3">±10%</td><td>0.1～
0.3</td><td>1 常开、
1 常闭</td><td>110 V、220 V、
380 V</td><td rowspan="2">75 W</td><td rowspan="3">自动</td><td>1.5</td><td>1.5</td><td>2.1</td></tr>
<tr><td>JT4-□□P
零电压（或中间）继电器</td><td>吸合电压（0.60～0.85）U_N 或释放电压（0.10～0.35）U_N</td><td>0.2～
0.4</td><td rowspan="2">1 常开、
1 常闭或
2 常开、
2 常闭</td><td>110 V、127 V、
220 V、380 V</td><td>10</td><td>10</td><td>1.8</td></tr>
<tr><td>JT4-□□L
过电流继电器</td><td>吸合电流
$(1.10\sim3.50)I_N$</td><td>0.1～
0.3</td><td>5 A、10 A、
15 A、20 A、
40 A、80 A、
150 A、300 A、
600 A</td><td>5 W</td><td>1.5</td><td>1.5</td><td>1.7</td></tr>
</table>

JL14 系列交直流通用电流继电器可取代 JT4–L 和 JT4–S 系列，其技术数据见表 8–1–2。

表 8–1–2　JT14 系列交直流通用电流继电器的技术数据

电流种类	型号	吸引线圈额定电流 I_N/A	可调参数调整范围	触头组合形式		备注
				常开	常闭	
直流	JL14–□□Z	1、1.5、2.5、10、15、25、40、60、100、150、300、500、1 200、1 500	吸合电流（0.70~3.00）I_N	3	3	
	JL14–□□ZS		吸合电流（0.30~0.65）I_N 或释放电流（0.10~0.20）I_N	2	1	手动复位
	JL14–□□ZQ			1	2	欠电流
交流	JL14–□□J		吸合电流（1.10~4.00）I_N	1	1	
	JL14–□□JS			2	2	手动复位
	JL14–□□JG			1	1	高返回系数大于 0.65

4. 选用

（1）电流继电器的额定电流一般可按电动机长期工作的额定电流来选择。对于频繁启动的电动机，额定电流可选大一个等级。

（2）电流继电器的触头种类、数量、额定电流及复位方式应满足控制电路的要求。

（3）过电流继电器的整定电流一般取电动机额定电流的 1.7~2 倍，频繁启动的场合可取电动机额定电流的 2.25~2.5 倍。欠电流继电器的整定电流一般取额定电流的 0.1~0.2 倍。

5. 安装与使用

（1）安装前应检查继电器的额定电流和整定电流值是否符合实际使用要求，继电器的动作部分是否动作灵活、可靠，外罩及壳体是否有损坏或缺件等情况。

（2）安装后应在触头不通电的情况下，使吸引线圈通电操作几次，看继电器动作是否可靠。

（3）定期检查继电器各零部件是否有松动及损坏现象，并保持触头的清洁。

五、电流继电器自动控制电路

三相绕线转子异步电动机刚启动时转子电流较大，随着电动机转速的增大，转子电流逐渐减小，根据这一特性，可以利用电流继电器自动控制接触器来逐级切除转子回路的电阻。

电流继电器自动控制转子回路串电阻启动控制电路如图 8–1–1 所示。三个过电流继电器 KF1、KF2 和 KF3 的线圈串接在转子回路中，它们的吸合电流都一样，但释放电流不同，KF1 最大，KF2 次之，KF3 最小，从而能根据转子电流的变化，控制接触器 QA1、QA2、QA3 依次动作，逐级切除启动电阻。

电路的工作原理如下。

合上电源开关 QB。

按下 SF1 ⟶ QA0 线圈得电 ⟶ QA0 主触头闭合 ⟶ 电动机M串接全部电阻启动
　　　　　　　　　　　　 ⟶ QA0-1 自锁触头闭合
　　　　　　　　　　　　 ⟶ QA0-2 辅助常开触头闭合 ⟶ KF0 线圈得电 ⟶ KF0 常开触头闭合，为 QA1、QA2、QA3 依次得电工作做好准备由于电动机 M 启动时转子电流较大，三个过电流继电器 KF1、KF2 和 KF3 均吸合，它们接在控制电路中的常闭触头均断开，使接触器 QA1、QA2、QA3 的线圈都不能得电，接在转子电路中的常开触头都处于断开状态，启动电阻被全部串接在转子绕组中。随着电动机转速的升高，转子电流逐渐减小，当减小至 KF1 的释放电流时，KF1 首先释放，KF1 的常闭触头复位，接触器 QA1 得电，主触头闭合，切除第一组电阻 R1。当 R1 被切除后，转子电流重新增大，但随着电动机转速的继续升高，转子电流又会减小，待减小至 KF2 的释放电流时，KF2 释放，接触器 QA2 动作，切除第二组电阻 R2，如此继续下去，直至全部电阻被切除，电动机启动完毕，进入正常运转状态。

中间继电器 KF0 的作用是保证电动机在转子电路中接入全部电阻的情况下开始启动。因为根据图 8-1-1 所示，如果没有 KF0，则未接 SF1 时，QA1、QA2 和 QA3 已动作，将全部电阻短接，易造成电动机直接启动。接入 KF0 后，启动时由 KF0 的常开触头断开 QA1、QA2、QA3 线圈的通电回路，保证了启动时转子回路串入全部电阻。

一、安装步骤

图 8-1-6 所示为电流继电器自动控制转子回路串电阻启动控制电路的安装与调试步骤。

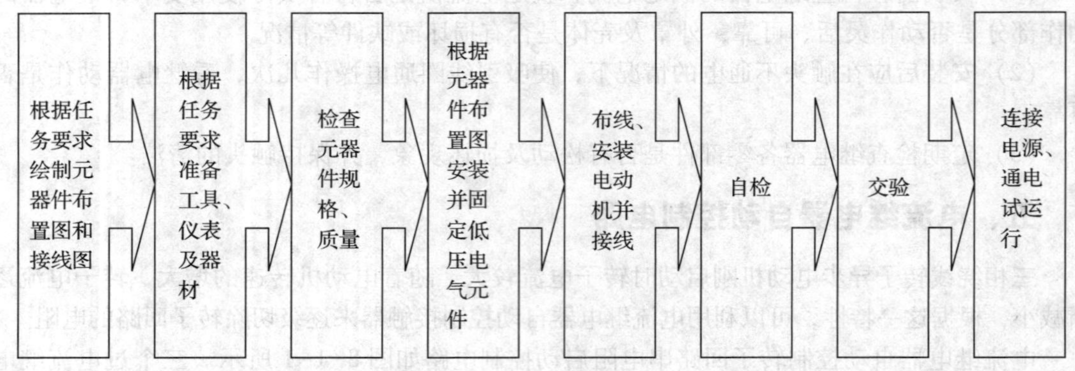

图 8-1-6　电流继电器自动控制转子回路串电阻启动控制电路的安装与调试步骤

二、绘制元器件布置图和接线图

读者自行绘制元器件布置图和接线图。

三、准备工具、仪表及器材

根据电流继电器自动控制转子回路串电阻启动控制电路，选用工具、仪表及器材，见表 8-1-3。

表 8-1-3　工具、仪表及器材

类别	项目内容				
工具	验电笔、螺钉旋具、尖嘴钳、斜口钳、剥线钳、电工刀等电工常用工具				
仪表	兆欧表、钳形电流表、万用表				
器材	代号	名称	型号	规格	数量
	M	三相绕线转子异步电动机	YZR-132M1-6	2.2 kW	1
	QB	组合开关	HZ10-25/3	三极、380 V、25 A	1
	FC1	螺旋式熔断器	RL1-60/20	500 V、60 A、配熔体 20 A	3
	FC2	螺旋式熔断器	RL1-15/2	500 V、15 A、配熔体 2 A	2
	QA0、QA1、QA2、QA3	接触器	CJT1-20	线圈电压 380 V、20 A	4
	SF1、SF2	双联按钮	LA10-2H	保护式、按钮数 2	1
	FC3	热继电器	JR36-20/3D	热元件额定电流 11 A	1
		控制板		500 mm×400 mm×20 mm	1
	KF0	中间继电器	JZ7-44	380 V、5 A	1
	KF1、KF2、KF3	过电流继电器	JL14-11J	线圈额定电流 10 A、电压 380 V	3
	XD	接线端子排	JX2-1015	500 V、10 A、15 节或配套自定	1
	R1~R3	启动电阻器	2K1-12-6/1		3
		主电路线		BV 1.5 mm^2（红色或颜色自定）	若干
		控制电路线		BV 1.0 mm^2（白色或颜色自定）	若干
		按钮线		BVR 0.75 mm^2（白色或颜色自定）	若干
		接地线		BVR 1.5 mm^2（黄绿双色）	若干
		四芯电缆线		YHZ 3×1.5 mm^2+1×1.5 mm^2	若干
		螺钉		ϕ5 mm×60 mm	若干
		走线槽		18 mm×25 mm	若干
		紧固体和编码套管			若干

四、检查元器件规格和质量

1. 根据工具、仪表及器材选用表，检查各元器件、耗材与表中的型号和规格是否一致。
2. 检查各元器件的外观是否完好无损，附件、备件是否齐全。
3. 用仪表检查各元器件和电动机的有关技术数据是否符合要求。

五、根据元器件布置图安装并固定低压电气元件

按元器件布置图在控制板上安装低压电气元件，并贴上醒目的文字符号。在控制板外

安装电动机、启动电阻等电气元件。

六、布线

采用板前线槽布线，布线工艺要求在前文中已有叙述。

七、连接电动机和启动电阻

可靠连接电动机、启动电阻等控制板外部的导线和保护接地线。

八、自检

1. 从电源端开始逐段核对接线

根据电路图或接线图，从电源端开始逐段核对接线及接线端子处的线号是否正确，有无漏接、错接之处。检查导线连接点是否符合要求，压接是否牢固。同时注意连接点接触应良好，以避免带负载运转时产生闪弧现象。

2. 用万用表检查电路的通断情况

为万用表选用倍率适当的电阻挡，并进行欧姆校零。

（1）检查主电路

断开 FC2，切除控制电路。

1）将万用表表笔跨接在 QB 下端子 U11 和端子排 U 处，应测得断路，按下 QA0 的触头架，万用表应显示通路，按上述步骤进行 V11-V 和 W11-W 之间的检测。

2）将万用表表笔跨接在 QB 下端子 U11 和端子排 V11 处，应测得断路，按下 QA0 的触头架，万用表应显示电动机两相绕组串联的阻值；将万用表表笔跨接在转子换相器的任意两相上，再逐一按下 KF1、KF2 和 KF3 的触头架，万用表显示的阻值应逐渐减小。重复另外两相之间的检测。

（2）检查控制电路

断开 FC1，接通 FC2。

1）将万用表表笔跨接在 U11 和 V11 之间，应测得断路；按下 SF1 不放，应测得 QA0 的线圈电阻。

2）将万用表表笔跨接在 U11 和 V11 之间，应测得断路；按下 SF2 不放，同时按下 QA0 的触头架，应测得 KF0 的线圈电阻。

3）将万用表表笔跨接在 U11 和 V11 之间，应测得断路；按下 KF0 的触头架始终不放，应测得 QA1、QA2 和 QA3 的线圈电阻并联值。依次再按下 KF1 的触头架，应测得阻值为 ∞；放开 KF1，再按下 KF2 的触头架，应测得 QA1 的线圈电阻；放开 KF2，再按下 KF3 的触头架，应测得 QA1 和 QA2 的线圈电阻并联值。

3. 检查电路安装质量，并进行绝缘电阻测量

用兆欧表检查电路的绝缘电阻，绝缘电阻的阻值应不得小于 1 MΩ。

九、交验

学生提出申请，经教师检查同意后方可通电试运行。

十、连接电源、通电试运行

1. 为保证人身安全，在通电试运行时要认真执行安全操作规程的有关规定，一人监护、一人操作。试运行前，应检查与通电试运行有关的电气设备是否有不安全的因素存在，若查出应立即整改，然后方能试运行。

2. 通电试运行前，必须征得教师的同意，并由指导教师接通三相电源 L1、L2、L3，同时在现场监护。学生合上电源开关 QB 后，用验电笔检查熔断器出线端，若验电笔氖管亮说明电源接通。

（1）空载操作试验

拆下电动机连线，合上 QB，按下 SF1，由于没有接主电路，KF1、KF2 和 KF3 中没有电流，所以 QA0、KF0、QA1、QA2 和 QA3 一起吸合，用绝缘棒按下 KF3 的触头架，QA3 失电；用绝缘棒按下 KF2 的触头架，QA3 和 QA2 一起失电；用绝缘棒按下 KF1 的触头架，QA1、QA2、QA3 一起失电。按下 SF2，控制电路失电，所有元器件都复位。

（2）带负荷试运行

断开 QB，连接好电动机接线。然后合上 QB，做好随时切断电源的准备。按下 SF1，用钳形电流表观察电动机的启动电流变化情况，同时观察电流继电器 KF1、KF2 和 KF3 的工作情况以及 QA1、QA2 和 QA3 逐步吸合的工作情况，直至电动机正常运行。

3. 出现故障后，若需带电检查，必须在教师现场监护下进行。检修完毕后，若需要再次试运行，也应有教师在现场监护，并做好时间记录。

4. 通电试运行完毕，停转，切断电源。先拆除三相电源线，再拆除电动机线。

5. 试运行成功后，记录完成时间及通电试运行次数。

故障检修

在完成试运行的基础上，教师或同组学生按照表 8-1-4 中故障原因分析的元器件或路径，人为地设定一两个故障点进行排故练习。

表 8-1-4　电路的故障现象、原因分析及检查方法

故障现象	原因分析	检查方法
电动机不能启动	除电源、电源开关因素外，还有以下四种因素会导致电动机不能启动 （1）控制电路故障 可能故障点： 1）熔断器 FC2 熔断 2）热继电器 FC3 常闭触头断开或接触不良 3）停止按钮 SF2、启动按钮 SF1 触头接触不良 4）接触器 QA1、QA2、QA3 的常闭触头中某一触头接触不良 5）QA0 损坏或 1~7 号导线中有线断路（见图 1） （2）控制定子绕组主电路故障 可能故障点： 1）熔断器有一相熔断	（1）按下 SF1 后，若接触器 QA0 没有吸合，一般判断为控制电路故障，可用电阻法、电压法、校验灯法检查故障点 （2）接触器 QA0 吸合后，测量定子电流，若电流不平衡，可判断为定子电路故障，检查方法参见前文

续表

故障现象	原因分析	检查方法
电动机不能启动	2）接触器 QA0 的主触头有一相接触不良 3）热继电器的感温元件烧断或主电路连接导线断路（见图 2） 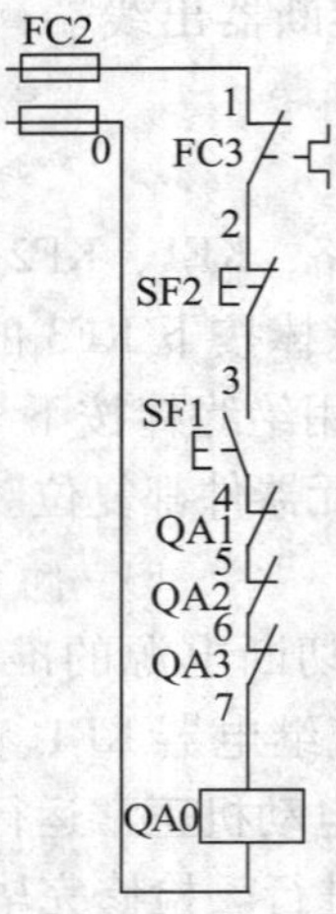 图 1 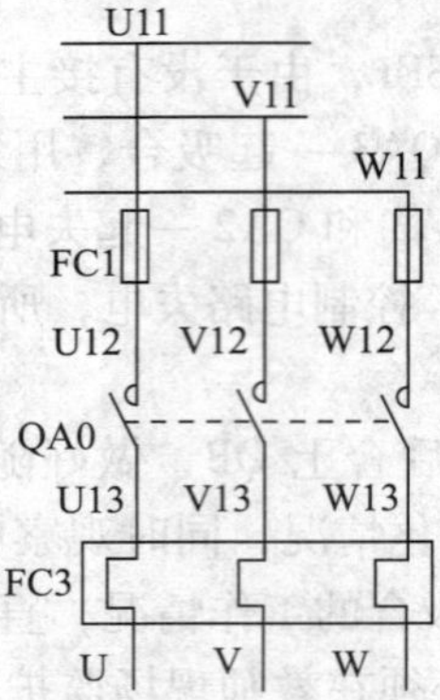　图 2 （3）转子电路故障 可能故障点： 1）某一相电阻断裂，连接导线接触不良等 2）接触器 QA1 的某一主触头接触不良或电路断路 3）某一滑环与电刷接触不良或转子绕组断路 （4）负载过大	（3）测量转子绕组电流，若三相不平衡或某相没有电流，可判断为转子电路故障 （4）当测量转子、定子电流平衡且比正常值大时，说明过载
启动电阻过热	（1）全部电阻过热（说明启动过程中电阻不能被切除） 可能故障点： 1）KF0 故障或 QA0-1 常开触头接触不良 2）KF1 故障或 KF1 的常闭触头故障 3）QA3 主触头接触不良 4）电流继电器 KF1、KF2 或 KF3 故障	（1）全部电阻过热的检查方法 1）按下 SF1 后，观察 KF0 是否动作，若 KF0 没有动作，则说明 KF0 线圈故障或 QA0-1 常开触头故障；若 KF0 有动作，则用验电笔检查 KF0 常开触头的下端头是否有电。若有电说明电路正常；若无电说明 KF0 的常开触头故障 2）KF1 动作后，用验电笔检查 KF1 常闭触头的下端头是否有电，若有电说明电路正常；若无电说明 KF1 的常闭触头故障

续表

故障现象	原因分析	检查方法
启动电阻过热	（2）电阻 R1 或 R2 过热 可能故障点： 1）KF1 或 KF2 的整定值不对，造成 QA1 或 QA2 不动作，R1 或 R2 不能被切掉 2）QA1 或 QA2 的主触头故障 3）电阻与接线或电阻片间松动，导致接触电阻过大而发热	3）断开电源，按下 QA3 的触头架，用电阻法检查 QA3 的主触头接触是否良好 4）启动过程中观察电流继电器 KF1、KF2 或 KF3 是否动作 （2）电阻 R1 或 R2 过热的检查方法 1）检查 KF1 或 KF2 的整定值 2）检查 QA1 或 QA2 的主触头 3）检查 R1 或 R2 电阻与接线或电阻片间的连接情况
电动机启动后只有瞬间转动就停机	可能故障点： （1）接触器 QA0 的自锁触头 QA0-1 接触不良 （2）热继电器电流整定得过小，经受不了启动电流的冲击而将其本身的常闭触头跳开 （3）启动时电压波动过大，使接触器欠压而释放。这种现象多出现在电源线很长或桥式起重机上，由于启动时启动电流较大，本来已使电路压降较大，加之外电网电压波动或电压太低，很容易出现这种故障	（1）用验电笔或电压表检查 QA0 自锁触头 QA0-1 的接触是否良好 （2）检查热继电器电流整定值是否符合要求 （3）用电压表检查启动时的电压波动情况
其他故障参见前面电路故障的处理方法描述		

知识拓展

图 8-1-7 和图 8-1-8 所示为两种常见的转子回路串电阻启动正反转控制电路。

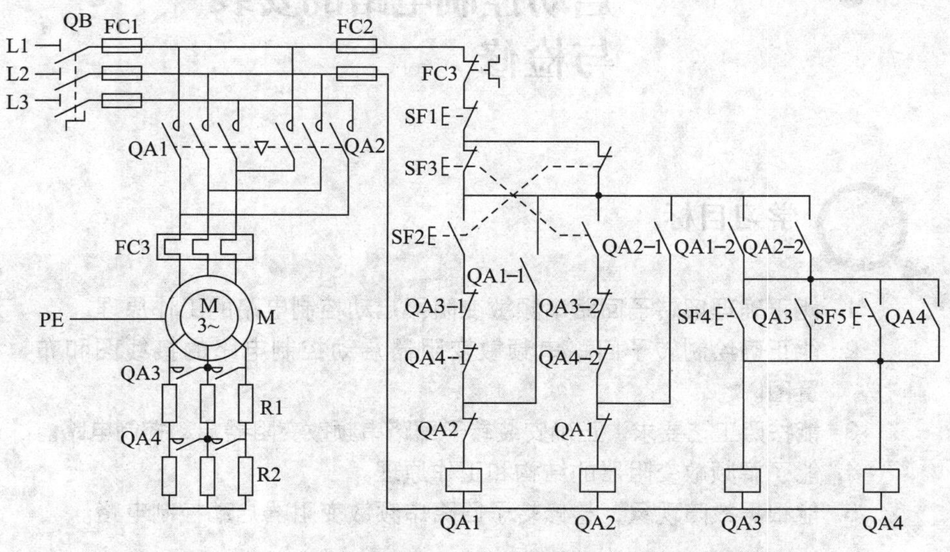

图 8-1-7　手动控制转子回路串电阻启动正反转控制电路

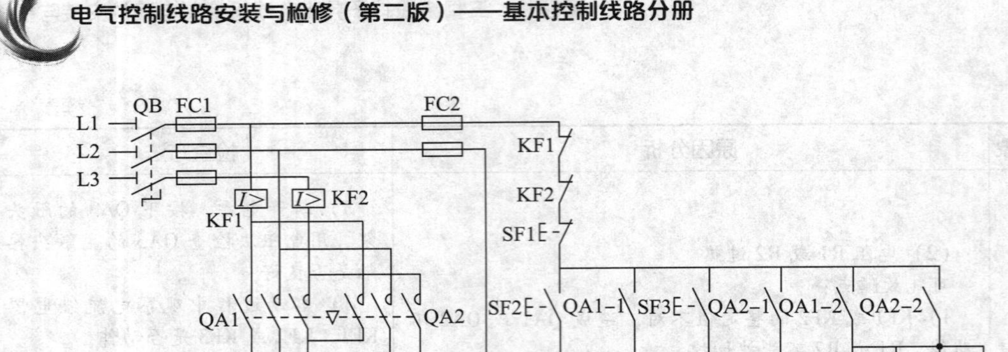

图 8-1-8　时间继电器控制转子回路串电阻启动正反转控制电路

在图 8-1-7 中，先按 SF4 和先按 SF5 有什么不同？在图 8-1-8 中，KF3、KF4 设定时间时要注意什么？读者有兴趣可自行分析其工作原理。

任务 2　转子回路串频敏变阻器启动控制电路的安装与检修

学习目标

1. 能正确理解转子回路串频敏变阻器启动控制电路的工作原理。
2. 能正确绘制转子回路串频敏变阻器启动控制电路的接线图和布置图。
3. 能按照工艺要求，正确安装转子回路串频敏变阻器启动控制电路。
4. 能了解频敏变阻器的结构和工作原理。
5. 能根据故障现象，检修转子回路串频敏变阻器启动控制电路。

工作任务

在任务 1 中采用转子回路串电阻启动方法，要想获得良好的启动特性，一般需要将启动电阻分为多级，这样所用的电器较多，控制电路复杂，设备投资大，维修不便，并且在逐级切除电阻的过程中会产生一定的机械冲击。因此，在工矿企业中对于不频繁启动的设备广泛采用频敏变阻器代替启动电阻来控制三相绕线转子异步电动机的启动。图 8-2-1 所示为转子绕组串频敏变阻器启动控制电路。

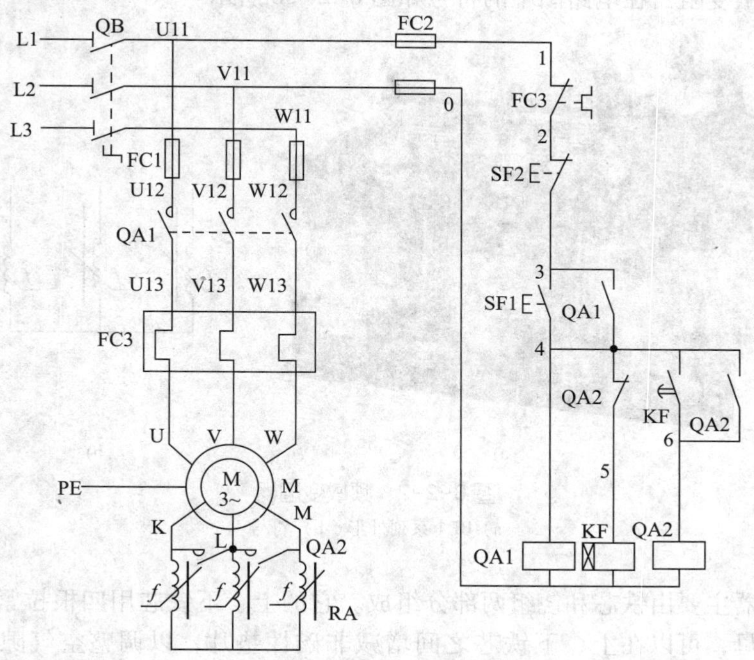

图 8-2-1　转子绕组串频敏变阻器启动控制电路

本工作任务是完成转子绕组串频敏变阻器启动控制电路的安装与检修。

相关理论

一、频敏变阻器

频敏变阻器是一种阻抗值随频率明显变化（敏感于频率）、静止的无触头电磁元件。频敏变阻器实质上是一个铁芯损耗非常大的三相电抗器，为了增加它的铁芯损耗，有意识地采用几块 30~50 mm 厚的铸铁片或钢板叠加构成铁芯。其结构类似于没有二次绕组的三相变压器。频敏变阻器是一种有独特结构的新型无触头元件。其外部结构与三相电抗器相似，即由三个铁芯柱和三个绕组组成，三个绕组接成星形，并通过滑环和电刷与

绕线式电动机三相转子绕组相接。在电动机启动时，将频敏变阻器串接在转子绕组中，由于频敏变阻器的等效阻抗随转子电流频率的减小而减小，从而达到自动变阻的目的。因此，只需用一级频敏变阻器就可以平稳地把电动机启动起来。启动完毕短接切除频敏变阻器。

用频敏变阻器启动绕线转子异步电动机的优点是：启动性能好，无电流和机械冲击，结构简单，价格低廉，使用维护方便。由于功率因数较低，启动转矩较小，一般不宜用于重载启动的场合。

常用的频敏变阻器有 BP1、BP2、BP3、BP4 和 BP6 等系列，图 8-2-2a 所示是 BP1 系列的外形。频敏变阻器在电路图中的符号如图 8-2-2b 所示。

图 8-2-2　频敏变阻器

a）BP1 系列外形　b）符号

频敏变阻器主要由铁芯和绕组两部分组成。它的上、下铁芯用四根拉紧螺栓固定，拧开螺栓上的螺母，可以在上、下铁芯之间增减非磁性垫片，以调整空气隙长度。出厂时上、下铁芯间的空气隙为零。

频敏变阻器的绕组备有四个抽头，一个抽头在绕组背面，标号为 N；另外三个抽头在绕组的正面，标号分别为 1、2、3。抽头 1—N 之间为 100% 匝数，2—N 之间为 85% 匝数，3—N 之间为 71% 匝数。出厂时三组绕组均接在 85% 匝数抽头处，并接成Y形。

频敏变阻器的选用方法如下。

1. 根据电动机所拖动的生产机械的启动负载特性和操作频繁程度来选择其系列，频敏变阻器的基本适用场合见表 8-2-1。

表 8-2-1　频敏变阻器的基本适用场合

负载特性			轻载	重载
适用频敏变阻器系列	频繁程度	偶尔	BP1、BP2、BP4	BP4G、BP6
		频繁	BP1、BP2、BP3	

2. 按电动机功率选择频敏变阻器的规格。在确定频敏变阻器的系列后，根据电动机的功率查有关技术手册，即可确定配用的频敏变阻器规格。

二、转子绕组串频敏变阻器启动控制电路

在电动机启动过程中，随着转子频率的改变，涡流集肤效应大小也在改变，转子频率升高，涡流截面变小，电阻增大；转子频率降低时，涡流截面自动加大，电阻减小。同时，频率变化时电阻也在自动变化。理论分析和试验证明，频敏变阻器铁芯等值电阻和电抗均近似地与转差率的平方成正比。由电磁感应间生成的等效电抗和由铁芯损耗构成的等效电阻较大，限制了电动机的启动电流，启动转矩增大。随着电动机转速升高，转子电流的频率降低，等效电抗和等效电阻自动减小，从而达到自动变阻的目的，实现平滑无级启动。

转子绕组串频敏变阻器启动控制电路如图 8-2-1 所示，电路的工作原理如下。

先合上电源开关 QB。

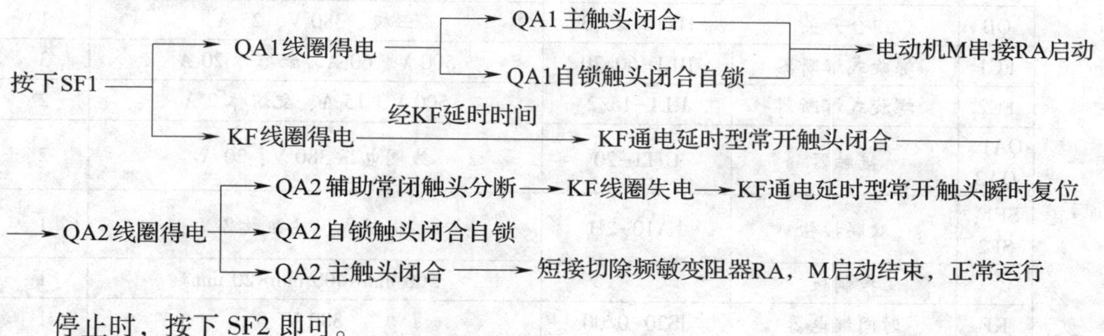

停止时，按下 SF2 即可。

一、实施步骤

图 8-2-3 所示为转子绕组串频敏变阻器启动控制电路的安装与调试步骤。

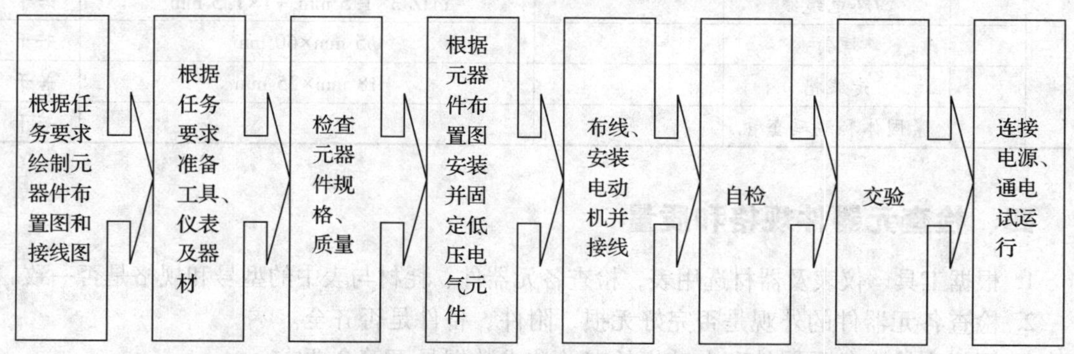

图 8-2-3　转子绕组串频敏变阻器启动控制电路的安装与调试步骤

二、绘制元器件布置图和接线图

自行绘制元器件布置图和接线图。

三、准备工具、仪表及器材

根据转子绕组串频敏变阻器启动控制电路，选用工具、仪表及器材，见表 8-2-2。

表 8-2-2　工具、仪表及器材

类别	项目内容				
工具	验电笔、螺钉旋具、尖嘴钳、斜口钳、剥线钳、电工刀等电工常用工具				
仪表	兆欧表、钳形电流表、万用表				
器材	代号	名称	型号	规格	数量
	M	三相绕线转子异步电动机	YZR-132M1-6	2.2 kW	1
	QB	组合开关	HZ10-25/3	三极、380 V、25 A	1
	FC1	螺旋式熔断器	RL1-60/20	500 V、60 A、配熔体 20 A	3
	FC2	螺旋式熔断器	RL1-15/2	500 V、15 A、配熔体 2 A	2
	QA1、QA2	接触器	CJT1-20	线圈电压 380 V、20 A	2
	SF1、SF2	双联按钮	LA10-2H	保护式、按钮数 2	1
		控制板		500 mm×400 mm×20 mm	1
	KF	时间继电器	JS20-0/00	380 V	1
	FC3	热继电器	JR36-20/3D	热元件额定电流为 11 A	1
	XD	接线端子排	JX2-1015	500 V、10 A、15 节或配套自定	1
	RA	三相频敏变阻器	BP1-004/10003		1
		主电路线		BV 1.5 mm^2（红色或颜色自定）	若干
		控制电路线		BV 1.0 mm^2（白色或颜色自定）	若干
		按钮线		BVR 0.75 mm^2（白色或颜色自定）	若干
		接地线		BVR 1.5 mm^2（黄绿双色）	若干
		四芯电缆线		YHZ 3×1.5 mm^2+1×1.5 mm^2	若干
		螺钉		ϕ5 mm×60 mm	若干
		走线槽		18 mm×25 mm	若干
		紧固体和编码套管			若干

四、检查元器件规格和质量

1. 根据工具、仪表及器材选用表，检查各元器件、耗材与表中的型号和规格是否一致。
2. 检查各元器件的外观是否完好无损，附件、备件是否齐全。
3. 用仪表检查各元器件和电动机的有关技术数据是否符合要求。

五、根据元器件布置图安装并固定低压电气元件

按元器件布置图在控制板上安装低压电气元件，并贴上醒目的文字符号。

其中，频敏变阻器应安装在箱体内，牢固地固定在基座上，当基座为铁磁物质时应在

中间垫放 10 mm 以上的非磁性垫片，以防影响频敏变阻器的特性。连接线应按电动机转子额定电流选用相应截面的电缆线，同时变阻器还应可靠接地。若频敏变阻器置于箱体外时，必须采取遮护或隔离措施，以防止发生触电事故。

六、布线

采用板前线槽布线，布线工艺要求在前文中已有叙述。

七、自检

1. 按电路图或接线图逐段检查电路通断情况

根据电路图或接线图，从电源端开始逐段核对接线及接线端子处的线号是否正确，有无漏接、错接之处。检查导线连接点是否符合要求，压接是否牢固。同时注意连接点接触应良好，以避免带负载运转时产生闪弧现象。

在使用频敏变阻器前，应先测量频敏变阻器对地的绝缘电阻，其值应不小于 1 MΩ，否则需进行烘干处理，然后方可使用。

2. 用万用表检查电路的通断情况

为万用表选用倍率合适的电阻挡，并进行欧姆校零。

（1）检查主电路

主电路的检查方法与转子回路串电阻启动控制电路的检查方法基本一致。

（2）检查控制电路

断开主电路，将万用表表笔跨接在 QB 下端子 U11 和 V11 处，应测得断路；按下 SF1 不放，应测得 QA1 和 KF 线圈的并联阻值；同时轻按 QA2 的触头架，应测得 QA1 线圈的电阻值；将 QA2 的触头架按到底，应测得 QA1 和 QA2 线圈电阻的并联值。同时按下 SF2，应测出控制电路由通而断。

3. 检查电路安装质量，并进行绝缘电阻测量

用兆欧表检查电路的绝缘电阻，绝缘电阻阻值应不得小于 1 MΩ。

八、交验

学生提出申请，经教师检查同意后方可通电试运行。

九、连接电源、通电试运行

1. 为保证人身安全，在通电试运行时要认真执行安全操作规程的有关规定，一人监护、一人操作。试运行前，应检查与通电试运行有关的电气设备是否有不安全的因素存在，若查出应立即整改，然后方能试运行。

2. 通电试运行前，必须征得教师的同意，并由指导教师接通三相电源 L1、L2、L3，同时在现场监护。学生合上电源开关 QB 后，用验电笔检查熔断器出线端，若验电笔氖管亮，说明电源接通。

（1）空载操作试验

拆下电动机连线，合上 QB，按下 SF1，接触器 QA1 得电吸合动作，几秒后，KF 通电延时型常开触头闭合，接触器 QA2 吸合；按下 SF2，控制电路失电。

（2）带负荷试运行

断开 QB，连接好电动机和频敏变阻器接线；合上 QB，做好随时切断电源的准备。按下 SF1，用钳形电流表观察电动机启动电流的变化情况，同时注意观察时间继电器 KF 和接触器 QA2 的工作情况，直至电动机正常运行。

试运行时，若发现电动机启动转矩或启动电流有过大或过小的情况，应按下述方法调整频敏变阻器的匝数和气隙。

1）电动机启动电流过大、启动过快时，应换接抽头，使频敏变阻器的匝数增加。增加匝数可使电动机启动电流和启动转矩减小。

2）电动机启动电流和启动转矩过小、启动太慢时，应换接抽头，使频敏变阻器的匝数减少。减少匝数将使电动机启动电流和启动转矩同时增大。

3）如果电动机刚启动时启动转矩偏大，有机械冲击现象，而电动机启动完毕后稳定转速又偏低，这时可在频敏变阻器的上、下铁芯间增加气隙。可拧开频敏变阻器两面上的四个拉紧螺栓的螺母，在上、下铁芯之间增加非磁性垫片。增加气隙将使电动机启动电流略微增加，启动转矩稍有减小，但电动机启动完毕时的转矩稍有增大，使电动机稳定转速得以提高。

提示

时间继电器和热继电器的整定值应在通电前，根据三相绕线转子异步电动机的额定电流进行整定。

3. 出现故障后，若需带电检查，必须在教师现场监护下进行。检修完毕后，若需再次试运行，也应有教师在现场监护，并做好时间记录。

4. 通电试运行完毕，停转，切断电源。先拆除三相电源线，再拆除电动机线。

5. 试运行成功后，记录完成时间及通电试运行次数。

故障检修

在完成试运行的基础上，教师或同组学生按照表 8-2-3 中故障原因分析的元器件或路径，人为地设定一两个故障点进行排故练习。

表 8-2-3　电路的故障现象、原因分析及检查方法

故障现象	原因分析	检查方法
电动机不能启动	（1）按下 SF1 后 QA1 没有动作 可能故障点： 1）电路中没有电或 FC2 熔断 2）FC3 常闭触头接触不良，SF1、SF2 接触不良，QA1 线圈断路或 1、2、3、4 号导线断路 （2）按下 SF1 后 QA1 有动作 可能故障点： 1）主电路缺相 2）频敏变阻器线圈断路	（1）按下 SF1 后 QA1 没有动作的检查方法：可用电压法或验电笔法检查 （2）按下 SF1 后 QA1 有动作的检查方法 1）可用电压法或验电笔法检查主电路是否缺相 2）断开电源后，用电阻法检查频敏变阻器线圈是否断路

续表

故障现象	原因分析	检查方法
频敏变阻器温度过高	(1) 电动机启动后，频敏变阻器没有被切除或时间继电器延时时间太长 (2) 频敏变阻器线圈绝缘损坏或受机械损伤，匝间绝缘电阻和对地绝缘电阻变小	(1) 检查时间继电器的延时时间长短及是否动作，若动作，则检查 QA2 是否动作；若 QA2 动作，则检查 QA2 常开触头的接触是否良好 (2) 用兆欧表检查频敏变阻器线圈对地绝缘电阻和匝间绝缘电阻，其值应不小于 1 MΩ
其他故障参见前面电路故障的处理方法描述		

任务 3　凸轮控制器控制转子回路串电阻启动控制电路的安装与检修

学习目标

1. 能正确理解凸轮控制器控制转子回路串电阻启动控制电路的工作原理。
2. 能正确绘制凸轮控制器控制转子回路串电阻启动控制电路的接线图和布置图。
3. 能按照工艺要求，正确安装凸轮控制器控制转子回路串电阻启动控制电路。
4. 能了解凸轮控制器的功能、结构、符号、型号含义和选用要求。
5. 能根据故障现象，检修凸轮控制器控制转子回路串电阻启动控制电路。

工作任务

在 20/5t 桥式起重机中，其大车、小车和副钩电动机容量较小，一般都采用凸轮控制器控制来简化操作，如图 8-3-1 所示。

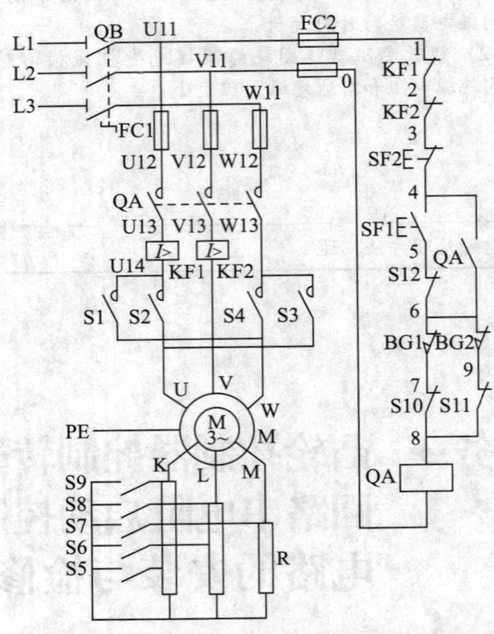

图 8-3-1　凸轮控制器控制转子回路串电阻启动控制电路

本工作任务是完成凸轮控制器控制转子回路串电阻启动控制电路的安装与检修。

相关理论

一、凸轮控制器

1. 凸轮控制器的功能

凸轮控制器是利用凸轮来操作动触头动作的控制器，主要用于控制功率不大于 30 kW 的中小型绕线转子异步电动机的启动、调速和换向。常用的凸轮控制器有 KTJ1、KTJ15、KT10、KT14 及 KT15 等系列，图 8-3-2 所示是 KT10、KT14 及 KT15 系列凸轮控制器的外形图。

图 8-3-2　凸轮控制器

a）KT10 系列　b）KT14 系列　c）KT15 系列

2. 凸轮控制器的结构、符号及型号含义

KTJ1 系列凸轮控制器如图 8-3-3 所示。它主要由手轮（或手柄）、触头系统、转轴、凸轮和外壳等部分组成。其触头系统共有 12 对触头，9 对常开，3 对常闭。其中，4 对常开触头接在主电路中，用于控制电动机的正反转，配有石棉水泥制成的灭弧罩。其余 8 对触头用于控制电路中，不带灭弧罩。

凸轮控制器的动触头 7 被触头弹簧 8 压在杠杆 13 上，凸轮 12 固定在转轴 11 上，每个凸轮控制一个触头。当转动手轮 1 时，凸轮 12 随转轴 11 转动，当凸轮的凸起部分顶住滚轮 10 时，杠杆 13 被顶起，压在杠杆 13 上，动触头 7 被顶起，与静触头 6 分开；当凸轮的凹处与滚轮相碰时，动触头 7 受到触头弹簧 8 的作用压在静触头 6 上，动、静触头闭合。在转轴上叠装形状不同的凸轮片，可使各个触头按预定的顺序闭合或断开，从而实现不同的控制目的。

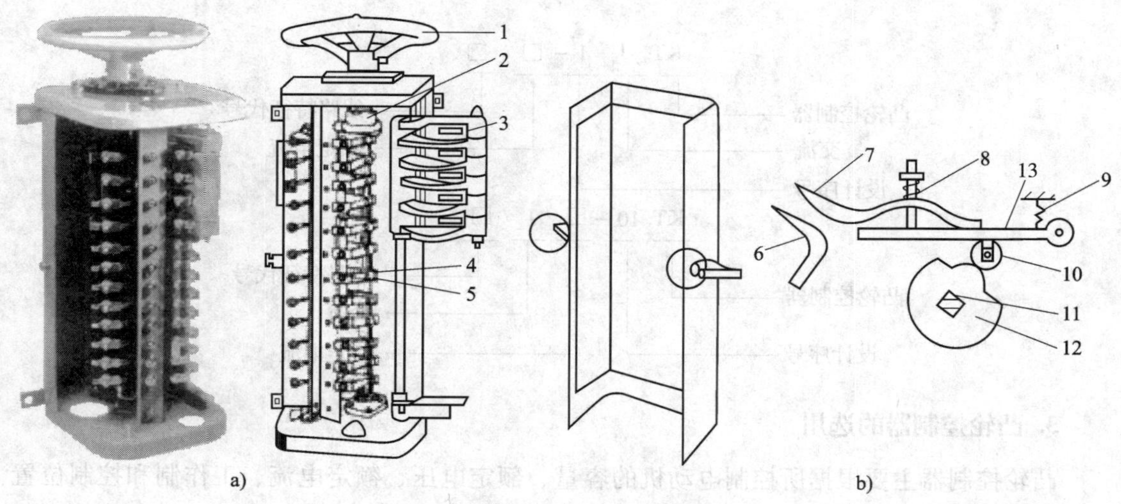

图 8-3-3　KTJ1 系列凸轮控制器

a）外形　b）结构

1—手轮　2、11—转轴　3—灭弧罩　4、7—动触头　5、6—静触头

8—触头弹簧　9—弹簧　10—滚轮　12—凸轮　13—杠杆

凸轮控制器的触头分合情况通常用触头分合表来表示。KTJ1-50/1 型凸轮控制器的触头分合表如图 8-3-4 所示。图中的上面两行表示手轮的 11 个位置，左侧表示凸轮控制器的 12 对触头。各触头在手轮处于某一位置时的接通状态用符号“×”标记，无此符号表示触头是分断的。

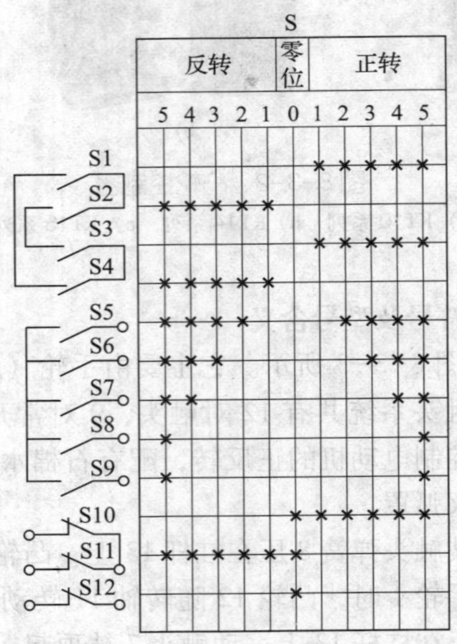

图 8-3-4　KTJ1-50/1 型凸轮控制器的触头分合表

凸轮控制器的型号及含义如下。

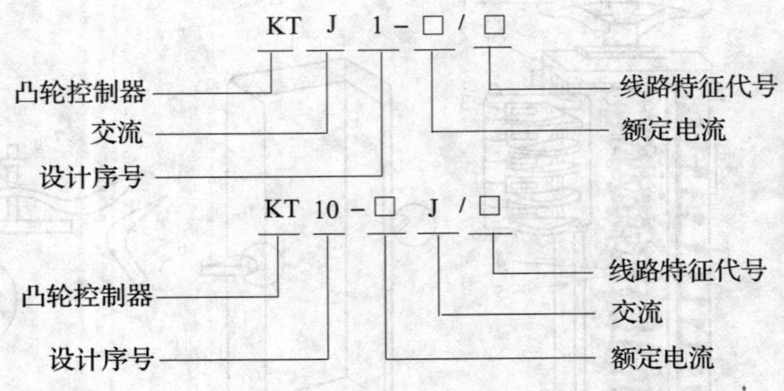

3. 凸轮控制器的选用

凸轮控制器主要根据所控制电动机的容量、额定电压、额定电流、工作制和控制位置数目等来选择。

KTJ1 系列凸轮控制器的技术数据见表 8-3-1。

表 8-3-1　KTJ1 系列凸轮控制器的技术数据

型号	位置数		额定电流/A		额定控制功率/kW		每小时操作次数不多于/次	质量/kg
	向前（上升）	向后（下降）	长期工作制	通电持续率在 40%以下的工作制	220 V	380 V		
KTJ1-50/1	5	5	50	75	16	16		28
KTJ1-50/2	5	5	50	75	*	*		26
KTJ1-50/3	1	1	50	75	11	11		28
KTJ1-50/4	5	5	50	75	11	11		23
KTJ1-50/5	5	5	50	75	2×11	2×11	600	28
KTJ1-50/6	5	5	50	75	11	11		32
KTJ1-80/1	6	6	80	120	22	30		38
KTJ1-80/3	6	6	80	120	22	30		38
KTJ1-150/1	7	7	150	225	60	100		—

注：＊表示无定子电路触头，其最大功率由定子电路中的接触器容量决定。

二、凸轮控制器控制转子回路串电阻启动控制电路

凸轮控制器控制转子回路串电阻启动控制电路如图 8-3-1 所示。图中组合开关 QB 作为电源引入开关；熔断器 FC1、FC2 分别作为主电路和控制电路的短路保护；接触器 QA 控制电动机电源的通断，同时起欠压和失压保护作用；行程开关 BG1、BG2 分别作电动机正反转时工作机构的限位保护；过电流继电器 KF1、KF2 作电动机的过载保护；R 是电阻器；凸轮控制器 S 有 12 对触头，其分合状态如图 8-3-4 所示。其中最上面 4 对配有灭弧罩的常开触头 S1～S4 接在主电路中，用于控制电动机正反转；中间 5 对常开触头 S5～S9 与转子电阻 R 相接，用来逐级切换电阻，以控制电动机的启动和调速；最下面的 3 对常闭触头 S10～S12 用作零位保护。

电路的工作原理如下：将凸轮控制器 S 的手轮置于零位后，合上电源开关 QB，这时 S 最下面的 3 对触头 S10～S12 闭合，为控制电路的接通做准备。按下 SF1，接触器 QA 得电自锁，为电动机的启动做准备。

正转控制：将凸轮控制器 S 的手轮从 0 位转到正转 1 位置，这时触头 S10 仍闭合，保持控制电路接通；触头 S1、S3 闭合，电动机 M 接通三相电源正转启动，此时由于 S 的触头 S5～S9 均断开，转子绕组串接全部电阻 R 启动，所以启动电流较小，启动转矩也较小。如果电动机此时负载较重，则不能启动，但可起到消除传动齿轮间隙和拉紧钢丝绳的作用。

当 S 手轮从正转 1 位置转到 2 位置时，触头 S10、S1、S3 仍闭合，S5 闭合，把电阻器 R 上的一级电阻短接切除，电动机转矩增加，正转加速。同理，当 S 手轮依次转到正转 3 和 4 位置时，触头 S10、S1、S3、S5 仍闭合，S6、S7 先后闭合，把电阻器 R 上的两级电阻

相继短接，电动机 M 继续加速正转。当手轮转到 5 位置时，S5~S9 五对触头全部闭合，转子回路电阻被全部切除，电动机启动完毕，进入正常运转。

停止时，将 S 手轮扳回零位即可。

反转控制：当将 S 手轮扳到反转 1~5 位置时，触头 S2、S4 闭合，接入电动机的三相电源相序改变，电动机将反转。反转的控制过程与正转相似，读者可自行分析。

只有当手轮置于零位时，凸轮控制器最下面的三对触头 S10~S12 才全部闭合，而手轮在其余各挡位置时都只有一对触头闭合（S10 或 S11），而其余两对断开，从而保证了只有当手轮置于零位时，按下启动按钮 SF1，才能使接触器 QA 线圈得电动作，然后通过凸轮控制器 S 使电动机进行逐级启动，从而避免了电动机在转子回路不串启动电阻的情况下直接启动，同时也防止了由于误按 SF1 而使电动机突然快速运转产生的意外事故。

任务实施

一、实施步骤

图 8-3-5 所示为凸轮控制器控制转子回路串电阻启动控制电路的安装与调试步骤。

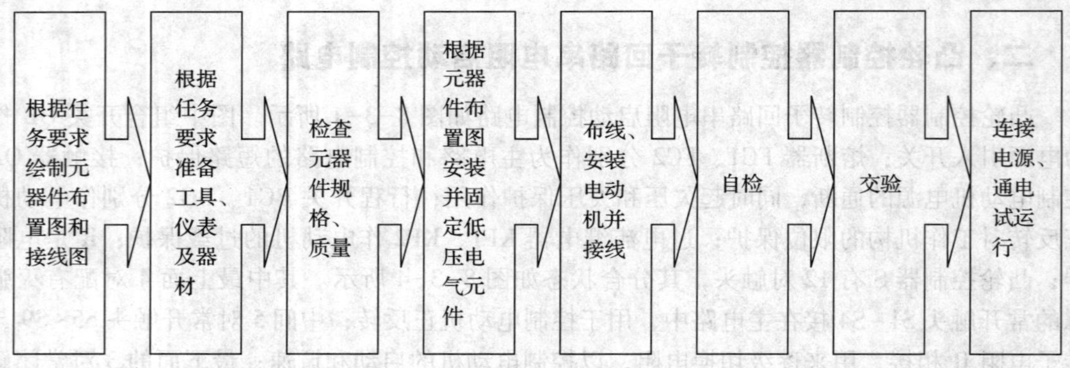

图 8-3-5　凸轮控制器控制转子回路串电阻启动控制电路的安装与调试步骤

二、绘制元器件布置图和接线图

自行绘制元器件布置图和接线图。

三、准备工具、仪表及器材

根据凸轮控制器控制转子回路串电阻启动控制电路，选用工具、仪表及器材，见表 8-3-2。

表 8-3-2　工具、仪表及器材

类别	项目内容				
工具	验电笔、螺钉旋具、尖嘴钳、斜口钳、剥线钳、电工刀等电工常用工具				
仪表	兆欧表、钳形电流表、万用表				
器材	代号	名称	型号	规格	数量
	M	三相绕线转子异步电动机	YZR-132M1-6	2.2 kW	1
	QB	组合开关	HZ10-25/3	三极、380 V、25 A	1
	FC1	螺旋式熔断器	RL1-60/20	500 V、60 A、配熔体 20 A	3
	FC2	螺旋式熔断器	RL1-15/2	500 V、15 A、配熔体 2 A	2
	QA	接触器	CJT1-20	线圈电压 380 V、20 A	1
	SF1、SF2	双联按钮	LA10-2H	保护式、按钮数 2	1
		控制板		500 mm×400 mm×20 mm	1
	KF1、KF2	过电流继电器	JL14-11J	线圈额定电流 10 A、电压 380 V	2
	S	凸轮控制器	KTJ1-50/2	50 A、380 V	1
	R	启动电阻器	2K1-12-6/1		3
	BG1、BG2	行程开关	LX19-212	80 V、5 A、内侧双轮	2
	XD	接线端子排	JX2-1015	500 V、10 A、15 节或配套自定	1
		主电路线		BV 1.5 mm^2（红色或颜色自定）	若干
		控制电路线		BV 1.0 mm^2（白色或颜色自定）	若干
		按钮线		BVR 0.75 mm^2（白色或颜色自定）	若干
		接地线		BVR 1.5 mm^2（黄绿双色）	若干
		四芯电缆线		YHZ 3×1.5 mm^2+1×1.5 mm^2	若干
		螺钉		ϕ5 mm×60 mm	若干
		走线槽		18 mm×25 mm	若干
		紧固体和编码套管			若干

四、检查元器件规格和质量

1. 根据工具、仪表及器材选用表，检查各元器件、耗材与表中的型号和规格是否一致。
2. 检查各元器件的外观是否完好无损，附件、备件是否齐全。
3. 用仪表检查各元器件和电动机的有关技术数据是否符合要求。

五、根据元器件布置图安装并固定低压电气元件

按元器件布置图在控制板上安装低压电气元件，并贴上醒目的文字符号。在控制板外安装凸轮控制器、启动电阻器和位置开关。

安装凸轮控制器时应注意以下事项。

1. 在安装凸轮控制器前应检查凸轮控制器外壳及零件有无损坏，并清除内部灰尘。

2. 安装凸轮控制器前应操作凸轮控制器手轮不少于 5 次，检查有无卡轧现象。检查触头的分合顺序是否符合规定的分合表要求，每一对触头是否动作可靠。

3. 凸轮控制器必须牢固可靠地用安装螺钉固定在墙壁或支架上，其金属外壳上的接地螺钉必须与接地线可靠连接。

六、布线

采用板前线槽布线，布线工艺要求在前文中已有叙述。

七、自检

1. 根据电路图或接线图，从电源端开始逐段核对接线及接线端子处的线号是否正确，有无漏接、错接之处。检查导线连接点是否符合要求，压接是否牢固。同时注意连接点接触应良好，以避免带负载运转时产生闪弧现象。

2. 先检查电流继电器的整定值是否调整到位，再用万用表检查电路的通断情况。将万用表置于 R×1 电阻挡，并进行欧姆校零。

（1）检查主电路

1）在端子排下端头拆掉电动机 U、V、W 三根连线，将万用表表笔跨接在 QB 下端子 U11 和端子排上端子 U 处，万用表应显示∞。按下 QA 的触头架，同时将凸轮控制器分别转到反转 1、2、3、4、5 处，S2、S4 应接通，万用表应显示通路。将凸轮控制器分别转到正转 1、2、3、4、5 处，S1、S3 应接通，万用表应显示∞，将放在端子排上端头 U 处的表笔换到 W 处，万用表应显示通路。按上述步骤进行 V11-V 和 W11-W、W11-U 之间的检测。

2）在端子排下端头拆掉电动机 K、L、M 三根连线，将万用表表笔跨接在端子排启动电阻端子 K 和 L 处，将凸轮控制器置于 0 位，应测得 K 相和 L 相电阻之和。转动凸轮控制器（无论正反），从 1 到 5，阻值应跟随 S5、S6、S7、S8、S9 闭合而变化。按上述步骤进行 K 相和 M 相、M 相和 L 相之间的检测。

（2）检查控制电路

将万用表表笔跨接在 FC2 下端子 0 和 1 处，将凸轮控制器置于 0 位，按下 SF1，万用表应显示接触器 QA 线圈阻值。凸轮控制器在正转任何位置时，按下 SF1 不放，万用表应显示接触器 QA 线圈阻值。同时按下 BG1，万用表应显示∞。凸轮控制器在反转任何位置时，按下 SF1 不放，万用表应显示接触器 QA 线圈阻值，同时按下 BG2，万用表应显示∞。

3. 检查凸轮控制器是否按照触头分合表或电路图的要求接线，经复查确认无误后才能通电。

4. 检查电路安装质量，并进行绝缘电阻测量。用兆欧表检查电路绝缘电阻，绝缘电阻阻值应不得小于 1 MΩ。

八、交验

学生提出申请，经教师检查同意后方可通电试运行。

九、连接电源、通电试运行

1. 为保证人身安全，在通电试运行时要认真执行安全操作规程的有关规定，一人监护、一人操作。试运行前，应检查与通电试运行有关的电气设备是否有不安全的因素存在，若查出应立即整改，然后方能试运行。

2. 通电试运行前必须征得教师的同意，并由指导教师接通三相电源 L1、L2、L3，同时在现场监护。

操作顺序如下。

（1）将凸轮控制器 S 手轮置于零位。

（2）合上电源开关 QB。

（3）按下启动按钮 SF1。

（4）将凸轮控制器手轮依次转到正转 1~5 挡的位置，并分别测量电动机的转速。

（5）将凸轮控制器手轮从正转 5 挡位置逐渐恢复到零位后，再依次转到反转 1~5 挡的位置，并分别测量电动机的转速。

（6）将凸轮控制器手轮从反转 5 挡位置逐渐恢复到零位后，按下停止按钮 SF2，切断电源开关 QB。

提示

（1）凸轮控制器安装结束后，应进行空载试验。启动时，若凸轮控制器手轮转到 2 位置后电动机仍未转动，则应停止启动并检查电路。

（2）启动操作时，手轮不能转动太快，应逐级启动，以防止电动机的启动电流过大。停止使用时，应将手轮准确地停在零位。

3. 出现故障后，若需带电检查，必须有教师在现场监护。检修完毕后，若需再次试运行，也应有教师在现场监护，并做好时间记录。

4. 通电试运行完毕，停转，切断电源。先拆除三相电源线，再拆除电动机线。

5. 试运行成功后，记录完成时间及通电试运行次数。

故障检修

在完成试运行的基础上，教师或同组学生按照表 8-3-3 中故障原因分析的元器件或路径，人为地设定一两个故障点进行排故练习。

表 8-3-3　电路的故障现象、原因分析及检查方法

故障现象	原因分析	检查方法
电动机不能启动	（1）按下 SF1 后 QA 没有动作 1）电路中没有电 2）凸轮控制器手轮没有在零位 3）凸轮控制器的动静触头接触不良 4）FC2 熔断，KF1、KF2 的常闭触头接触不良，SF1、SF2 接触不良，QA 线圈损坏 （2）按下 SF1 后 QA 有动作，电动机不能启动 1）主电路缺相 2）电刷与滑线接触不良或断线 3）转子开路	（1）按下 SF1 后 QA 没有动作的检查方法 1）用验电笔检查电源端头是否有电 2）检查凸轮控制器手轮位置 3）断开电源，用万用表的电阻挡检查凸轮控制器动、静触头的接触情况 4）可用电压法、电阻法、校验灯法检查 （2）按下 SF1 后 QA 有动作的检查方法 1）可用验电笔法或电压法检查电动机是否缺相 2）断开电源，调整电刷与滑线的接触 3）断开电源，用电阻法检查转子是否有断线或电刷接触不良
其他故障参见前面电路故障的处理方法描述		

提示

要注意当接触器 QA 线圈通电吸合后，由于主电路中三相只采用了凸轮控制器的两对触头进行控制，因此电动机定子绕组已处于带电状态。